武汉大学学术丛书
自然科学类编审委员会

主任委员 ▶ 刘经南

副主任委员 ▶ 卓仁禧　李文鑫　周创兵

委员 ▶ （以姓氏笔画为序）

文习山　石　兢　宁津生　刘经南
江建勤　李文鑫　李德仁　吴庆鸣
何克清　杨弘远　陈　化　卓仁禧
易　帆　周云峰　周创兵　庞代文
谈广鸣　蒋昌忠　樊明文

武汉大学学术丛书
社会科学类编审委员会

主任委员 ▶ 顾海良

副主任委员 ▶ 胡德坤　黄　进　周茂荣

委员 ▶ （以姓氏笔画为序）

丁俊萍　马费成　邓大松　冯天瑜
江建勤　汪信砚　陈广胜　陈传夫
尚永亮　罗以澄　罗国祥　周茂荣
於可训　胡德坤　郭齐勇　顾海良
黄　进　曾令良　谭力文

秘书长 ▶ 江建勤

周述龙 男，1921年生，MS，武汉大学教授，硕士生导师。曾任卫生部专家委员会委员。现任湖北省血吸虫病咨询委员会委员顾问。一生致力于血吸虫生物学与防治研究工作，获省部级科技进步二等奖3项。主编专著3部。参编专著4部，发表论文70余篇。1995年获国务院特殊津贴。

蒋明森 男，1946年生，教授，博士生导师。现任武汉大学基础医学院院长、卫生部血吸虫病专家咨询委员会委员、湖北省血吸虫病专家咨询委员会副主任委员。多年来倾力于血吸虫生物学与免疫学研究，获省、部级科技进步二等奖2项，主编专著3部、统编教材1部、词典1部，发表学术论文百余篇。1997年被国家教委和国家人事部授予"全国优秀留学回国人员"称号。

武汉大学学术丛书

日本血吸虫超微结构

周述龙 蒋明森 林建银 李瑛 杨明义 著

Ultrastructure of Schistosoma japonicum
by
Zhou Shulong Jiang Mingsen Lin Jianying Li-Ying Yang Mingyi

武汉大学出版社

内 容 提 要

在超微水平上研究血吸虫的结构是防治血吸虫病必不可少的基础。本书总结了作者及有关研究人员数十年来对我国人畜共患的日本血吸虫生活史的每个阶段形态及超微结构,深入研究了血吸虫病的药理、病理、免疫等以及预防和治疗有关方面的专题。同时扩展有关的血吸虫以及寄生性蠕虫的超微结构知识。本书可供医学院、农学院、生命科学院等大专院校有关专业师生阅读,同时也可供寄生虫病控制中心研究单位及血防部门专业人员参考。

图书在版编目(CIP)数据

日本血吸虫超微结构/周述龙,蒋明森,林建银,李瑛,杨明义著.—武汉:武汉大学出版社,2005.1
(武汉大学学术丛书)
ISBN 7-307-04314-9

Ⅰ.日… Ⅱ.①周… ②蒋… ③林… ④李… ⑤杨… Ⅲ.日本血吸虫—超微结构—研究 Ⅳ.Q959.155.02

中国版本图书馆 CIP 数据核字(2004)第 079348 号

责任编辑:黄汉平   责任校对:刘 欣   版式设计:支 笛

出版发行:武汉大学出版社 (430072 武昌 珞珈山)
(电子邮件:wdp4@whu.edu.cn 网址:www.wdp.whu.edu.cn)
印刷:武汉大学出版社印刷总厂
开本:787×1092 1/16 印张:15.125 字数:356千字 插页:2
版次:2005年1月第1版 2005年1月第1次印刷
ISBN 7-307-04314-9/Q·81 定价:28.00元

版权所有,不得翻印;凡购我社的图书,如有缺页、倒页、脱页等质量问题,请与当地图书销售部门联系调换。

主要编写人员

（按姓氏笔画）

许世锷   汕头大学医学院 教授
李敏敏   中国科学院动物研究所 研究员
李 瑛   武汉大学医学院 高级实验师
阮幼冰   华中科技大学同济医学院 教授
肖树华   中国疾病预防控制中心 研究员
         寄生虫病预防控制所
周述龙   武汉大学医学院 教授
林建银   福建医科大学 教授
杨明义   武汉大学医学院 副教授
杨孟祥   武汉大学医学院 副教授
唐崇惕   厦门大学 教授、院士
郑美蓉   华中科技大学同济医学院 副教授
赵琴平   武汉大学医学院 博士
董惠芬   武汉大学医学院 教授
蒋明森   武汉大学医学院 教授

总 审 定

陈佩惠   首都医科大学 教授
         中国动物学会寄生虫学会副理事长
许世锷   汕头大学医学院院长 教授

序 言

吾友周述龙、蒋明森、林建银等教授著《日本血吸虫超微结构》一书，嘱予作序，自忖材望均有未逮，既恳辞不受，自当奋力为之。

血吸虫病为热带病中之重要成员。Andrew Davis 在论述寄生虫病之重要性时称："第一，远古以来寄生虫不与人类同在；第二，寄生虫还将存在多长时间无法预料，但可以肯定，即使到了 WHO 提出的实现'全人类健康'的 2000 年以后，它们仍将存在。"作者将血吸虫列为群"魔"之首。日本分体吸虫、孟氏分体吸虫和埃及分体吸虫分别广布于东半球与西半球，罹病者之多居众寄生虫病之冠。科学史学家认为热带病学之产生，并非源于 19 世纪末之"科学的再分化"，而是 19 世纪末 20 世纪初北方资本主义国家列强开发殖民地的产物。斯时欧洲人在热带地区遭遇炎热和素为人知的病原，并成为阻碍其开发和发展的重要因素，亦获最高政治阶层的关注，在微生物理论（germ theory）之主导下，一门"殖民医学"——热带医学诞生了。

这也说明何以英国之 Medical Research Council，德国之 Heidelberg 热带卫生研究所，比利时之安特卫普热带医学研究所，荷兰之阿姆斯特丹皇家热带病研究所，丹麦之血吸虫病研究所，均把血吸虫病列为优先资助的项目。南方的疾病在北方研究，此之谓"科学无国界"。血吸虫病之防治有人道与经济的双重效益，也有科学自身的价值，故血吸虫病之为全世界所关注，其理至明矣。

日本血吸虫为我国南方广大地区民众健康之大敌，自应成为国人寄生虫学研究之重要课题。

古人有云"欲致吾之知，在即物而穷其理"，对血吸虫亦然。欲"穷"血吸虫之"理"，当不外乎穷究其形态，其功能，其与宿主与药物之互动。更有学者称"汝欲知其功能，必先穷究其形态"。述龙教授此书，亦意在深入探究血吸虫生活史各阶段之形态，进而洞察其功能及其与宿主之互动。

周述龙教授从事血吸虫研究有年矣，多有创新之作，贡献良多。书中所示虽仅其一斑，其予科研、教学之裨益，已难以数量和时限测度。

（文中之引语均见 Parasitology：A global perspective 一书，编著者为 Kenneth S. Warren 和 John Z. Bowers，1983）。

孔繁瑶
中 国 农 业 大 学 教 授
中国动物学会寄生虫专业学会前主任
（1995～1999）
2003 年 3 月 15 日

前　言

应用扫描电镜和透射电镜观察生物体旨在更精细地了解它的体表及其体内结构,从而掌握其生活规律与致病机制等。科学知识为人类服务,较早应用电镜观察寄生虫于20世纪的60年代,几乎包括全部所有的人体寄生虫,特别是危害人体的寄生虫。我们可以通过因特网 www.jsc.tmmu.com.cn 所提供的"医学寄生虫学图库"了解到医学寄生虫电镜图片的概貌。在我国,1984年洪涛主编的《生物医学超微结构与电子显微镜技术》一书中首示珍贵的湖北江陵西汉古尸华枝睾吸虫虫卵扫描电镜照片。20世纪90年代,徐秉锟主编的《人体寄生虫电镜图谱》汇集了我国寄生虫学界对医学原虫、医学蠕虫及医学昆虫在电镜上的工作,对我国寄生虫学发展起到了推动作用。日本血吸虫的超微结构研究工作,尽管较曼氏血吸虫起步晚,但近20~30年间进展迅速。毛守白主编的《血吸虫生物学与血吸虫病防治》书中,由何毅勋撰写的《血吸虫生物学》中用了大量的篇幅介绍了血吸虫的超微结构。国外Sobhon(1990)深入研究东方血吸虫包括中国大陆的日本血吸虫、菲律宾的日本血吸虫、湄公血吸虫、马来血吸虫体被(tegument)的超微结构,证明血吸虫超微结构的研究工作已深入到相当精细的程度。

我们在从事血吸虫体外培养的同时开展日本血吸虫超微结构工作已有二三十年的历史,对日本血吸虫的成虫、卵、毛蚴、母胞蚴与子胞蚴、尾蚴及童虫的超微结构累积了相当丰富的资料。除了对日本血吸虫各期在形态上描述外,我们还深入到尾蚴的发育、卵和精子的发生与受精等功能性问题。为了更好地表达,将本书编写分为两篇,第一篇为形态学基础,以描述日本血吸虫各期超微结构为主;第二篇描述有关生理功能性问题。与此同时特邀请国内有关领域的专家编写血吸虫超微结构与药理、病理、免疫、生理生化,并扩展讨论有关血吸虫、吸虫、蠕虫的分类等专题,努力做到深入浅出,图文并茂,形态与功能、理论与实际应用相结合,希望对读者有所帮助。因水平有限,存在疏漏与错误的地方,敬请读者提出宝贵意见。

本书在编写过程中得到资深教授孔繁瑶先生、陈佩惠先生的鼓励。另外我们邀请唐崇惕院士、肖树华教授、阮幼冰教授、李敏敏教授撰写了有关的专题;长期以来我们得到武汉大学医学院有关领导的关心和电镜室梁浩麟教授及其工作人员的大力支持,以及在计算机图片处理和排版加工等方面得到刘华璋工程师、周卫星女士的协助。在此特表示衷心感谢!

周述龙　蒋明森　林建银　李　瑛　杨明义

2003年2月18日

目 录

第一篇 形态学基础

第一章 日本血吸虫超微结构 ········· 3
第一节 成虫 ········· 3
一、体表结构（许世锷） ········· 3
二、体内结构（周述龙） ········· 4
第二节 生殖系统 ········· 7
一、雌性生殖系统 ········· 7
二、雄性生殖系统 ········· 8
参考文献 ········· 9
图版说明 ········· 10

第二章 卵 （周述龙） ········· 21
一、卵壳表面结构 ········· 21
二、卵壳剖面的结构 ········· 21
三、虫卵结构与功能 ········· 21
参考文献 ········· 22
图版说明 ········· 23

第三章 毛蚴 （许世锷 周述龙） ········· 26
一、毛蚴的外部结构 ········· 26
二、毛蚴的内部结构 ········· 29
参考文献 ········· 30
图版说明 ········· 31

第四章 母胞蚴与子胞蚴 （周述龙） ········· 36
第一节 母胞蚴 ········· 36
一、母胞蚴外部结构 ········· 36
二、母胞蚴内部结构 ········· 36
第二节 子胞蚴 ········· 37
一、子胞蚴的外部结构 ········· 37
二、子胞蚴的内部结构 ········· 38
参考文献 ········· 39
图版说明 ········· 39

第五章 成熟尾蚴 （周述龙） ········· 45
一、成熟尾蚴的外部结构 ········· 45
二、成熟尾蚴的内部结构 ········· 47
参考文献 ········· 50
图版说明 ········· 51

第六章 童虫 （周述龙） ········· 57
一、童虫外部的变化 ········· 57
二、童虫内部的变化 ········· 58
参考文献 ········· 60
图版说明 ········· 60

第二篇 血吸虫超微结构有关专题

第七章 日本血吸虫尾蚴的发育 ········· 69
第一节 钉螺体内日本血吸虫尾蚴发育期的形态及其扫描电镜观察
（毕晓云 周述龙 李瑛） ········· 69
第二节 日本血吸虫尾蚴发育的超微结构——体被局部剖析
（周述龙 李瑛 杨孟祥） ········· 79
第三节 日本血吸虫尾蚴发育的超微结构——腺体
（周述龙 蒋明森 李瑛 杨孟祥 陈喜珪 陈保平） ········· 86
第四节 日本血吸虫尾蚴发育的超微结构——肌肉
（周述龙 蒋明森 李瑛 杨明义 陈喜珪 陈保平） ········· 94

第八章 日本血吸虫尾蚴神经系统超微结构的研究——神经节
（周述龙 蒋明森 李瑛 杨明义 董惠芬） ········· 101

第九章 日本血吸虫卵的发生与受精 ········· 108
第一节 日本血吸虫卵发生的透射电镜观察
（蒋明森 杨明义 李瑛 董惠芬 周述龙） ········· 108
第二节 日本血吸虫受精过程的透射电镜观察——受精卵
（杨明义 蒋明森 李瑛 董惠芬 周述龙） ········· 114

第十章 抗血吸虫药物对血吸虫超微结构的影响（肖树华） ········· 119
第十一章 日本血吸虫病超微病理（阮幼冰 郑美蓉） ········· 153
第十二章 血吸虫超微结构与免疫（蒋明森 赵琴平 董惠芬） ········· 164
第十三章 血吸虫超微结构与生理生化（林建银） ········· 174
第十四章 土耳其斯坦东毕吸虫的扫描电镜观察（唐崇惕等） ········· 191
第十五章 吸虫生殖细胞分裂中期染色体的超微结构（李敏敏） ········· 197
第十六章 寄生蠕虫的超微结构与分类（李敏敏） ········· 206

Content

part one   The foundation of morphology

Chapter Ⅰ The Ultrastrusture of *Schistosoma japonicum* ·········· 3
  1. adult ·········· 3
    (1) The topography of body wall. Xu Shi-e ·········· 3
    (2) The structure of body wall. Zhou Shulong ·········· 4
  2. Reproductive system ·········· 7
    (1) Fematre reproductive system ·········· 7
    (2) Matre reproductive system ·········· 8
  References ·········· 9
  Plate explanation ·········· 10

Chapter Ⅱ   Egg   Zhou Shulong ·········· 21
  1. The outer structure ·········· 21
  2. The inner structure ·········· 21
  3. The structure and its function ·········· 21
  References ·········· 22
  Plate explanation ·········· 23

Chapter Ⅲ   Miracidium   Xu Shi-e, Zhou Shulong ·········· 26
  1. The outer structure ·········· 26
  2. The inner structure ·········· 29
  References ·········· 30
  Plate explanation ·········· 31

Chapter Ⅳ   Mother sporocyst and daughter sporocyst   Zhou Shulong ·········· 36
  1. Mother sporocyst ·········· 36
    (1) The outer structure ·········· 36
    (2) The inner structure ·········· 36
  2. Daughter sporocyst ·········· 37
    (1) The outer strueture ·········· 37
    (2) The inner structure ·········· 38

References ·· 39
　　Plate explanation ··· 39

Chapter Ⅴ　Matured cercaria　Zhou Shulong ·· 45
　1. The outer structure of matured cercaria ·· 45
　2. The inner structure of matured cercaria ·· 47
　　References ·· 50
　　Plate explanation ··· 51

Chapter Ⅵ　Schistosomulum　Zhou Shulong ·· 57
　1. The alternation outer structure ·· 57
　2. The alternation inner structure ·· 58
　　References ·· 60
　　Plate explanation ··· 60

Part two　The special issues of ultrastructure of Schistosome

Chapter Ⅶ　The developing cercaria of *Schistosoma japonicum* ················ 69
　1. Morphological observatione on the developing cercaria of *Schistosoma japonicum* by light and scanning electron microscope. Bi Xiaoyun, Zhou Shulong, Li Ying ·········· 69
　2. Ultrastructural observation on the developing cercaria of *Schistosoma japonicum* Ⅰ. Tegumental topography. Zhou Shulong Li-Ying Yang Mengxiang ················ 79
　3. Ultrastructural observation on the developing cercaria of *Schistosoma japonicum* Ⅱ. Gland. Zhou Shulong Li-Ying et al ··· 86
　4. Ultrastructural observation on the developing cercaria of *Schistosoma japonicum* Ⅲ. Musculature. Zhou Shulong, Jiang Mingsen, Li-Ying et al ······················ 94

Chapter Ⅷ.　Ultrastructural studies on nervous system of matured stage cercaria of *Schistosoma japonicum*——Ganglion. Zhou Shulong Jiang Mingsen Li-Ying et al. ············ 101

Chapter Ⅸ.　Oogenesis and fertilization of *Schistosoma japonicum* ············ 108
　1. Transmission electron microscope observation of oogenesis in *Schistosoma japonicum*. Jiang Mingsen Yang Mingyi Li-Ying et al ·· 108
　2. Transmission electron microscope observation of fertilization in *Schistosoma japonicum*.——Fertilized ovum. Yang Mingyi Jiang Mingsen Li-Ying et al. ·············· 114

Chapter Ⅹ.　Impact of antischistosomal drugs on ultrastructural of schistosomes. Xiao Shuhua ··· 119

Chapter Ⅺ.　The ultrastructural study of pathology of *Schistosoma japonicum*. Ruan Youb-

	ing. Zheng Meirong. ··· 153
Chapter XII.	The ultrastructural study of immunology of schistosome. Jiang Mingsen, Zhao Qinping, Dong Huifen. ··· 164
Chapter XIII.	The ultrastructural study of physiology and biochemistry of schistosome. Lin Jianyin ··· 174
Chapter XIV.	Scanning electron microscopy of the tegumental surface of *Orientobilharzia turkestanica*. Tang Chongti et al ··· 191
Chapter XV.	The ultrastructure of the metaphase chromosomes in the reproductive cells of trematodes. Li Minmin ··· 197
Chapter XVI.	The ultrastructure study of parasitic helminthes and taxonomy. Li Minmin ··· 206

第一篇

形态学基础

第一章 日本血吸虫超微结构

日本血吸虫为雌雄异体，生活状态呈合胞状（见图版Ⅰ-0-A；图版Ⅰ-0-B）。

第一节 成 虫

一、体表结构

在扫描电镜（SEM）下，日本血吸虫的体壁表面呈海绵状，具有明显而复杂的褶嵴（crest）、凹窝（pit）、体棘（spine）和感觉乳突（sensory papilla），其分布在雌雄虫及虫体的不同部位有所不同。

1. 雄虫：口吸盘的表面长有一层分布较均匀的体棘，每一个体棘都从一个凹窝长出，体棘长约 $2.21\mu m$，基部宽约 $0.88\mu m$。在口吸盘的边缘上，在长棘区和褶嵴区之间可看到一条明显的分界线（图版Ⅰ-1；图版Ⅰ-2）。口吸盘的中央为口腔，近口腔处无体棘，表面呈海绵状，上有很多小凹陷。在口吸盘上的体棘中，夹杂有一些感觉乳突，边缘密而中间稀（图版Ⅰ-3）。腹吸盘表面也有一层排列较整齐的体棘覆盖，但中央无孔，在近边缘处有一圈宽约 $13\mu m$ 的无棘带，表面呈海绵状，感觉乳突特别丰富（图版Ⅰ-1；图版Ⅰ-4）。

雄虫的背面和腹面的口腹吸盘间区均为呈木耳边状的曲褶的嵴所覆盖，中间虽有一些感觉乳突，但不能看到体棘、凹陷及纤毛。在口腹吸盘间区腹面体壁上的褶嵴中，能看到一种大小不等的泡状突出物，表面呈细颗粒状（图版Ⅰ-5）。在两侧抱雌沟开始的中间有一个雄性生殖孔（图版Ⅰ-6），半球状，由疏松粗网状的组织组成，其外直径约 $30\mu m$，内孔径为 $2.86\mu m$（图版Ⅰ-7）。生殖孔周围有很多有蒂感觉乳突。

在抱雌沟的外壁近边缘处，有一种直径约 $2\mu m$ 左右的小孔，它们在前段边缘上较多，中后段上较少，排列不规则（图版Ⅰ-8）。抱雌沟的内壁表面无褶嵴，前段布满直径约 $2\mu m$ 左右的凹陷，间有一些有蒂乳突及刚开始露头的体棘（图版Ⅰ-9）。向后，体棘逐渐长出虫体表面，密度不断增加（图版Ⅰ-10），到中段时，抱雌沟内壁上密布体棘，其形状和口腹吸盘上的相似，但略小（图版Ⅰ-11）。再向后到中后 1/3 处体棘又逐渐变稀、变小，与前段类似，但到近末端体壁上逐渐出现曲褶的嵴，感觉乳突也增加（图版Ⅰ-12）。

雄虫体表上的感觉乳突共有三型：①有蒂乳突（单纤毛半球型乳突）：直径为 $1.5\sim3.5\mu m$（平均 $2.58\mu m$），表面光滑，中央有一乳头突，乳头突的直径约为 $0.52\mu m$，长 $0.5\sim1.6\mu m$，少数乳突可有 $2\sim3$ 个乳头突。其分布于体表各处，为最多见的一型（图版Ⅰ-13）。②光面乳突（无纤毛半球型乳突）：表面光滑、无乳头突，直径为 $2.5\sim4.3\mu m$（平均 $3.6\mu m$）。见于体表及抱雌沟的中后段。③花型乳突：乳突表面有长短不一的突起的嵴，因此外观像花朵。直径为 $3.5\sim4.5\mu m$（平均 $3.9\mu m$）（图版Ⅰ-14）。此型较少，仅在抱雌沟的后段内壁见到。以上三型乳突的基部有时可有一种多孔组织的边所围绕。乳突的分布无固定位置，但在口腹吸盘的边缘，口腹吸盘间区，生殖孔周围，抱雌沟边缘及尾部末端上分布较密，具体见表 1-1。

表 1-1　　　　　　　　　　日本血吸虫体表感觉乳突分布情况 *

	口吸盘		腹吸盘		口腹吸盘间区	体壁	尾部	抱雌沟	
	边缘	中间	边缘	中间				边缘	中间
雌虫	10.4	1.0	3.2	0.8	9.8	1.0	3.0		
雄虫	6.4	0.6	9.0	2.2	9.2	3.2	6.2	8.0	1.2

* 单位：扫描电镜 5 000 倍时每个视野内的乳突数。每个数据均为 10 个视野的平均值。

2. 雌虫： 雌虫的口腹吸盘表面均与雄虫的类似，由分布较均匀的体棘所覆盖，体棘比雄虫的略小，平均长 $1.58\mu m$，基部宽 $0.56\mu m$。在口腹吸盘边缘的外侧面上，除长有有蒂乳突外，还可见到一种似纤毛状物，其平均长度为 $1.94\mu m$，直径 $0.52\mu m$，末端钝圆（图版Ⅰ-15）。腹吸盘常缩在体壁所形成的凹窝中，其下方即为雌性生殖孔，生殖孔周围无特殊结构（图版Ⅰ-16）。雌虫的体壁在口腹吸盘之间的部分也具有曲褶的嵴，但较低矮，其中乳突分布较密（图版Ⅰ-17）。腹吸盘以后的体壁上均无褶嵴，呈海绵状，其上布满小凹陷，凹陷的直径为 $0.097\sim0.29\mu m$，间有少量乳突（图版Ⅰ-18）。自虫体中段开始，有少量体棘长出体表，到后段时体壁又出现褶嵴，体棘也较密集（图版Ⅰ-19）。在虫体末端可见到一个直径约 $6.8\mu m$ 的排泄孔（图版Ⅰ-20）。雌虫体表的乳突均为有蒂乳突，其直径平均为 $1.48\mu m$，其乳头突直径约 $0.35\mu m$，长 $0.61\sim1.36\mu m$。乳突的分布情况见表 1-1。

综上所述，日本血吸虫成虫的体表主要由曲褶的嵴、体棘及小凹陷所覆盖。褶嵴主要见于雄虫的背面和腹面的口腹吸盘间区；在雌虫仅见于口腹吸盘间区及虫体末端。由于正常雌雄合抱的血吸虫，雌虫被抱于雄虫抱雌沟内，只有头尾露在外面，因此上述有褶嵴覆盖的部分刚好都是虫体与其寄生环境直接接触的部分，由此推测褶嵴的生理功能主要为增加体表的面积，有助于直接从体表吸收营养。

体棘主要分布在口腹吸盘的内侧面，雄虫抱雌沟内侧面和雌虫虫体中后段表面，在雄虫抱雌沟内，以中段最密而头尾两端稀少。口腹吸盘的功能主要是附着于宿主的血管壁，而抱雌沟主要是抱握雌虫。当雌雄虫分离时，常是头尾较早分离，而中段较慢分开。因此推想体棘的功能主要是增加表面摩擦力，使之容易附着和固定。至于小凹陷的功能，有人推测与大分子物质的吸收和排泄有关。

二、体内结构

成虫体壁由体被（tegument）、基膜（basal lamina）及体被下层（subtegument）构成。

1. 体被 体被是细胞连体，为许多在体被下层的体被细胞（cyton）通过其胞质管，将其内含物送到虫体表层形成，所以体被为无核和无细胞分隔的结构。

体被的超微结构（图 1-1；图版Ⅰ-21～Ⅰ-22）

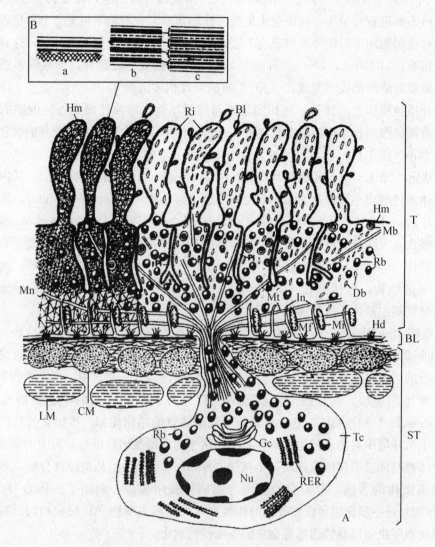

图 1-1 A. 日本血吸虫成虫体壁超微结构示意图

体壁由体被（T）、基膜（BL）、体被下层（ST）构成。Bl 膜疱；CM 外环肌；Db 盘状体；Hd 半胞质桥；Hm 7层外质膜；In 基质膜内陷；LM 内纵肌；Mb 膜囊；Mi 线粒体；Mf 半胞质桥微丝；Mn 小梁网；Mt 小梁；Nu 核；P 孔；Rb 环形体；RER 粗面质网；Ri 褶；Tc 体被细胞。

B. 外质膜的结构

a. 正常 7 层，由 2 个单位膜构成；b. c. 特厚膜由 2 个以上单位膜构成。（仿 Sobhon，1990）

The diagram shows the structure of the body wall of S. japoinicum. A. The body wall composes tegument (T) basal lamina (BL) and subtegument (ST); circular muscle (CM); membrane bleb (Bl); discoid body (Db); Golgi complex (Gc); hemidesmosome (Hd); heptalaminate membrane (Hm); invagination of the basal membrane (In); longitudinal muscle (LM); membranous body (Mb); mitochondria (Mi); microfilaments of hemidesmosome (Mf); microtrabecular network (Mn); microtubules (Mt); nucleus (N); ridges (Ri); tegumental cell (Tc).

B. The structure of outer plasma membrane.

A. a. The normal heptalaminate membrane composese 2 units with 7 layers membrane. b. and c. Special thick membrane composes more units membrane. (After and modified Sobhon, 1990).

(1) 外质膜 (outer plasma membrane)：为体被最外面的膜，厚度为 7080 Å。实验证明该层可不断更新和脱落，构成宿主免疫源性的物质。一般镜下可见 2 个单位膜，呈现电子致密与透明相间区，使外质膜成为 7 层，但有的更多。与其他吸虫相比，这种结构为血吸虫所特有 (McLaren，1980)。外质膜与基质向外侧突起或延伸，形成很多皱褶，另一方面外质膜内陷而形成凹窝或孔 (pit)，有的呈现很多沟槽 (trouph)。这样，由于有外伸和内陷外质膜所构成的体被，其切面呈现海绵样结构。雄虫比雌虫外伸内陷的程度更甚，雄虫背面比腹面外伸内陷的变化也大。这种结构可以扩大吸虫吸收营养的面积而有利血吸虫的生存 (图 1-1)。

(2) 基质 (matrix)：外质膜与基底膜 (basal membrane) 之间的胞质层。其内含物由体被细胞体通过胞质小管输送而来。该层有 3 型分泌小体 (secretory granule)，即盘状颗粒 (discoil granule)、多膜囊 (multilaminate vesicle)、指环体 (ring-like granule)，后者在日本血吸虫（大陆株）特别丰富。分泌小体的功能与吸虫代谢及外质膜的更新有关。基质所见线粒体 (mitochondria) 数量不多，一般体小而简单，内面的嵴少而短。此外尚见有细胞骨骼的结构，包括微管 (microtubule)、小梁网 (microtrabecular network) 等。基质内未见到高尔基体、核糖体和类脂体等结构。

(3) 基膜 (basal lamina)：基膜为基质膜 (plasma membrane)、基底膜 (basal membrane) 和间质层 (interstitial layer) 构成，它完整地包裹着整个虫体。严格地说基质膜为体被基质的下界，连接基底膜之上，并有很多小管内陷入基质之中。基底膜的下方呈疏松胶原样纤维间质层。基底膜与基质膜的连接处有间歇性排列的半胞质桥或半桥粒 (hemidesmosome) 和线粒体。这种布局与哺乳动物肾的结构相似。推想它的功能是与血吸虫在寄生微环境中对离子转运和调节有关。从半胞质桥发出纤维与基质中的微管小梁网连接，使体被与体被下层组织连成一个整体 (Sobhon，1990)。从抗原性分析，基膜才真正是血吸虫虫体的表膜，因为它的上面为胞质体被所覆盖，封闭了虫体自身的抗原。Clegg (1972) 进一步证明曼氏血吸虫的体被有一种与宿主细胞 AB 抗原相同的特异性糖类，这样使血吸虫藉以伪装而逃避宿主的免疫性的攻击。

上述血吸虫的体被除了覆盖着体表最外层外，还延伸到口吸盘、口腔、食道前段、排泄孔及生殖孔等处。

2. 体被下层超微结构（图 1-1；图版Ⅰ-21；图版Ⅰ-22）

(1) 体被细胞体 (cyton)，多为单核，但也有多核。核长形，边缘不规则，核内有 1~2 个核仁。胞质内有少数圆形的线粒体，其内嵴少。此外尚有多个高尔基体，周围可见类脂颗粒、指环体和多膜囊。粗面内质网则多靠近胞质的外缘。

(2) 肌细胞：存在于外环肌（原纤维束）和内纵肌（纤维束）的内侧，由胞质分支小管通往纤维囊。肌细胞核大，有一核仁，染色质团块分散于核质的外缘，含有较多的糖原。雌雄虫的外环肌多为单层，而内纵肌在不同的部位可有 1~2 层，甚至多层（例如吸盘）。此外，在背面和腹面之间还有肌纤维束相连等。

上述体壁肌肉均为无纹肌。

第二节 生殖系统

一、雌性生殖系统

1. 卵巢：正常成熟雌虫（45 天）的卵巢外围为薄的环肌包裹，内侧为卵巢上皮细胞。由于成熟程度不同，卵巢内细胞有卵原细胞（oogonium）、卵母细胞（oocyte）、卵细胞（ovum），不同于一般雌雄同体吸虫的卵巢，血吸虫卵巢上端为卵原细胞、卵母细胞，下端为卵细胞。卵母细胞有的为椭圆形，有的由于细胞拥挤构成多角形或不定形。大小为 $5\mu m \times 5\mu m \sim 8\mu m \times 5\mu m$。卵母细胞因处于减数分裂，变化较大。接近成熟的卵细胞的核有大的核仁，核质中有少数成块的异染色质。胞质内面及其附近的细胞有很多有规律性排列的皮质颗粒（cortical granule），它的直径仅为 $0.25\mu m$（周述龙等，1992）（图版Ⅰ-23～Ⅰ-26）。大量棘皮动物和哺乳动物研究证明，皮质颗粒在卵受精过程中防止多精子受精（polyspermy）（Campell，1987）起重要作用，关于日本血吸虫卵的发生及受精过程将于本书第二篇专题中介绍。

2. 卵黄腺：雌虫卵巢下方至虫体后端均为卵黄腺分布。腺体由大量的小叶（lobules）构成，每个小叶有许多不同发育期的卵黄细胞。Erasmus（1975）根据胞质内卵黄小滴（vitelline droplets）、脂滴（Lipid droplets）、高尔基复合体（Golgi complex）等的有无或多少，将卵黄细胞发育分为 4 期（图 1-2、图版Ⅰ-27～Ⅰ-28）。

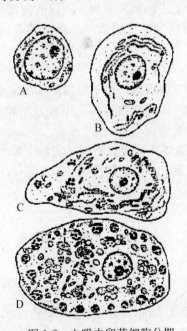

图 1-2 血吸虫卵黄细胞分期
A. 第一期；B. 第二期；C. 第三期；D. 第四期。高尔基复合体（G）；
脂滴（L）；卵黄小滴（VD）；核糖复合体（RC）。（仿 Erasmus 1975）

Somidiagrammatic representation of four stages in development of the vitelline cell of *Schistosoma mansoni*. A: Stage one; B: Stage 2—note appearance of the endoplasmic reticulum; C: Stage 3—the Golgi complexes (G) have begun to secrete the vitcllinc globules (V); D: Stage 4—this is the "mature" vitelline cell with vietlline droplets (VD), ribosomal complexes (RC), Golgi complexes (G), and abundant lipid (L). (After Erasmus, 1975)

第一期：主要分布在小叶的周围。胞质内有成束的核糖体，粗面内质网少，无明显卵黄小滴形成，核糖复合体（ribosomal complex）、脂滴缺。

第二期：胞质内无脂滴，但有丰富的糖原、核糖复合体及束状的核糖体。具有长链的粗面内质网。此期高尔基复合体很难见到。

第三期：未成熟卵黄细胞的核大，内有大的核仁及分散的异染色质，核膜不清晰。胞质内开始出现卵黄滴及由许多电子密度十分稠密颗粒所构成的卵黄球。一个卵黄滴可由单一或较少的卵黄球构成。胞质内有较多的高尔基复合体和丰富的粗面内质网，但无脂滴。

第四期：成熟的卵黄细胞除胞质出现较多的卵黄滴外，开始出现大量脂滴。成熟卵黄细胞最重要的特点是胞质内出现大量卵黄滴，卵黄滴大小为 $1.2\mu m\times1.5\mu m\sim1.1\mu m\times1.5\mu m$。滴内卵黄球数目多在 10～20 个之间。组织化学证明，卵黄球含有丰富的碱性蛋白质，它是形成卵壳的前身物质（图版Ⅰ-27；图版Ⅰ-28）。

3. **输卵管**：电镜下证明输卵管可分为三部分。输卵管前段，约为全长前 1/3，这里上皮细胞在管腔面上不仅有纤毛，还有突入管腔的板状体，有的称为板层（lamellae）。输卵管中段则突入管腔仅有板状体，无纤毛。输卵管后段为后 1/3，其管腔中与中段一样，仅有板状体，但板状体之间有大量而同一方向排列的精子。作者认为此处实质上为血吸虫的受精囊（receptaculum seminis），是卵细胞与精子结合及卵细胞释放皮质颗粒的地方（图版Ⅰ-29～Ⅰ-31）。

4. **卵模与梅氏腺**：卵模的壁由立方体形上皮细胞构成，卵模中部壁厚而两端则壁薄，所以卵模中的定位取决于上皮细胞的形状。卵模的前部和中部的模腔表面，有钝的指状突起。卵模后部的模腔表面则为叶状皱褶，具有微绒毛的特点，其长度达 $1\mu m$。卵膜上皮细胞的下方出现伸入胞质中的许多内陷。卵模与子宫连接处有一个明显的括约肌，它的前方在梅氏腺管口与之相连。

梅氏腺是由许多单细胞构成的腺体，位于卵模周围的实质组织周围。未成熟的梅氏腺细胞质内无分泌颗粒。成熟的梅氏腺细胞质内充斥着分泌颗粒，并以长导管通向卵模腔，该导管周围有较多根微管支持管壁。

5. **子宫**：子宫壁结构与虫体体被十分相似，实际上等于体被向体内延伸。子宫壁表面高度皱褶，但无体棘或感觉乳突。基质厚度为 $1\sim2.5\mu m$，下有基底膜。基底膜下方为环行肌纤维（图版Ⅰ-32）。

二、雄性生殖系统

1. **睾丸**：睾丸外形为圆形，质地结实，成行或交互相对排列。每个睾丸外侧为异源性基膜和肌纤维包裹起来。

睾丸的细胞有生殖细胞（germinal cell）与非生殖细胞（nongerminal cell）两种。生殖细胞发育，从精原细胞（spermatogonia）经精母细胞（spermatocyte）、精细胞（spermatid）发育成熟为精子（sperm）。在这个过程中，既有有丝分裂，也有减数分裂，不仅从数量上增多，同时出现核质浓缩、扭转、线粒体结集，胞质残余体排除及胞膜周围微管结构出现等现象，起到了质的变化。关于精子和卵的发生，受精过程，本书将在第二篇另有专题加以介绍。

精子形态：根据杨明义等透射电镜观察，日本血吸虫精子结构如图 1-3。日本血吸虫精子分为头、尾两部分。头部纵切呈长卵圆形，平均长 $6.2\mu m$，宽 $1.4\mu m$，前端钝圆，后端尖细，横切一般呈圆形。头部主要由核、鞭毛轴丝、微管、线粒体、中心粒和糖原组成。核的电子密度很高，其间夹有不规则的电子透明腔或浅色基质，致使纵切面和横切面呈不规则的斑块状，有些电子透明腔内有团块状的颗粒基质。在质膜与核之间，有一圈排列均匀的纵行微管，有100～120个微管/圈。核的前端为较丰富的胞质和糖原颗粒及少量线粒体。线粒体为1至几个，常聚集成团，线粒体椭圆形或圆形，大小不等，嵴明显。头部中段与后端无线粒体分布。精子前端无顶体构造（图1-3；图版Ⅰ-33）。

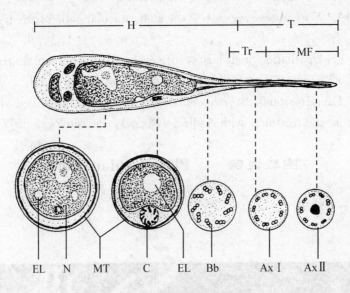

图1-3　日本血吸虫精子模式图

H：头；T：尾；Tr：过渡区；MF：鞭毛主体；N：核；EL：电子透明腔；MT：外周微管；C：中心粒；
Bb：基体；AxⅠ：9×2+0型鞭毛轴丝；AxⅡ：9×2+1型鞭毛轴丝。

The diagrammatic model of *S. japonicum* sperm. head (H); tail (T); transitional region (Tr); main filament (MF); nucleus (N); electron lucency (EL); microtubule (MT); centriole (C); basal body (Bb); axoneme flagellatum type Ⅰ (AxⅠ); axoneme flagellatum type Ⅱ (AxⅡ).

2. 雄性生殖腺管的结构可分三个部分： ①出精管/输精管：为长上皮细胞构成，其表腔有卷曲的板状体，为精子提供营养。②贮精囊为精子贮存的地方。③雄茎管具有褶的表壁，其结构与交配受精作用有关。贮精囊与雄茎管和体表的体被同源，即由体外的体被向体内延伸。何毅勋（1990）尚观察到日本血吸虫雄茎管（即交接器）尚有很多单细胞的摄护腺。

3. 生殖孔： 雄性生殖孔位于腹吸盘下方和抱雌沟的入口处，为雄性生殖系统开口的地方。孔径在扩张时达40μm以上，生殖孔开口处具有唇状突起（图版Ⅰ-6～Ⅰ-7）。

许世锷　周述龙

参考文献

周述龙，林建银，蒋明森主编. 血吸虫学，科学出版社，北京：2001

周述龙，杨孟祥，孔楚豪等. 在超微结构水平初步观察日本血吸虫雌虫生殖系统. 武夷科学，1992（9）：147~157

Campbell NA. Biology：927 The Benjamin Publish Co. Inc. 1987

Erasmus DA. *Schistosoma mansoni*：Development of the vitelline cell：its role in drug seguestration and changes induced by astiban. Exp. Parasitol. 1975 38：240-256

McLaren DJ. *Schistosoma mansoni*：the surface in relation to host immunity. Research studies Press. John Wiley and Sons Ltd. USA. 1980

Otubanjo OA. *Schistosoma mansoni*：the sustentacular cells of the testes. Parasitology. 1981，82：125-130

Sobhon P, ES Upatham. Snail hosts, life cycle, and tegumental structure of oriental schistosomes. Mahidol University Bankok，Thailand 1990，1-321

Shaw TR, DA Erasmus. *Schistosoma mansoni*；differential cell death associated with in vitro culture and treatment with Astiban (Roche)，Parasitology. 1977，75：101-109

图版说明　　**Plate Explanation**

图版Ⅰ-0-A~Ⅰ-0-B

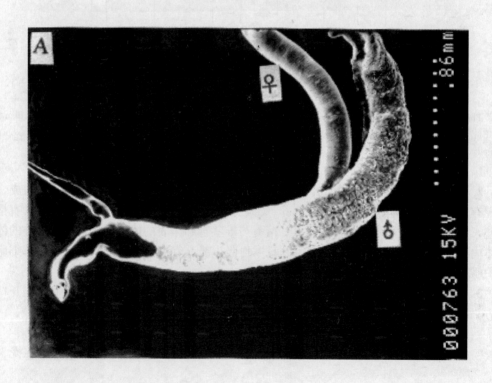

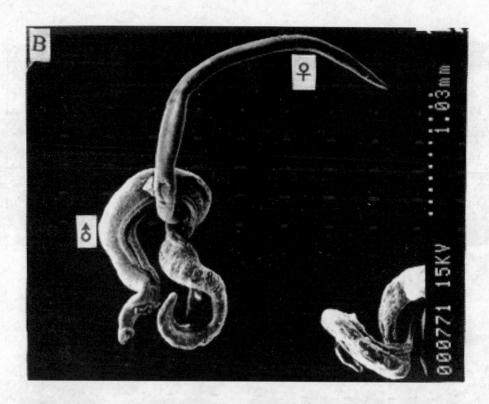

Ⅰ-0-A；Ⅰ-0-B （SEM，Ⅰ-0-A×44；Ⅰ-0-B×35）
日本血吸虫成虫雌（♀）雄（♂）合抱
A couple of *Schistosoma japonicum* in pair. male（♂），female（♀）

图版 Ⅰ-1～Ⅰ-6

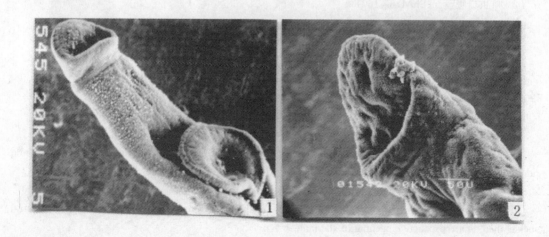

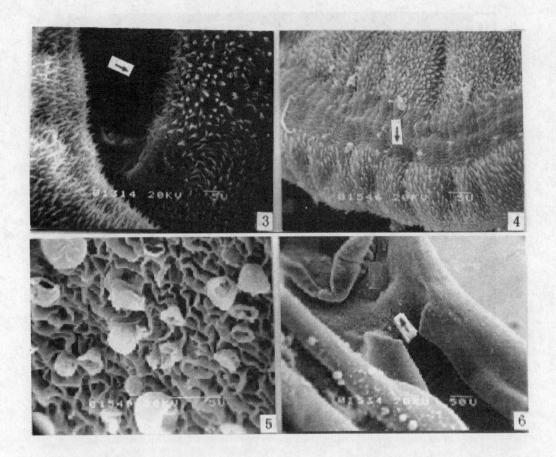

1. 日本血吸虫雄虫前端。(SEM, ×120)
The anterior portion of male.
2. 雄虫口吸盘。(SEM, ×160)
The oral sucker of male.
3. 同上，为口腔(↓)的一角。(SEM, ×1000)
Ditto, a portion of the oral sucker, oral cavify (↓).
4. 雄虫腹吸盘（部分）：示体棘和一圈宽约13μm的无棘带(↓)，其中感觉乳突丰富。(SEM, ×1200)
Ditto, shows an aspinous region (↓) with abundant of sensory papillae.
5. 雄虫腹面口腹吸盘间区的体壁：示体表的褶嵴及泡状突出物。(SEM, ×3000)
The body wall between the oral and ventral sucker of the male, shows the development tegumental ridge or crest and with bulb-like structure.
6. 雄虫抱雌沟的起始部：感觉乳突丰富，中间有一个雄性生殖孔(↑)。(SEM, ×120)
The beginning portion of gynaecophoral canal with abundant sensory papillae. Near by the veutral sucker there is a reproductive opening of the male (↑).

第一章 日本血吸虫超微结构

图版 I-7~I-12

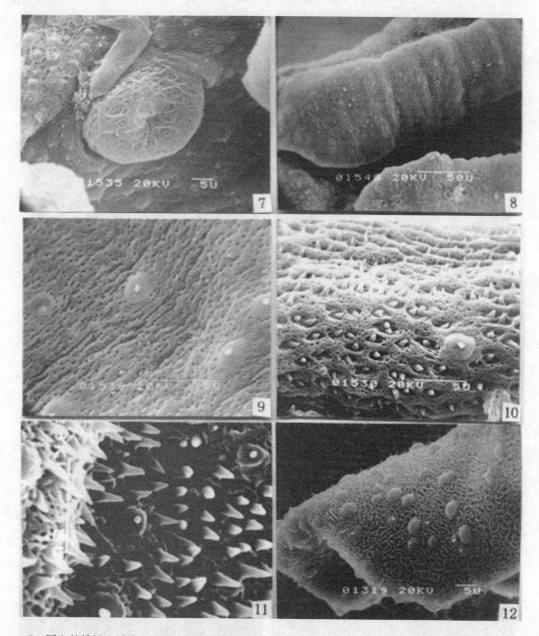

7. 同上的雄性生殖孔。(SEM,×1000)
Ditto, the opening of reproductive organ of male.
8. 抱雌沟前段的外壁,上面有很多小孔。(SEM,×300)
On the external body wall of gynaecophoral canal there are many pits.
9. 抱雌沟起始部的内壁。(SEM,×3000)
The beginning interior body wall of the gynaecophoral canal.
10. 抱雌沟前段内壁。(SEM,×3000)
The anterior portion of inner body wall of gynaecophoral canal.

11. 抱雌沟中段内壁。(SEM, ×5000)
The mid-portion of the inner wall of gynaecophoral canal.
12. 雄虫尾端外壁: 示褶嵴和感觉乳突。(SEM, ×1000)
The exterior distal end of male shows the developing crest and sensory papillae.

图版 I-13～I-18

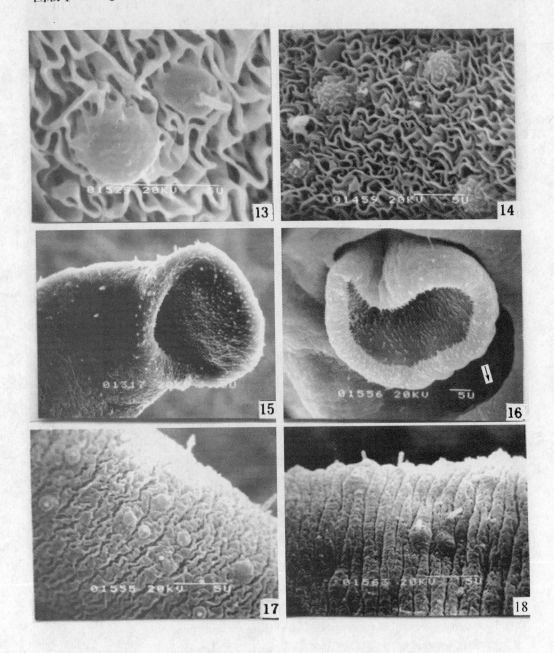

13. 雄虫体壁上的有蒂乳突和光面乳突。(SEM, ×6000)
The body wall of male with or without cilium on the hemispherical papillae.

14. 雄虫抱雌沟后段内的花型乳突。(SEM, ×3000)
The posterior portion inner wall of gynaecophoral canal where the flower-like papillae appear.

15. 雌虫的口吸盘。(SEM, ×1000)
The oral sucker of female worm.

16. 雌虫的腹吸盘及其下方的生殖孔。(↓)(SEM, ×1200)
The female reproductive opening (↓) located beneath the ventral sucker.

17. 雌虫口腹吸盘间的体壁示褶嵴低平。(SEM, ×3000)
The flatten crest of the body wall between the oral and ventral sucker of female worm.

18. 雌虫中段的体壁几乎无褶嵴，有少量乳突。(SEM, ×3000)
The mid-portion of female body wall shows scarcely crest and a few number of spines.

图版 I-19～I-24

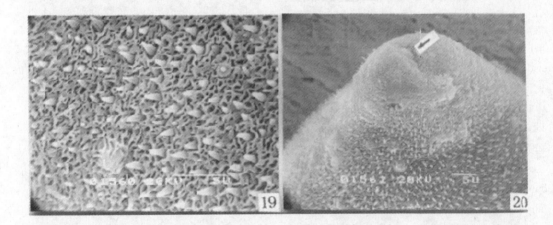

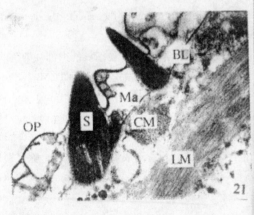

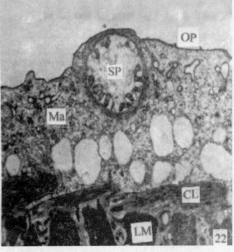

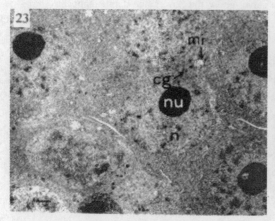
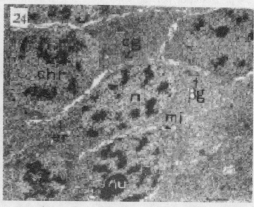

19. 雌虫尾部的体壁示褶嵴重现体棘增多。(SEM, ×3000)

The tail portion of female worm shows the reappearing crest and a number of spines increases evidently.

20. 雌虫尾部末端：示体棘、乳突及排泄孔 (↓)。(SEM, ×1400)

The end portion of female worm shows the spines, papillae and excretory pore (↓).

21. 日本血吸虫成虫体被，示基膜 (BL) 与外质膜 (OP) 之间的基质 (Ma)，体棘 (S) 的基端在基质膜处，基膜下为体被下层，有外环肌 (CM) 与内纵肌 (LM) (TEM, 陈子宸提供)。

The tegument of adult worm of *Schistosoma japonicum* shows the matrix (Ma) located between the outer plasma membrene (OP) and basal lamina (BL). Beneath the basal lamina, there are outer circular muscle (CM) and inner longitudinal muscle (LM). (after Chen Zi-Chen)

22. 日本血吸虫成虫（42日龄）前段的体壁。基本结构同上述。在基质 (Ma) 内有感觉乳突 (SP)。(TEM, ×6000)

The adult male worm (42d) shows the fore portion body wall. The structure is the same as the statement of upper picture. In the matrix (Ma) there is a sensory papilla (SP).

23. 卵母细胞处于减数分裂的前细线期。核 (n) 大，核仁 (nu) 亦大，位于核的中部，染色丝纤细。核膜为一单位膜构成。胞质有较多线粒体 (mi)。胞膜内面有少数皮质颗粒 (cg)。(TEM, ×4000)

Oocyte in preloptotene of meiosis with large nucleus (n), centrally located nucleolus (nu) and with delicate chromatin filament. Nuclear membrane is confined by an unit membrane. A number of mitochondria (mi) and a few cortical granules (cg) are appeared in the cytoplasm.

24. 卵母细胞处于减数分裂粗线期。核 (n) 内由于染色丝来回折叠形成染色体 (chr)。除个别外，多数细胞核仁 (nu) 消失。胞质内有丰富的 β 糖原颗粒 (βg)。此外，尚有线粒体 (mi)、内质网 (er) 和少数的皮质颗粒 (cg)。(TEM, ×6000)

Oocyte in pachytene of meiosis. Chromatin filament spiraled, thickened and shortened and become chromosome (chr). Most of nucleolus (nu) disappeared. There are abundant of β granules glycogen (βg) and some mitochondria (mi), endoplasmic reticula (er) and a few cortical granules (cg) are observed in cytoplasm.

图版 I -25～ I -27

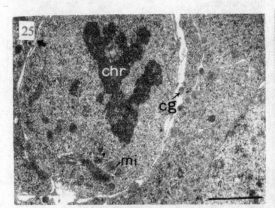
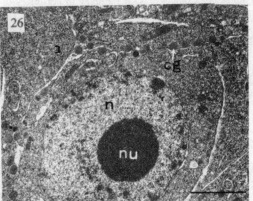
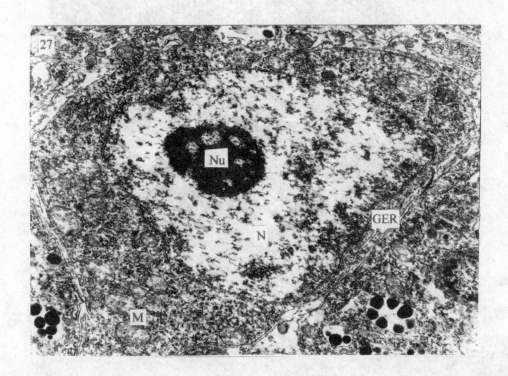

25. 卵母细胞处于减数分裂的后期。排列在赤道板上的染色体（chr）向两极移动，核膜消失。胞质内有散在性的线粒体（mi），胞质边缘有皮质颗粒（cg）。细胞与细胞间有网络状的间隙，其间有胞质条纹（↑）。（TEM，×16000）

Oocyte in anaphase of meiosis. Chromosomes (chr) moved to the pole from equatorial plate and the nuclear membrane disappeared. There are some scattered mitochondria (mi) in the cytoplasm and some cortical granules (cg) are distributed in the border of the cell. The intraspace of the cells formed a net work, where some cytoplasmic strands are observed (↑).

26. 卵母细胞，接近成熟的卵细胞。核（n）有大的核仁（nu）。胞膜周围的内壁有呈规律性排列的

皮质颗粒（cg）。(TEM，×16000)

Oocyte is nearly matured as an ovium. Nucleus with a large nucleolus (nu). There are many cortical granules (cg) which deposit regulary in periphery of cell membrane.

27. 第一期卵黄腺细胞，核大（n），核仁（nu）亦大，胞质内有成束的核糖体，少量粗面内质网（ger），无卵黄小滴（vd）与核糖复合体及脂滴（L）。(TEM，×15000)

The lst stage vetelline cell, with nucleus (n) and nucleolus (nu), abundant ribosomes and a few coarse endoplasmic reticula (ger) are occurred. The cell is lacking of vetelline droplet (vd), ribosomal complex and lipid droplet (L).

图版 I-28～I-30

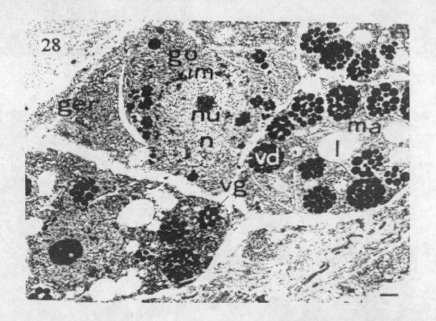

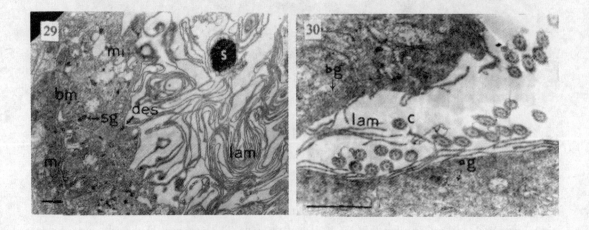

28. 卵黄细胞，示未成熟（im，第三期）及成熟（ma，第四期）卵黄细胞。未成熟卵黄细胞的核（n）

具有大的核仁（nu）及少数的异染色质。胞质开始出现卵黄滴（vd），内含有卵黄球（vg），丰富的粗面内质网（ger）和较多的高尔基复合体（Go），但无脂滴。成熟的卵黄细胞的胞质含大量的卵黄滴（vd）、卵黄球（vg）和脂滴（l）。(TEM，×7000)

Immatured (3rd stage) and matured (4th stage) vitelline cells. The nucleus of immatured vitelline cell (im) has a large nucleous with a few heterochromatin in karyoplasms. A few vitelline droplets (vd) with vitelline globules (vg) present in the cytoplasm. Many granular endoplasmic reticula (ger) and Golgi complex (Go) but no lipid droplet (l) occurs in the cytoplasm. On the contrary, the matured vitelline cell have many vitelline droplets with various number of vitelline globules and lipid droplets (l).

29. 输卵管。管腔有很多长而转褶的板层（lam），其中包绕有似精子头部（s）的横断面。管壁未见到核。表被为胞质联体，其内有较多的线粒体（mi）。此外尚有杆状和球形分泌颗粒（sg）。板层伸入管腔的基部见有桥粒（des），基底膜（bm）其下方为肌层（m）。(TEM，×7000)

Oviduct. The lumen with many long and highly bending laminae (lam) project from the epithelium cell of the oviduct. A sperm-like organism (s) in cross section is surrounded by lamina. The outer membrane of the epithelium is a cytoplasmic syncytium. There are many mitochondria (mi), rod and spherical secretory granules (sg) in the matrix. A desmosome (des) near the surface of the epithelium, where the lamina is setting out into the lumen. Beneath the base membrane (bm) is the muscle layer (m).

30~31. 输卵管管腔内除了板层（lam）外，尚有横断面（↑）和纵切面（↓↓）的纤毛（c）。基质间有丰富的胞质丝（cf）及β与α糖原（βg与αg）。(TEM，图版Ⅰ-30，×18000；图版Ⅰ-31×17000)

Oviduct lumen with laminae (lam) and cilia (c) in cross (↑) and longitudinal sections (↑↑). The matrix has many cytoplasmic filaments (cf), β and α glycogen (βg & αg).

图版Ⅰ-31～Ⅰ-34

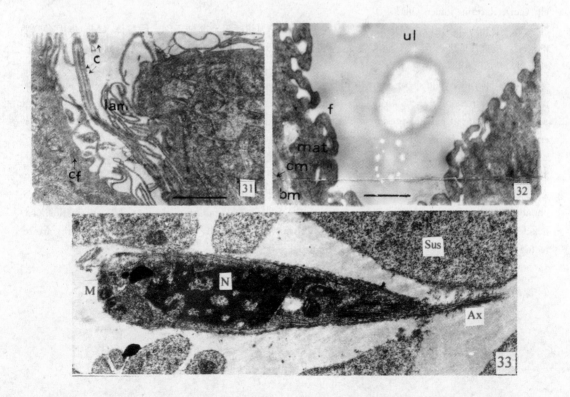

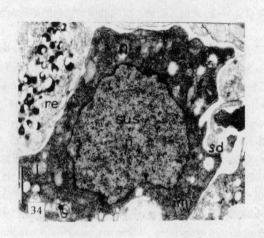

注：图版Ⅰ-23～Ⅰ-26；图版Ⅰ-28～Ⅰ-32 的标尺为 1μm。
Note：Ⅰ-23～Ⅰ-26；Ⅰ-28～Ⅰ-32 Bar=1μm。

32. 子宫壁高度皱褶 (f)。基质 (mat) 下为基底膜 (bm)。下方为环行肌纤维 (cm)。子宫腔 (ul)。(TEM，×14500)

The uterine wall is highly folded (f). Below the matrix is base membrane (bm) and the circular muscle (cm). Uterine lumen (ul).

33. 睾丸内日本血吸虫精子结构。日本血吸虫精子为纺锤形，前钝后细，线粒体 (M) 集中在胞质的前端。核 (N) 致密但有不同程度的透明区，尾部有鞭毛轴丝 (Ax)，其结构因部位不同而异。(TEM，×15000)

The structure of the sperm in testis of S. japonicum. Spindle shape with rounding anterior end and tapering posterior end. Mitochoudria (M) congregate in front of the cytoplasm. A dense nucleus (N) with some electron lucent patches presents. An axoneme (Ax) forming flagellum on the tail constructed differently due to different position.

34. 日本血吸虫支持细胞。形状不规则，胞质丰富，有很多线粒体 (m)、脂滴 (l) 和糖原颗粒。核不规则，未见核仁，许多精细胞 (sd) 所排除残余体 (re) 被支持细胞所吞噬。(TEM，×6000)

The sustentacular cells of S. japonicum. Irregular in shape. Abundent cytoplasm with many mitochondria (mi) and lipid droplets (l) are occurred. Nacleus (n) has no nucleolus. The spermatids (sd) are developing in different stage which insert to the sustentacular cell, and the residual bodies (re) are rejected from spermatids and engulfed by sustentacular cell.

第二章 卵

卵是血吸虫致病的主要因素，卵在血吸虫病流行病学上又是重要污染源，研究血吸虫卵的超微结构，特别是卵壳的结构，对揭示虫卵的生理、胚胎发育、虫卵致病及药物治疗等无疑有重要意义。Inatomi（1962）、何毅勋等（1979）、魏梅雄等（1983）对成熟虫卵做了电镜观察；近期杨明义等（1997）对未成熟虫卵进行了电镜观察，从卵壳结构上比较基本相似（表2-1）。现综述如下：

一、卵壳表面结构

卵壳表面布满微棘（microspine），微棘纵切呈长三角形，横切呈星形，平均大小为 $0.06\mu m \times 0.02\mu m$，棘间距平均为 4.5nm。微棘上面为网状纤维基质（fibrous net-like matrix），在子宫内的虫卵，其纤维基质尤其发达。比较曼氏血吸虫、埃及血吸虫和日本血吸虫3种卵的微棘，日本血吸虫的微棘为最小，仅为其他种血吸虫微棘的1/4，在同一单位面积内的微棘数为其他血吸虫卵的5倍（成熟卵见图版Ⅱ-1；Ⅱ-2；Ⅱ-4；Ⅱ-6；Ⅱ-7；未成熟卵见图版Ⅱ-3）。

二、卵壳剖面的结构

透射电镜观察，卵壳双层，厚度为 $0.24 \sim 1.4\mu m$。内层薄，电子密度致密，厚度为 $0.062\mu m$；外层厚，电子密度中等致密，厚度为 $0.57\mu m$。内、外二层紧贴。壳层间有不定形弯曲的微管道，管径为 $0.062\mu m$，有的为单管蛇形，有的双管道分支呈树根状，有的成囊状，有的为蜂窝状等，这种结构在卵壳厚的地方尤其明显。卵的侧刺上同样存在微管道（成熟卵见图版Ⅱ-5；Ⅱ-6；Ⅱ-7；Ⅱ-8；未成熟卵见图版Ⅱ-9）。

三、虫卵结构与功能

血吸虫卵上微棘有助于粘附在宿主血管壁；当卵进入宿主组织后，有利于虫卵稳定在组织之中，使虫卵分泌物定向地分布在卵壳附近。卵壳内胚膜层以及卵壳间的微管道，可使卵内抗原性物质，特别是成熟虫卵内毛蚴的代谢产物、分泌酶性物质、水分、气体等与外界进行交换。因此微管道对环卵试验（COP）、卵的生理、卵的孵化、卵的生命与抗力起着重要的作用。

表 2-1　　　　　　　　日本血吸虫虫卵不同发育期的超微结构比较*

虫卵时期 作者	初产卵	胚胎卵 杨明义等 (1997)	成熟虫		
			何毅勋等 (1979)	魏梅雄等 (1983)	Inatomi et al (1970)
微管道	0.019~0.268	0.021~0.154	未见	0.062	未见
卵壳厚度	0.56	0.77	0.40	0.73	0.68
外层	0.50	0.64	—	0.57	—
内层	0.06	0.07	—	0.06	—
微棘：横切		星形	未观察	星形**	未观察
长度	0.056	0.06	0.06	0.08	1
直径	0.022	0.022	0.02	0.03	0.024~0.03
微棘数/μm	26.6	28.4	23	25	29~35
微棘数/μm^2	713	698	600	600	900
网状纤维基质	丰富	丰富	丰富	丰富	
直径/μm	0.38	0.08	0.06	—	—

* 测量单位（μm）；"—"未测量；** 本文作者。

周述龙

参 考 文 献

何毅勋,龚祖埙,马金鑫. 日本血吸虫卵卵壳的超微结构. 中国医学科学院学报, 1979 1:144~149

杨明义,蒋明森,李瑛等. 日本血吸虫未成熟卵壳的超微结构. 寄生虫与医学昆虫学报, 1997 (4):134~138

魏梅雄,郭思民,钱澄怀等. 日本血吸虫卵卵壳及环卵沉淀物的超微结构. 中华医学杂志,1983 63:278~280

Inatomi S et al. Ultrastructure of *Schistosoma japonicum*. c. f. Sasa M. ed. Recent advances in researches of filariasis and schistosomiasis in Japan. University Tokyo Press,Tokyo,1970:257-289

第二章 卵

图版说明　　Plate Explanation

图版Ⅱ-1～Ⅱ-4

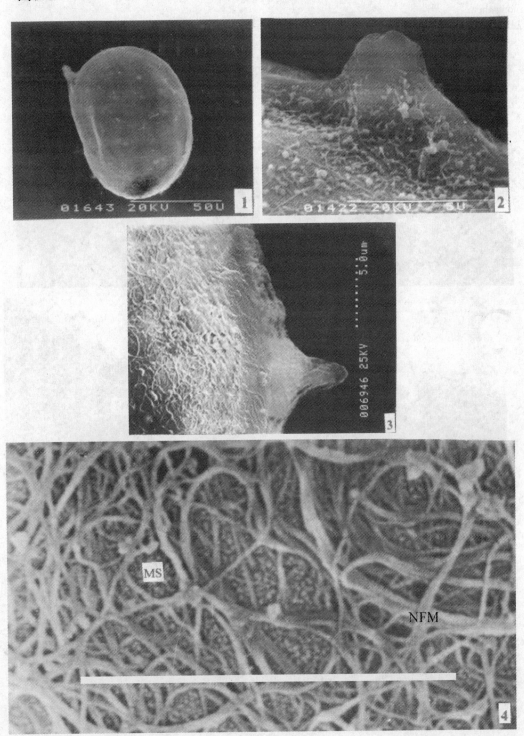

1. 日本血吸虫成熟卵。(SEM，×500)

2~4. 卵壳表面的结构. 示卵壳表面有很多微棘（MS）及其网状纤维基质（NFM）。(SEM，Ⅱ-2，×6 000；Ⅱ-3，×3 500；Ⅱ-4，×150 000)

The ultrastructure of egg shell, shows many microspines (MS) with net-like fibrous matrix (NFM) among them.

图版Ⅱ-5~Ⅱ-9

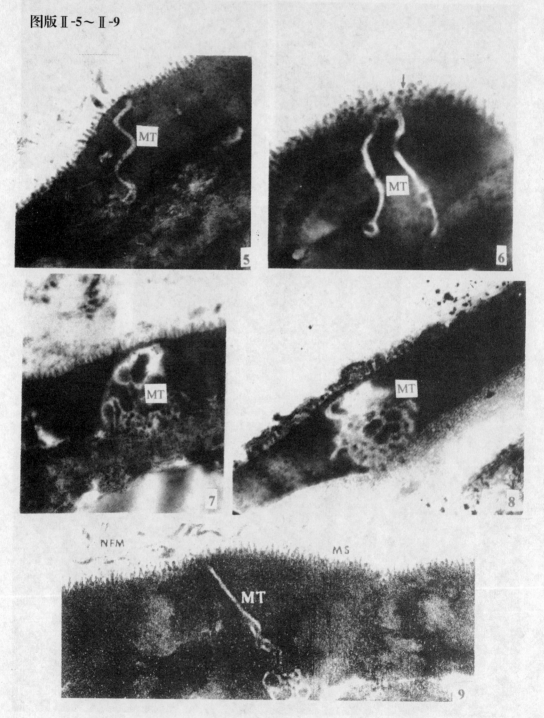

5~9. 日本血吸虫卵卵壳微管道（MT）的不同形式。(TEM，×50 000)

The various types of microtube of S. japonicum egg shell.

5. 蛇形单管道。(TEM，×50 000)

Snake-like single microtube.

6. 根状双管道及星形微棘（↓）。(TEM，×50 000)

Root-like double microtubes and star shape microspine (↓).

7. 成囊状微管道。(TEM，×50 000)

Sac-like microtube.

8. 蜂窝状微管道。(TEM，×50 000)

Honey comb-like microtube.

9. 未成熟虫卵的微管道，其形式与成熟卵相似。(TEM，×45 500)

Immature egg shell, shows the shape of microtube is similar to that of matured egg shell.

注：图版Ⅱ-1；Ⅱ-2；Ⅱ-4 为成熟虫卵；图版Ⅱ-3 为未成熟虫卵。图版Ⅱ-4 的标尺为5μm。

Note：Ⅱ-1；Ⅱ-2；Ⅱ-4 shows the mature egg shell; and Ⅱ-3 the immature egg shell. The bar of Ⅱ-4 is 5μm.

第三章 毛蚴

一、毛蚴的外部结构

静止或固定后的毛蚴呈短椭圆形,前端有一锥形顶突(terebratoria),全身披纤毛,着生于纤毛板上,在体表尚有一些感觉乳突及腺体开口。

1. 头顶部: 头部长度约占体长的1/5,前端向前突出呈锥形,最前端为顶突。顶突由不规则网络状的褶嵴组成,形如半个绣球,大小约$6.3\mu m \times 4.9\mu m \times 2.0\mu m$。在顶突的外1/3处,可看到4~6个短纤毛,对称分布,它们是单纤毛感觉乳突。在中部的两侧各有一个开口(图版Ⅲ-1~Ⅲ-6)。

2. 纤毛上皮细胞: 分为4横列,第1列上皮细胞上近顶突的前缘有特长的纤毛称为前触纤毛(tactile apical cilia)(Sobhon 1990),可能与传导液流触觉有关(图版Ⅲ-1;Ⅲ-2;Ⅲ-3),其余部分的纤毛较短、较密,使毛蚴前端呈锥体状;后3列上皮细胞上的纤毛则细而长。上皮细胞总数共22个,排列顺序为6、9、4、3。第1列6个,每个都呈三角形,排列紧密,后缘中部略向前凹陷,但较浅。第2列根据唐仲璋(1938)在光镜观察为8个,现代超声振荡技术将纤毛震掉,发现第2排纤毛板的数目有的多于8块(图3-1)。本文观察为9个,呈单行排列,每个呈前后向的长条形,细胞间嵴明显可见。第3、4列分别为4个和3个,每个呈不规则的圆形或椭圆形,纤毛板与纤毛板之间的细胞间嵴(interstitial ridge)以第3列最宽,间嵴的表面呈颗粒状(图版Ⅲ-4;Ⅲ-5)。

3. 体表感觉乳突及排泄孔: 在第1、2列上皮细胞之间,两侧各有一个侧小突(lateral papilla),呈乳头状,直径约$2.4\mu m$,其旁未见有小孔,因此可能是一种感觉乳突,结合其生长部位和毛蚴在水中的游动情况,可能是一种液流感受器。在第3列上皮细胞的细胞间嵴上可看到两个对称分布的排泄孔(图3-1)。

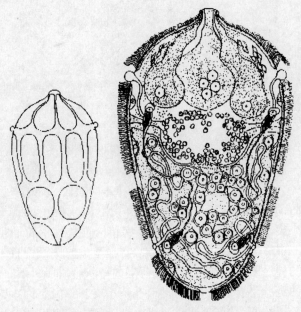

图3-1 日本血吸虫毛蚴 示纤毛上皮细胞的排列及内部构造
(仿唐仲璋,1938)
The diagram shows the epidermal plate and inner structure of S. japonicum miracidium. (After Tang, 1938)

Eklu-Natey 等（1985）用 SEM 比较了 4 种人类血吸虫的毛蚴，发现它们之间存在着差别，例如在纤毛板的形状，感觉乳突数目与分布等。从顶突结构形式可分两类，埃及血吸虫与间插血吸虫为一类，属于玫瑰花型；曼氏血吸虫与日本血吸虫为另一类，属于蜂窝型。现将 4 种血吸虫毛蚴形态比较于表 3-1，并参阅图 3-2。

表 3-1　　　　　　　　4 种人体血吸虫毛蚴扫描电镜下形态的比较

血吸虫种类		埃及血吸虫	间插血吸虫	曼氏血吸虫	日本血吸虫
大小（μm）长宽		(133±4)× (49±2)	(160±6)× (55±1)	(136±3)× (54±1)	(77±2)× (48±1)
纤毛板排次 形状	Ⅰ与Ⅳ	三角形	三角形	三角形	三角形
	Ⅱ与Ⅲ	长圆形	长圆形	长圆形	椭圆形
顶突	结构	玫瑰型	玫瑰型	蜂窝型	蜂窝型
	排列	有规则向心	有规则小窝	有规则小窝	细长小窝
排泄孔	数目	2	2	2	2
	位置	稳定	稳定	稳定	稳定
单纤毛感觉乳突数					
	顶突	14	12	10 或 12	10
	前环	6	6	6	6
多纤毛感觉乳突数					
	顶突	2	2	2	2
	纤毛数/每个乳突	15±1	15±1	15±1	15±1
	前环	12±1	11±1	10±2	15±2
	纤毛数/每个乳突	11±1	11±1	11±1	8±1
	中环	18±1	18±2	18±2	无
	纤毛数/每个乳突	16±1	18±2	16±2	

据 Eklu-Natey 等（1985）的观察，日本血吸虫毛蚴体表具有单纤毛感觉乳突、多纤毛感觉乳突、无纤毛感觉乳突、侧小突和星形感觉乳突等 5 型（图 3-2）。单纤毛感觉乳突是感觉末梢，在每一乳突上有单根纤毛（图版Ⅲ-2；Ⅲ-3），长约 2μm，分布于顶突上侧腺开口周围，呈 2 组对称排列，每组含 5 个感觉乳突。在第 1 列与第 2 列纤毛上皮细胞之间的前环（anterior ring）上有 6 个单纤毛感觉乳突。多纤毛感觉乳突的结构、数目和分布方面略较复杂，可在顶突、前环和第 2 列与第 3 列纤毛上皮细胞之间的中环（median ring）三个部位查见。顶突上有 2 对多纤毛感觉乳突，每对对称排列于侧腺开口周围，每一感觉乳突约含 15 根长约 2μm 的短纤毛。前环上具有 14～18（15±2）个多纤毛感觉乳突，每一感觉乳突含 6～9（8±1）根纤毛。中环上缺感觉乳突。2 个无纤毛感觉乳突直径约 2.5μm，位于前环，距侧小突不远。在第 1 列与第 2 列纤毛上皮细胞之间，各有一个侧小突。这个结构由于它的形状和位置常为学者们重视，它呈乳头状向外突出。其直径为 2μm，蒂高 2～3μm。它们只有在毛蚴的侧面位置方能明显见到。每个小突系由球形膨大的神经末梢形成，并被一薄层的嵴状胞质所包围。两侧在侧小突及其连接的神经内有许多神经分泌囊泡和神经小管，在侧小突基部尚有许多大型的线粒体。鉴于该构造位于体前端最阔的两侧，当毛蚴在流水中游动时，水流量与其发生连续性的感应，并不断地向其邻近的体部中枢神经团提供方向及重力平衡等信息，以协调纤毛的运动。因此，这一对侧小突可能是液流感觉乳突（何毅勋等，1981）。在侧小突附近有一星形结构感觉乳突，由中央一根纤毛和周围 13 根短纤毛所构成。因此，日本血吸虫毛蚴不仅在大小量度方面与其他人体血吸虫

种类不同,而且在前环上感觉乳突数目和构建以及中环上缺少感觉乳突等特点而能加以区别。

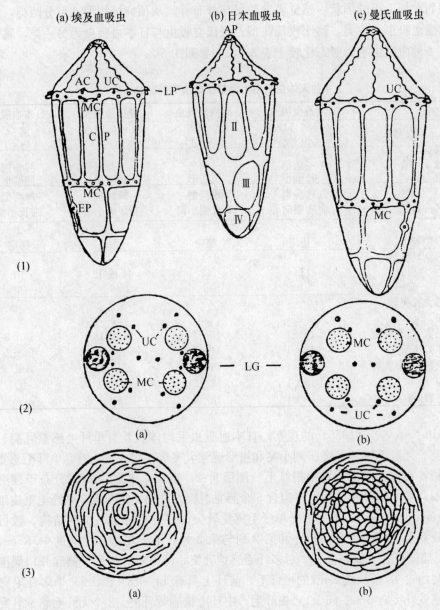

图 3-2 3种人体血吸虫毛蚴体表超微结构比较示意图

(1) 埃及血吸虫、日本血吸虫和曼氏血吸虫的毛蚴,示其大小、纤毛板形状及感觉乳突的分布;(2) 血吸虫毛蚴顶端示感觉乳突的分布;(a) 埃及血吸虫毛蚴顶端;(b) 日本血吸虫毛蚴顶端;(3)(a) 埃及血吸虫与间插血吸虫顶突体被皱褶呈玫瑰花型、(b) 曼氏血吸虫与日本血吸虫则为蜂窝型。AC:无纤毛感觉乳突;AP:顶突;CP:纤毛板;EP:排泄孔;LG:侧腺开口;LP:侧小突;MC:多纤毛感觉乳突;UC:单纤毛感觉乳突;Ⅰ~Ⅳ:纤毛板列序。

(仿 Eklu-Natey 等,1985)

The comparative diagram of the surface features in 3 species of human schistosomes miracidium
(1) The miracidium of S. haematobium, S. japonicum and S. mansoni showing the sizes, epidermal plate and distribution of sensory papillae.
(2) Top view of (a). S. haematobium, (b) S. japonicum showing the distribution of sensory papillae.
(3) (a) S. haematobium and S. intercalatum with rose-like apical papilla fold
(b) S. mansoni and S. japonicum with honey comb-like apical papilla fold. Non-ciliated papilla (AC), apical papilla (AP); ciliated plate (CP); escretory pore (EP); lateral gland opening (LG); lateral papilla (LP); multiciliated papilla (MC); uniciliated papilla (UC); Ⅰ~Ⅳ The row of epidermal plate.

二、毛蚴的体内结构

唐仲璋（1938）对日本血吸虫毛蚴的形态在光镜下作了详尽的观察，对现代电镜观察十分有益（图3-1）。在上述扫描电镜（SEM）的基础上，用透射电镜（TEM）观察毛蚴，对其顶突、体壁、纤毛、纤毛板与上皮细胞、细胞间嵴、感觉乳突、腺体包括顶腺和侧腺均有深入的认识与理解。Sobhon（1990）与本文作者在这方面作了一些观察，综述如下。

1. 顶突及腺体：上述顶突为不规则网络状的褶嵴组成，其间有顶腺分泌颗粒（图版Ⅲ-7；Ⅲ-8）通向顶端，在顶腺的两侧有侧腺分泌颗粒（图版Ⅲ-8）。两种分泌颗粒均为电子密度高度稠密所构成的黑色颗粒。但顶腺分泌颗粒大小悬殊，而侧腺虽亦有大小之分，但大小悬殊不大，腺体位置可加以区别。参阅唐仲璋（1938）及Brooker所示的毛蚴模式图（图3-1；图3-3）。顶腺位于体前方的中央，为一袋形构造，分背腹两叶，由4个细胞融合而成，故在腺底仍能查见4个泡沫状核。侧腺为一对单细胞，呈长梨形，位于顶腺稍后的两侧，内含一个核和粗大的嗜酸性颗粒。顶腺主要含抗淀粉酶PAS阳性物质，而侧腺除含有抗淀粉酶PAS阳性物质外，尚含有核糖核酸、碱性蛋白质、酪氨酸、色氨酸、组氨酸、结合蛋白质、酸性酶等物质（何毅勋等，1979）。这些物质可沿着顶突的皱褶定向地流至中间宿主螺体的组织，起到粘着、润滑和溶解宿主细胞的作用。

2. 体壁结构：用SEM已对毛蚴整体结构及其布局，包括纤毛、上皮细胞及感觉乳突等作了阐述，但对结构细节及它们之间的关系还得在TEM的资料中加以阐明。

纤毛：毛蚴体表具有21个或22个扁平的纤毛上皮细胞。上皮细胞的表面有很多的纤毛，每根纤毛是由2个中央微管和9组周边微管构成的"9+2"的纤毛结构（图版Ⅲ-7～Ⅲ-10）。纤毛的基部有纤毛基体（cilia rootlet），它的一端为尖的有一定的角度嵌入上皮细胞的胞质，并呈现间歇性的横纹结构。它的另一端就是可以摆动的纤毛。当纤毛中央微管受到毛蚴神经中枢传来的信息后，很快便传递至周边微管，其中5对微管做有效划动和

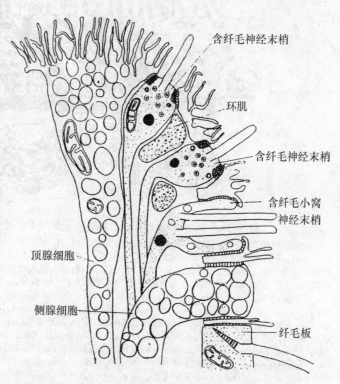

图3-3 曼氏血吸虫毛蚴前端突出部位的模式图
示顶腺与侧腺及感觉乳突的结构
（仿 Brooker，1972）
A diagram of the model shows the ultrastructure and the relationship of apical gland, lateral gland and sensory papillae of S. mansoni miracidium. (After Brooker, 1972)

回复划动,而另4对微管却为松弛状态,紧接着后4对微管做有效划动和回复划动,而前5对微管即进入松弛状态,就这样毛蚴全身纤毛反复而有规律的摆动,使毛蚴在水中作直线式的运动(何毅勋,1990)。

上皮细胞与间嵴:上皮细胞与上皮细胞之间相隔有一个无纤毛区称为间嵴,两个相邻细胞由胞质桥粒(desmosome)分隔。间嵴表面无纤毛,但与上皮细胞一样都有明显短小的微绒毛(microvilli),其功能尚不了解(图版Ⅲ-7~Ⅲ-10)。Sobhon(1990)对日本血吸虫毛蚴的研究表明上皮细胞与间嵴的下方由各自的细胞体与其连接。上皮细胞的细胞体有圆的核和明显的常染色质,故色淡。胞质内有很多粗面内质网和脂滴。而在间嵴的细胞体,它的核不规则,长而多叶,色深有较多的异染色质。此外胞质里有很多微丝(microfilament)和浅圆泡(light spherical granule)(图3-4)。了解上述这些结构有助于我们对毛蚴侵入螺体组织转变为母胞蚴过程的理解。

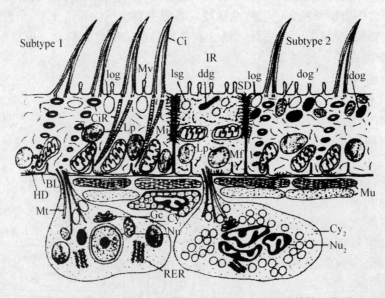

图3-4 日本血吸虫(大陆株)毛蚴纤毛上皮细胞结构示意图

上皮细胞有2型;上皮细胞与上皮细胞由无纤毛的间嵴(Ri)通过桥粒(SD)相隔并由下方各自胞体(cyton)相连。各自细胞体内含物存在差异。基膜(BL),纤毛(Ci),纤毛基体(CiR),细胞体(Cy)深色椭圆小泡(dog),深色椭圆内斑纹小泡(dog'),高尔基复合体(Go),半桥粒(HD),间嵴(IR),浅椭圆泡(log),浅圆泡(lsg),脂滴(Lp),微丝(Mf),线粒体(Mi),肌肉(Mu),核(N),粗面内质网(RER),桥粒(SD)(仿 Sobhon 1990)

Schematic drawing illustrating the epidermal ultrastructure in miracidium of *S. japonicum*(Chinese strain). Ciliated plates are composed of subtype 1 and subtype 2 jointed by non-ciliated ridges(IR). The ciliated plated and non-ciliated plated(IR)are connected alternatively to their own cyton and the contenes of the cell are varied. Basal lamina (BL). Cilia (Ci), Cilia rootlet (CiR), Cyton (Cy), dense ovoid granule (dog), dense ovoid granule with mottled interior (dog'),Golgi complex (Go). hemidesmosome(HD),ridge(Ri),light ovoid granule (log),light spherical granule(lsg), lipid droplet(Lp),microfilament (Mf),mitochondria (Mi),microtubule (Mt),muscle (Mu),nucleus (Nu),rough endoplasmic reticulum (RER),septate desmosome(SD)(After Sobhon 1990).

许世锷 周述龙

参 考 文 献

何毅勋等. 日本血吸虫卵胚胎发育的组织化学的研究. 动物学报,1979 25:304

何毅勋等. 日本血吸虫毛蚴的扫描电镜观察. 动物学报，1981 27：301～303

何毅勋. 毛蚴的行为，引自毛守白主编. 血吸虫生物学与血吸虫病防治. 人民卫生出版社，1990：64-72

Brooker BE. The sense organs of trematode miracidia. In: Canning EU., CA Wright eds. Behavioural aspects of parasite transmission. London Academic Press, 1972：171-180

Eklu-Natey DT et al. Comparative scanning eletron microscope (SEM) study of miracidium of four human schistosome species. Int. J. Parasitol, 1985 (15): 33-42

Tang CC（唐仲璋）. Some remarks on the morphology of the miracidium and cercaria of *Schistosoma japonicum*. Chinese Med. J. 1938 supp. 2: 423-432

Sobhon P. and E. S. Upatham. Snail hosts, life-cycle, and tegumental structure of oriental schistosomes. Mahidol University, Bangkok, Thailand. 1990

图版说明　　Plate Explanation

图版Ⅲ-1～Ⅲ-4

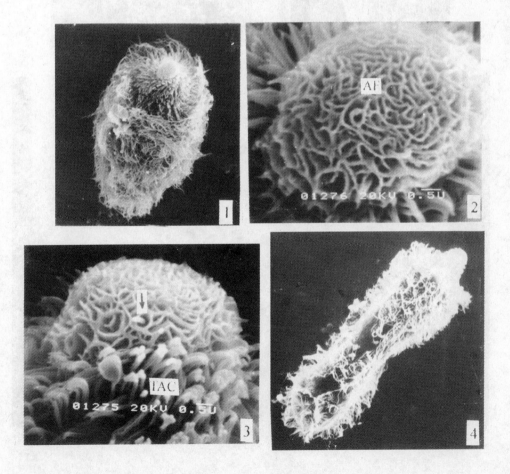

1. 毛蚴体表。(SEM, ×500)
The outer structure of miracidium of *S. japonicum*.
2. 毛蚴顶突顶面观：示网状褶嵴(AF)、腺体开口。(SEM, ×10 000)
A topview of the terebratoria shows the ridges and the opening of the apical and lateral glands underneath the ridges.
3. 毛蚴顶突侧面观：示顶突上的单纤毛乳突及第一列上皮细胞近顶突处，有特长的前触纤毛(TAC)(↓)。(SEM, ×8 000)
The lateral view of the terebratoria shows the tactile apical cilia (TAC).
4. 毛蚴的侧面外形。(SEM, ×500)
The lateral view of a miracidium.

图版 Ⅲ-5～Ⅲ-7

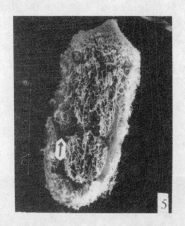

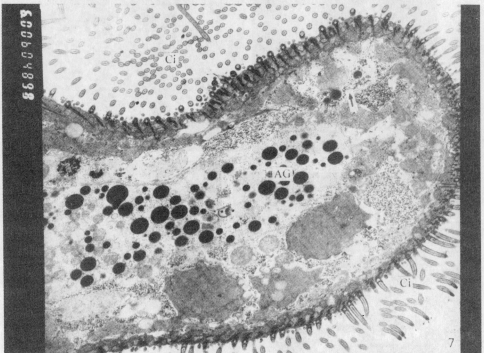

5. 去纤毛毛蚴。(SEM，×600)

The profile of an eliminated cilia of a miracidium.

6. 同上放大：示第1～2列纤毛板之间的侧小突（↓）。(SEM，×1 200)

Ditto. The enlargement of upper picture shows the lateral papilla (↓).

7. 毛蚴前端斜切示顶腺（AG）及通向顶端通道（↑），纤毛（Ci）。(TEM，×18 000)

The sagittal section of the apical gland and its passage (↑) to anterior part.

图版 Ⅲ-8～Ⅲ-10

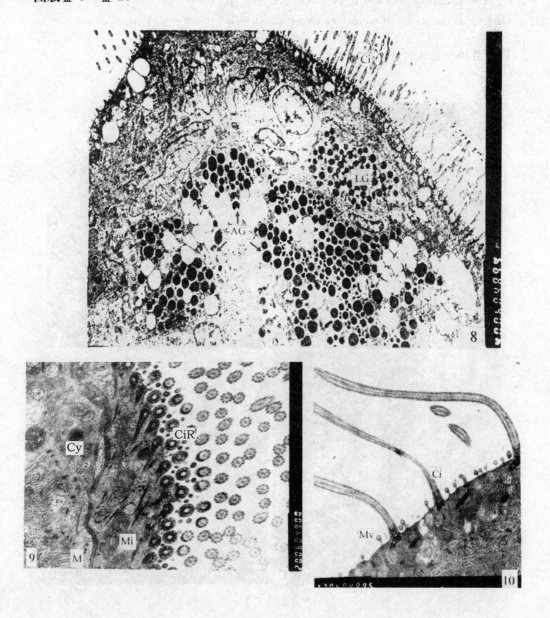

8. 毛蚴前端斜切,示顶腺(AG)、侧腺(LG)。(TEM,×12 000)

The sagittal section shows the apical gland (AG) and lateral gland (LG).

9. 毛蚴上皮细胞横切,示上皮细胞纤毛(Ci)(9+2)及其纤毛基体(CiR)和下方的上皮细胞体(Cy)、肌层(M)及线粒体(Mi)。(TEM,×20 000)

The sagittal section of epidermal cell shows the cilia (Ci) and cilia rootlet (CiR) and cyton (Cy), muscle layer (M), mitochondria (Mi).

10. 毛蚴上皮细胞纵切,示纤毛(Ci)及微绒毛(Mv)。(TEM,×17 000)

The longitudinal section of miracidium epidermal cell shows the cilia (Ci) and microvilli (Mv).

图版Ⅲ-A～Ⅲ-F

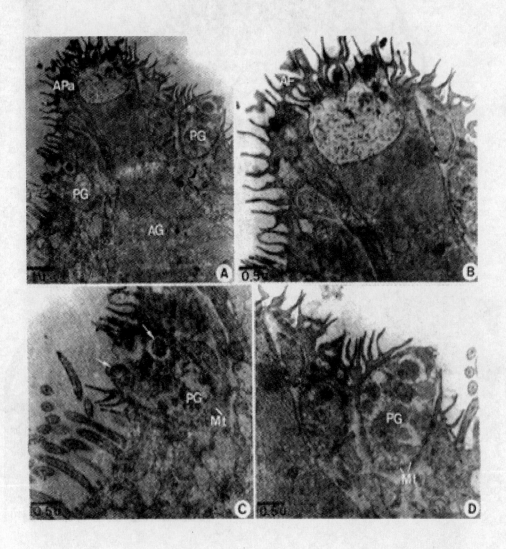

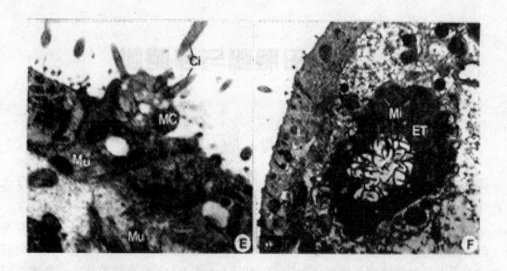

A. 毛蚴前端示顶突（APa）及其顶腺（AG）和侧腺（PG）。(TEM，×9 600)
The anterior miracidial tip showing the apical papilla (APa), The opening of the unicellular apical gland (AG) and two lateral glands (PG).

B. 同上图，放大，示顶突的褶嵴（AF）及顶腺的开口。(TEM，×18 000)
Ditto. The enlargement of the upper part of the apical gland showing apical folds (AF) and the cavity which receives the secretion.

C 及 D. 同上图，放大，示侧腺分泌颗粒被微管（Mt）包裹。(TEM，×18 800)
Ditto, The enlargements of the openings of the two lateral glands showing secretory granules surrounded by and array of microtubules.

E. 在间嵴（IR）上有一个多纤毛感觉乳突（MC），那里见到3根纤毛（Ci）自它发出，乳突下方可见肌纤维（Mu）。(TEM，×14 200)
A multiciliated sensory pit (MC) with three cilia (Ci) projecting from the bulb of which is set into the cytoplasm of a ridge. Muscle fibres (Mu) can be seen below the ridge.

F. 上皮细胞（Ⅲ列）间可见排泄管（ET）并向管腔发出许多微绒毛（Mi）。(TEM，×24 500)
The excretory tubule (ET) lined by epithelium with a dense cytoplasm and branching microvilli. Mitochondria (Mi) can be seen along the basal part of the epithelium.

注：图版Ⅲ-A～Ⅲ-F 仿 Sobhon 1990。
Note：Ⅲ-A～Ⅲ-F after Sobhon 1990。

第四章 母胞蚴与子胞蚴

第一节 母 胞 蚴

光镜条件下日本血吸虫毛蚴侵入钉螺形态学观察,周述龙(1958)及夏明仪等(1991)均作了很细致的工作。在透射电镜条件下,Sobhon(1990)对湄公血吸虫(S. megongi)毛蚴侵入其中间宿主拟钉螺作了深入研究,对毛蚴转变成母胞蚴,特别是对毛蚴侵入宿主后脱去上皮细胞纤毛板的细节,作了有益的阐述。日本血吸虫毛蚴早期入侵钉螺的途径45%是通过钉螺的头足部(周述龙,1958)。研究人工感染螺类宿主,观察毛蚴细胞中的细胞器的变化有助于我们理解毛蚴侵入宿主的机制。

日本血吸虫毛蚴体壁结构与湄公血吸虫的毛蚴结构大致相似,上皮细胞上有纤毛,上皮细胞与上皮细胞相隔有间嵴,后者无纤毛,但与上皮细胞一样均有微绒毛结构(图3-4)。上皮细胞与间嵴的下方(体被下层)各有相应的细胞体通过各自胞质小管与上面体被连接。一个毛蚴侵入螺体首先是毛蚴的顶突粘着螺蛳组织,并迅速从顶腺和侧腺分泌酶类物质将螺组织溶化,紧接着毛蚴排除纤毛板,而两纤毛板之间的间嵴随即扩张取而代之,形成袋状结构,也就是母胞蚴形成。这个过程根据TEM资料证明:①有纤毛的上皮细胞先作扇贝状弯曲;②纤毛的基体破裂而数量急速减少;③上皮细胞的线粒体移向并集中在细胞的中间;④细胞下部出现少数空泡,而空泡渐渐融合形成大的空泡使纤毛板脱落;⑤在此同时,在靠近间嵴的细胞体移入具有纤毛上皮细胞的位置,取代了上皮细胞的空间。

一、母胞蚴外部结构

扫描电镜观察发现,35、52、70日龄的母胞蚴,其体壁表面均为光滑,周身有凸起的环嵴(annular ridge)和凹陷的环槽(annular trough)相间排列。随着日龄的增长,母胞蚴的环嵴环槽数目增多,深浅不一(图版Ⅳ-1;Ⅳ-2;Ⅳ-4;Ⅳ-5)。35日龄母胞蚴体内充满着发育的子胞蚴和其他胚元。人工损伤母胞蚴,体内子胞蚴挤出母体外(图版Ⅳ-2),子胞蚴的一端已有体棘出现(图版Ⅳ-3)。

二、母胞蚴内部结构

光镜下29日龄的母胞蚴为长椭圆形,大小为$192\mu m \times 86.4\mu m$,腔内有胚细胞、胚球和体细胞等(周述龙,1958)(图4-1)。

透射电镜观察45日龄母胞蚴,其体表无胞核而有胞质相连的体被,覆盖体表层。体被的外质膜从理论上是一个单位膜,其体表有$1.07\mu m$厚的微绒毛,基质较薄,有线粒体,其大小为$0.92\mu m \times 0.59\mu m \sim 1.04\mu m \times 0.73\mu m$。基膜处于基底膜的下方。体被下层有两层肌层即外环肌和内纵肌。肌纤维走向，前者沿体壁环行，后者沿体的纵轴纵行。基膜以内的腔为育腔（brood chamber）（图版Ⅳ-6；Ⅳ-7）。育腔内除有发育的子胞蚴胚胎外，还可见到胚细胞（germinal cell）、体细胞（somatic cell）和实质细胞（parenchymal cell）。母胞蚴胚细胞来自毛蚴体内的胚细胞，经无性繁殖发育形成子胞蚴和尾蚴，从而构成庞大数量的感染期幼虫，这一个特点为寄生虫学者重视。胚细胞核大，$6.6\mu m \times 5.12\mu m$，有大的核仁，其大小为 $2.87\mu m \times 2.25\mu m$，而胞质贫乏，整个外形多为"眼睛"样结构。体

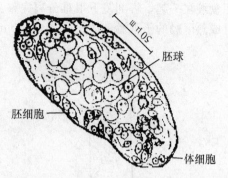

图 4-1　日本血吸虫母胞蚴（29 日龄）
29 days Ms of S. japonicum

细胞虽有大的核，但有丰富的细胞质，核仁亦小。实质细胞为不定形细胞，具有丰富的细胞质和很多胞质突起。胞质内有大量的核糖体、内质网和一些线粒体，这种细胞填充在母胞蚴或子胞蚴的育腔内，对上述胚元（胚球、胚胎等）起到提供营养和支持作用。除此之外我们还见到具有焰细胞所具有的典型"9+2"纤毛结构（图版Ⅳ-7；Ⅳ-8）。我们在一横切标本见到另一种体细胞，大小为 $800\mu m \times 6.67\mu m$，核大（$4.41\mu m$），细胞质很少，由于整个细胞电子密度稠密，显得格外浓黑，核与胞质间有一透明环，核膜不清晰，其他细胞器也无法辨认，可能是胞核固缩，处于退化状态（Meulemen et al.，1980）（图版Ⅳ-9）。

母胞蚴和子胞蚴均有微绒毛，厚度不一。52 日龄母胞蚴的部分体被形成特有的微绒毛聚合池（microvilli polymerizing cisterna）结构（图版Ⅳ-10），切面大小为 $1.65\mu m \times 0.88\mu m$，它的外侧向不同方向延伸微绒毛，它的内侧有胞质样小管与体被基质相连。许多复殖目幼虫的体表都有微绒毛的结构，由于胞蚴期营养依靠外源性，不难理解，从体表发出微绒毛以最大限度扩大其吸收面积。虽然母胞蚴特有的微绒毛聚合池的功能意义还不十分清楚，不过从聚合池与基质间有管道相通，可能与蚴虫的代谢、运输有关（图版Ⅳ-10）。此期母胞蚴体内子胞蚴胚胎的体被已形成，其结构与母胞蚴相似，但其微绒毛稀疏，似正处于分化过程中（图版Ⅳ-11）。

第二节　子　胞　蚴

一、子胞蚴的外部结构

子胞蚴分三个时相，①母胞蚴体内子胞蚴；②移行中子胞蚴；③螺类宿主消化腺-生殖腺内子胞蚴。母胞蚴体内子胞蚴已在第一节中阐述，以下对后两时相的子胞蚴进行介绍。

移行中子胞蚴：母胞蚴体内的子胞蚴不断增长，活动增强，一般认为是破溃母体体壁而出。体型从长椭圆形过渡到细长形，大小约在 $500\mu m \times 42.1\mu m$ 不等，没有明显节段之分（图 4-2；图版Ⅳ-12）。52 日龄以上的各型的子孢蚴头部顶端为无棘区，但体前端均有体棘（图版Ⅳ-13；Ⅳ-14）。体棘尖齿状、单生型、棘尖向后，平均长度为 $1.5\sim1.8\mu m$。尾部特有长刺状结构，长 $1.8\mu m$，由体末端不规则的泡状物侧端长出，其功能尚不清楚，可能是子胞蚴冲破母体时的利器（图版Ⅳ-15）。

消化腺-生殖腺内子胞蚴：体形细长并有明显节段之分。虫体与螺体消化腺-生殖腺组织盘缠在一起，解剖镜下很难分离完整虫体，它的长度自 300μm 至 1 000μm 以上。体内有成熟尾蚴的子胞蚴，体长可达 3 000μm 以上（图 4-3；图版Ⅳ-16）。

图 4-2 日本血吸虫早期子胞蚴
The migrating DS of S. japonicum

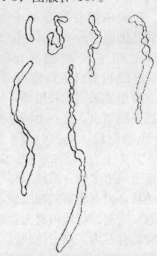

图 4-3 日本血吸虫不同时期子胞蚴外形
The figure of developing DS in different stages

二、子胞蚴的内部结构

成熟子胞蚴的体壁结构与母胞蚴基本相同，即体被、基膜、体被下层等的要素基本相似，但子胞蚴的前端可见体棘。

子胞蚴育腔内所见细胞与母胞蚴育腔内所见基本上亦相似。①胚细胞有大的核和大的核仁。核质主要为常染色质，胞质少，可见粗面内质网（图版Ⅳ-17；Ⅳ-18）。②体细胞核大但胞质丰富。核内常见若干异染色质块，胞质中含线粒体、粗面内质网等结构（图版Ⅳ-17）。③实质细胞为育腔内重要的细胞，对胚细胞起提供营养及调节发育的作用。核与胞质高度不规则，充填育腔内许多地方。胞质内含大量的糖颗粒，直径为 0.07μm，是由 β 糖原组成的集聚体。此外，胞质中还含有线粒体、核糖体等（图版Ⅳ-19）。我们也注意到成熟子胞蚴节段的结构，特别是狭窄的收缩区，发现那里有薄薄的外环肌，但是具有十分发达甚至多层次的内纵肌，它有背腹和前后相互垂直走向。每个肌束远端有 2~3 分支与基膜相连（图版Ⅳ-20；Ⅳ-21），有人怀疑那里是尾蚴发生的场所，但我们未见有胚细胞结构的痕迹。

血吸虫毛蚴进入中间宿主螺蛳成为母胞蚴，为其无性生殖起始阶段，经子胞蚴产生尾蚴，而尾蚴又是无性生殖的终止阶段。由于母胞蚴有萎缩退化和死亡现象，因此血吸虫无性繁殖主要的作用在子胞蚴阶段（周述龙，1958；周述龙等，1985；胡敏等，1992）。我们注意到子胞蚴在形成中体表绒毛形成与包裹在子胞蚴有胚胎三层的结构并对此提出后两层为子胞蚴自身细胞的观点（周述龙等，1985）。Sobhon（1990）用中国大陆的日本血吸虫为材料，细致观察了子胞蚴体被形成过程，值得参考。

周述龙

参考文献

周述龙.日本血吸虫幼虫在钉螺体内发育的观察.微生物学报,1958 6:110~126

周述龙,林建银,孔楚豪.日本血吸虫胞蚴期超微结构的初步观察.动物学报,1985 31:143~149

胡敏,周述龙,李瑛.日本血吸虫胞蚴电镜的进一步观察.中国寄生虫学与寄生虫病杂志,1992 10:301~303

Meuleman E. A, The development of daughter sporocysts inside the mother sporocyst of *Schistosoma mansoni* with special reference to ultrastructure of the body wall. Z. Parasit. 1980. 61(3):201-212

Sobhon P. ,E. S. Upatham. Snail hosts,life-cycle,and tegumental structure of oriental schistosomes,Mahidol University, Bangkok Thailand. 1990

Xia M Y(夏明仪),J. Jourdane. Penetration and migration of *Schistosoma japonicam* miracidia in the *Oncomelania hupensis*, Parasitol. 1991 103:77-78

图版说明   Plate Explanation

图版Ⅳ-1~Ⅳ-3

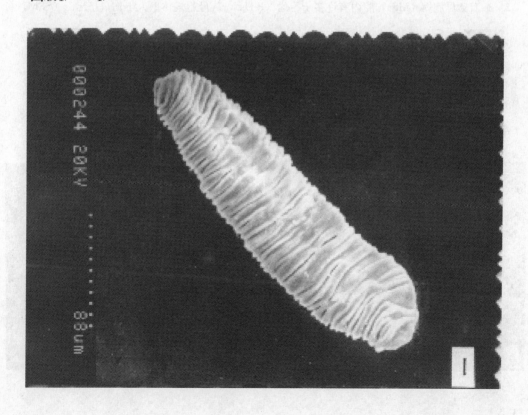

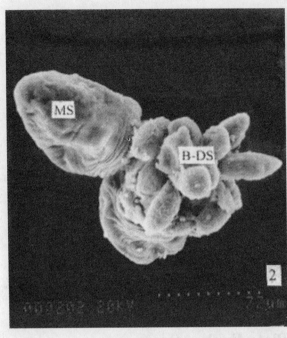
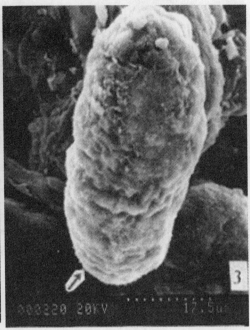

1. 70日龄母胞蚴，体壁有环槽和环嵴。(SEM，×344)
   70 days MS showing annular ridges and trouphs on the body wall.
2. 35日龄母胞蚴（MS），腔内有许多子胞蚴（B-Ds），从母胞蚴体壁人工伤口挤出。(SEM，×363)
   35 days mother sporocyst (MS) with many brood chamber daughter sporocysts (B-Ds) which are squeezced out from the artificial hurt of the MS body wall.
3. 52日龄母胞蚴体内子胞蚴（B-Ds），其一端可见体棘（↑）。(SEM，×1 314)
   52 days B-Ds showing the spines (↑) on one end portion of the body.

图版 Ⅳ-4～Ⅳ-7

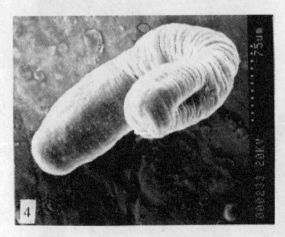

第四章 母胞蚴与子胞蚴

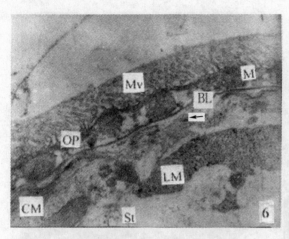
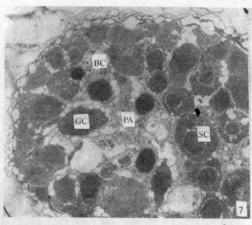

4. 70 日龄母胞蚴，示环槽在体中部先分化，而后向前后发生。(SEM，×280)
The 70 days old MS shows the differentiation annular trough first on middle portion of the body and then toward anteriorly or posteriorly.

5. 同上图，中部放大部分。(SEM，×881)
Ditto, the enlargement of the midportion of the body.

6. 45 日龄母胞蚴体被纵切，示外质膜（OP）、基膜（BL）、体被下层（ST）、外环肌（CM）、内纵肌（LM）、微绒毛（Mv）等的结构（TEM，×13 510）
Longitudinal section shows the tegument of a 45 days MS. Outer plasma membrane(OP), basal lamina (BL), subtegumant (ST), circular muscle(CM), longitudinal muscle(LM), microvilli(Mv).

7. 45 日龄母胞蚴育腔（BC）子胞蚴胚胎，示体细胞（SC）、胚细胞（GC）和实质细胞（PA）。(TEM，×4 860)
45 days MS showing the brood chamber (BC) is full of somatic cells (SC), germinal cells (GC) and parenchymal cells (PA). (TEM)

图版 Ⅳ-8～Ⅳ-11

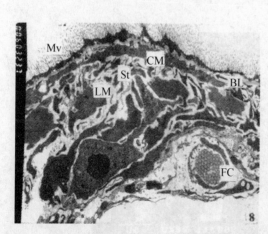

8. 45日龄母胞蚴体被横切，示微绒毛（Mv）、基膜（BL）与体被下层的结构，体被下层有焰细胞（FC）。（TEM，×6 000）

Ditto, x-section, showing the components of tegument and subtegument. The essential structure is alike figure 6. A flame cell (FC) can be seen.

9. 45日龄母胞蚴体被及退化的细胞，具有固缩的核（PN）。（TEM，×6 450）

Ditto, cross-section showing the degenerated somatic cell with pynotic nucleus (Pn).

10. 52日龄母胞蚴示微绒毛聚合池（MP）及其通道（Co）。（TEM，×17 000）

52 days MS showing microvilli polymerizing cisterna (MP) and its tubule like structure (Co).

11. 52日龄母胞蚴，示母胞蚴体内子胞蚴体被的结构与母胞蚴十分相似。微绒毛（Mv）、肌肉（CM、LM）、肌细胞（Mc）、体被细胞（Cy）。（TEM，×8 000）

52 days mother sporocyst showing the structure of the tegument and the its elements of both mother and daughter sporocysts are much similar.

图版 IV-12～IV-16

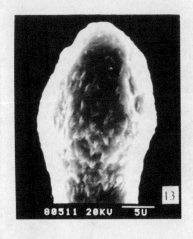

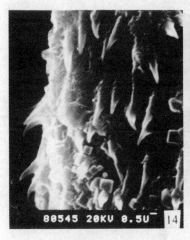 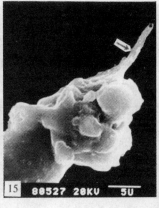 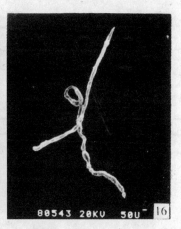

12. 移行中子胞蚴，示虫体细长，有前后端之分。(SEM，×148)
Migrating daughter sporocyst with slender body which could differentiat into anterior and posterior end.

13. 移行中子胞蚴，示头顶无棘区和前端棘。(SEM，×1 200)
Migrating daughter sporocyst, shows the aspinous area and the spines of anterior end.

14. 移行中子胞蚴前端侧面观，示发达的体棘。(SEM，×5 000)
Lateral view of the migrating daughter sporocyst shows the prominent spines.

15. 移行中子胞蚴示后端侧面有突出的凸。(↓)(SEM，×2 200)
The posterior end of migrating daughter sporocyst shows the lateral protrusion (↓), which projects on the end of the worm.

16. 消化腺-生殖腺子胞蚴的外形。(SEM，×40)
The figure of the digestive-gonate matured daughter sporocyst.

图版 Ⅳ-17～Ⅳ-21

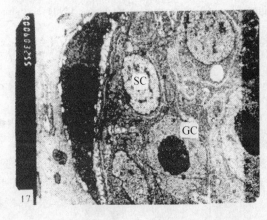 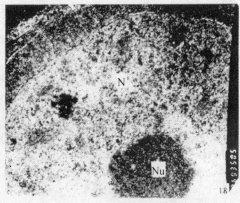

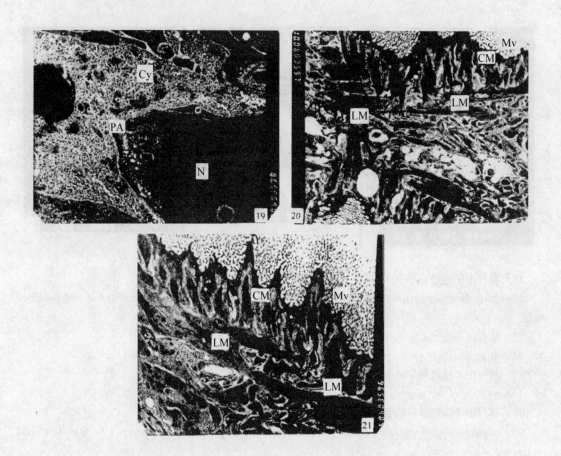

17. 成熟子胞蚴体被结构，示胚细胞（GC）、体细胞（SC）。（TEM，×8 000）

The matured daughter sporocyst shows the germinal cell (GC) and somatic cell (SC).

18. 成熟子胞蚴胚细胞放大的一部分，示大的核（N）、大的核仁（Nu）及少量的胞质（Cy）。（TEM，×25 000）

The enlarged portion of a germinal cell with large nucleus (N), prominent nucleolus (Nu) and small amount of cytoplasm (Cy).

19. 成熟子胞蚴育腔内的实质细胞（PA），示无定形核（N）和胞质。胞质内有丰富的α糖颗粒。（TEM，×17 000）

The brood chamber of matured daughter sporocyst shows the parenchymal cell with irregular shape of nucleus (N) and abundant of α glycogent granules.

20、21. 成熟子胞蚴收缩区，示外环肌（CM）和发达的内纵肌（LM），有的地方见到2层的内纵肌，体被外侧有微绒毛（Mv）。（TEM，20 ×10 000；21 ×12 000）.

The narrow region of a matured daughter sporocyst shows the thin layer of circular muscle (CM) and well developed longitudinal muscle (LM). Some of them in double layers. Microvilli (Mv).

第五章 成熟尾蚴

血吸虫尾蚴是感染人体的重要阶段，它的生活环境复杂，包括在中间宿主螺类体内的过程，成熟的尾蚴浮游于自然界的水体，直至侵入人或哺乳动物的体内。因此不论是尾蚴的体表或是内部结构均很复杂，以适应它的生存及侵入宿主的要求。近年来国内对大陆株日本血吸虫尾蚴的研究已取得长足进展，这里首先把成熟尾蚴的超微结构进行介绍，对尾蚴的发育及神经系统等功能性问题将在下一篇专题中详细介绍。

光镜下日本血吸虫尾蚴形态，唐仲璋（1938）作了相当细致的观察。血吸虫尾蚴属于叉尾型，由体、尾两部分组成。尾部又分尾干与尾叉。全长 280～360μm×60～95μm。体长 100～150μm，尾干长 140～160μm，尾叉长 50～70μm。体前端特化为头器（head organ），口在头器腹面亚顶端。腹吸盘小，位于体的后半部，但深径比直径大，由发达的肌肉细胞构成，具有强大的吸附能力（图 5-1）。

一、成熟尾蚴的外部结构

1. 头器的外部结构： 血吸虫尾蚴的头器是口孔、钻腺的开口及其附近感觉乳突所在的地方。在扫描电镜下日本血吸虫尾蚴的头器顶端有个近圆形的无棘区，直径为 5μm，表面由很多下陷的皮孔构成。靠近腹面两旁由对称的 5 对钻腺开口及开口处的围褶（fold）围成新月形结构（周述龙等 1984；1988；何毅勋等 1985）。Sobhon 等（1990）观察了中国大陆、菲律宾的日本血吸虫和湄公血吸虫及马来血吸虫的尾蚴，认为在头器上有 7 对钻腺开口。我们认为体内结构钻腺有 5 对及头腺 1 对，后者经证明在头器无开口（Dorsey，1976），所以 Sobhon 等的观察可能有误。5 对钻腺的外围有 7 对感觉乳突，它们是无鞘半球形单纤毛乳突（hemispherical uniciliated papilli）。日本血吸虫尾蚴头器外表结构示意图见图 5-2，图版Ⅴ-1～Ⅴ-6。

图 5-1 日本血吸虫尾蚴的内部构造
（仿唐仲璋，1938）

A diagram of the inner structure of the *S. japonicum* cercaria.
(After Tang. 1938)

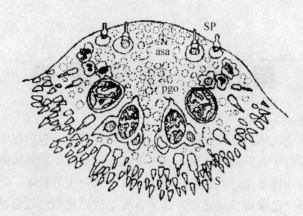

图 5-2 日本血吸虫尾蚴头器外部结构示意图

顶端为无棘区（asa）；5 对钻腺开口（pgo）及 7 对感觉乳突（SP）在腹侧围成半月形；
钻腺开口周围有围褶（f）；体部满布体棘（S）

The diagram of the outer structure of the S. japonicum head organ. Aspinous area of the head organ (asa).
5 pairs opening of acetabular gland (pgo) and 7 pairs of sensory papillae (SP) and its fold (f). Spines (S)

2. 体棘：体棘几乎布满全身，仅在体的顶部，尾叉的尾突及体尾交接处的内侧未见体棘。体棘尖端指向后方。体前部的棘呈芝麻状，棘的最宽处在中部或略近棘的基端，整个棘平伏而覆盖体的前端。体的后部及尾部的体棘呈长三角形，其远端尖而锋利，棘的最宽处在基部。体前的棘的密度大于后部，加以棘小而钝，平伏于体壁上，其功能有利于尾蚴侵入宿主的皮肤。体后的棘密度稀，但形大而锋利，对尾蚴钻锉宿主的皮肤组织，扩大其行径有好处。尾部的棘分布不均，尾部背面远较腹面多而密（图版 V-1～V-5；图版 V-7～V-15）。

3. 感觉乳突：光镜下 Sakamoto（1978）应用硝酸银染色观察了日本血吸虫尾蚴感觉乳突的分布，体部乳突有 28 对（共 56 个），尾部 19 个（不对称）共计 75 个，它的分布及乳突名称和示意图如下（图 5-3）：

体部
    腹乳突（ventral papillae）V1-9　　　　9 对　　　18 个
    吸盘乳突（acetabular papillae）A1-9　　2 对　　　4 个
    背乳突（dorsal papillae）D1-9　　　　 9 对　　　18 个
    侧乳突（lateral papillae）L1-8　　　　 8 对　　　16 个

尾部
    尾腹乳突（caudo-ventral papillae CV）　　　　　　9 个
    尾背乳突（caudo-dorsal papillae VD）　　　　　　10 个
                                  共 75 个

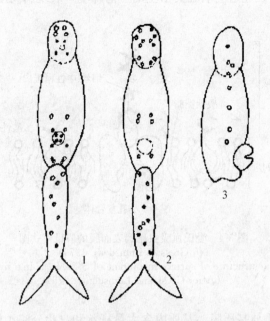

图 5-3 日本血吸虫尾蚴感觉乳突分布示意图
1. 腹面感觉乳突； 2. 背面感觉乳突； 3. 侧面感觉乳突
（仿 Sakamoto，1978）
The diagram shows the distribution of the sensory papillae of S. japonicum cercaria.
1. ventral view, 2. dorsal view, 3. lateral view (after sakamoto, 1978)

我国何毅勋等（1985）用扫描电镜观察日本血吸虫尾蚴体表和乙酰胆碱酶组织化学定位所显示的感觉乳突排列的位置和数目与 Sakamoto 等（1978）的结果相似。

尾蚴的感觉乳突外部结构可分为二型即无鞘单纤毛乳突和孔型乳突，无鞘单纤毛乳突一般分布在尾蚴体部和尾部表体，其结构分乳突基（$0.68\sim0.81\mu m$）、鞘基（$0.14\sim0.66\mu m$）和纤毛（$0.71\sim2.80\mu m$）（图版 V-1；图版 V-4～V-8；图版 V-11），有的纤毛特长，如有尾干的背面，达到 $17.50\mu m$（图版 V-13）。孔型乳突的外径为 $1.02\mu m$，内径为 $0.56\mu m$，周围均有增厚的嵴（图版 V-8）。

二、成熟尾蚴的内部结构

尾蚴体壁基本上与成虫体壁结构相似，可分为体被、基膜与体被下层三部分（图版 V-16～V-20）。

1. 体壁结构： 体被的外层为外质膜，为一单位膜结构。在它的表面有很多分支连接纤丝和致密的颗粒所构成的糖膜（亦称糖萼 glycocalyx）所覆盖，它具有凝胶滤出和对离子选择性结合的功能，能调节尾蚴体壁界面的通透性。该层为糖蛋白，具有抗原性，可与抗血清接触产生尾蚴膜（CHR）。Gress 与 Lumsden（1976）应用细胞化学及超微结构手段对曼氏血吸虫尾蚴的体被进行研究，认为体被的最外层界面存在有中性及酸性聚糖，而后者使得体被表面带负电荷。丝状结构的糖膜富有中性聚糖，但未含阳离子的化学物质。这种既含中性的丝状外膜又含酸性的下层结构，可看做是尾蚴体表糖膜独特功能的组成要素（图 5-4）。这种膜复合体的分子结构对生活于淡水环境中的尾蚴起保护的作用，一旦尾蚴侵入宿主之后糖膜消失即迅速适应哺乳类宿主的血清环境，表现出高度的独特作用。

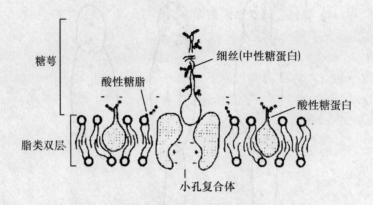

图 5-4 曼氏血吸虫尾蚴表面膜的假设模式图
(仿 Gress 和 Lumsden，1976)
A diagram of the structure of surface membrane of *S. mansoni* in a hypothetic model.
(After Gress and Lumsden，1976)

外质膜内层为基质与基质膜。基质内含大量杆状和盘状分泌小体，但无多膜囊（Sobhon，1990）。体棘从基底膜崛起，棘尖仍为外质膜和糖膜所覆盖。基质中的内含物结构为体被下层细胞体通过胞质小管输送到基质中来。

基底膜上紧接其质膜，下方展现透明而有纤维的结构薄层，并藉致密颗粒集聚作间歇性的半胞质桥，将体被与体被下层紧紧地连接在一起。

体被下层有体被细胞、肌层及其细胞和实质细胞错综在一起，体被细胞基本结构与上述各期的体被细胞相似。肌层分外环肌与内纵肌。外环肌为无纹肌，体部内纵肌亦为无纹肌，但尾部内纵肌为有纹肌，成为尾部的重要运动器官。实质细胞多为不定型，它填充在体被细胞、肌细胞或其他腺体之间的间隙（图 5-5；图版 V-16～V-21）。

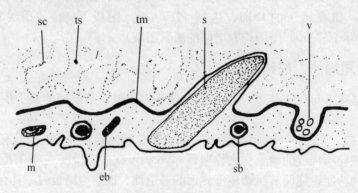

图 5-5 血吸虫尾蚴体被结构示意图
基质中有体棘（s）；线粒体（m）；杆状体（eb）；盘状体（sb）。外质膜由一单位膜构成（tm）；
外质膜外为糖膜（sc）；泡体（v）及体被碎片（ts）。
(Hockley，1973)
Diagram of tegument of a cercaria, spine (s); mitrochondria (m); elongated body (eb); spherical body (sb);
one unit membrane of tegument (tm); glycocalyx (sc); bulb (v); tegument fragment (ts)
(After Hockley，1973)

2. 腺体： 尾蚴体内的腺体主要有头腺（head gland）、钻腺（acetabular gland），后者又分为前钻腺（pre-acetabular gland）和后钻腺（post-acetabular gland）。

（1）头腺：单细胞腺体，分有腺体与腺管两部分。头腺内含分泌颗粒，它的大小不等，平均大小为 $0.22\mu m \times 0.17\mu m$，圆形或椭圆形，有的呈梭形。分泌小体表面为膜质，内含致密的实心；部分膜内有大小不等的空隙，有的成泡样结构。根据曼氏血吸虫尾蚴的资料，头腺体部发出数个腺管，将分泌颗粒送入尾蚴头器体被的基质，而表面不开口（Dorsey，1976）。头腺分泌物的功能可能与尾蚴穿过皮肤时对头器前端表膜造成的损伤得到修复有关（图5-6；图版V-22；图版V-23）。

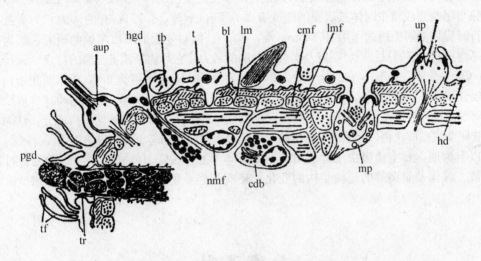

图 5-6 血吸虫尾蚴头器（纵切）示意图

前端有钻腺（pgd）；开口周围有围褶（tf）；头腺管（hgd）通至体被；钻腺附近有前感觉乳突（aup）；体部多为纤毛乳突（up）；有多纤毛感觉乳突（mp）；其他为体被及其下层结构。

（仿 Hockley, 1973）

A diagram of head organ of a cercaria in longitudinal section
The forepart of the acetabular gland duct (pgd); the opening of the acetabular gland with fold (tf); head gland duct (hgd); anterior papilla of acetabular gland (aup); ciliated papilla (up); multiciliated papilla pit (mp); tegument (t) (After Hockley, 1973)

（2）钻腺：亦为单细胞腺体，分腺体与腺管两部分。2 对钻腺在腹吸盘前为前钻腺，3 对钻腺在腹吸盘后为后钻腺，5 对腺管分别成成左右两束通过头器开口于顶端，每束管道内含 2 个前钻腺管和 3 个后钻腺管，在电镜观察过程中，它是一个重要的标记物。

前钻腺腺体内充满着许多分泌颗粒，有卵圆形、多边形和不定形等。据我们的观察，它的内含物可分为三型：A 型致密的电子颗粒，但数量极少；B 型含有显眼的透明球，每个透明球数量从几个至 30 多个不等，其大小也不一致，一般为 $0.92\mu m \times 0.53\mu m$；C 型内含连续性条索状透明区，蜿蜒在分泌小体内。该型小体大小为 $0.92\mu m \times 0.53\mu m$，我们认为该型是前钻腺从 C 型演变成为 B 型的过渡型。此型是否为日本血吸虫尾蚴所特有，有待进一步研究。A、B、C 三型分泌小体的表层均为膜质（图版V-24）。

后钻腺分泌小体的结构已有不少作者作了叙述，主要为电子密度致密，颗粒均匀，为规则的长椭圆形、椭圆形、多边形。它的大小为 $0.67\mu m \times 0.31\mu m$（图版V-25；V-26）。

根据周述龙等（1995）的观察，后钻腺在成熟期包括逸出的尾蚴在内，不论在腺体或是腺管内的分泌颗粒，继上述结构出现深的同质性之后，其基质继续出现有深有浅的变化，电子结集物的出没、中心透明区的变幻无常，证明后钻腺的变化在持续进行，并非停留在深的同质性的状态，其机制有待进一步阐明。

关于日本血吸虫尾蚴头腺、前后钻腺的功能，何毅勋等（1985）通过实验证明，活尾蚴具有水解淀粉琼脂膜及明胶膜的作用，证明尾蚴腺体（包括头腺和钻腺）分泌物含有能水解多糖酶及水解明胶的蛋白酶。头腺的内含物对 Azan 染色呈橘红色，除含有蛋白质外，对银染色有很强的亲和力，表明其内含物具有强的还原物质，可能尚含有磷脂。推论认为头腺分泌物的功能具有修复尾蚴在钻穿皮肤过程中头部表膜损伤的作用（Dorsey，1976）；有的认为头腺与尾蚴变成童虫时体被表膜的改变有关（Torpier 等，1977）；有的认为它为童虫在真皮移行时提供溶解组织的作用（Crabtree 等，1985）。据对曼氏血吸虫尾蚴的研究，认为前钻腺分泌物具有水解偶氮胶原、明胶及血红蛋白酶的活力，它具胰凝乳蛋白酶的特点（Stirewalt，1973；Cambell 等，1976），它的分子量为 24 000～26 000U，等电点为 6.0，能水解角蛋白、非胶原成分和肽（Dresden 等，1977；1982；Landsperger 等，1982）等，说明尾蚴穿过皮肤，前钻腺酶的活性起关键作用。关于后钻腺分泌的功能，根据其所含丰富的糖蛋白成分，认为具有遇水膨胀变成黏稠状物，起尾蚴粘着皮肤，促使酶定向活动和避免酶流失的作用。

以上为成熟日本血吸虫尾蚴超微结构的基本形态，关于日本血吸虫尾蚴的发育过程中对体被、腺体及肌肉等的超微结构的变化，还有神经系统等将在下篇专题中介绍。

周述龙

参 考 文 献

何毅勋、郁琪芳、夏明仪. 日本血吸虫尾蚴的组织化学及扫描电镜观察. 动物学报，1985 31：6～11

周述龙、林建银、张品芝. 日本血吸虫尾蚴扫描电镜初步观察. 寄生虫学与寄生虫病杂志，1984 2：58

周述龙、王薇、孔楚豪. 日本血吸虫尾蚴头器、腺体及体被超微结构的观察. 动物学报，1988 34：22～26

周述龙、蒋明森、李瑛等. 日本血吸虫尾蚴发育超微结构观察. II. 腺体. 动物学报，1995 41：28～34

Campell DL, PJF Frappaolo. *Schistosoma mansoni*: Partial characterization of engyme(s) secreted from the preacetabular glands of cercaria. Exp. Parasitol, 1976 40：39-40

Crabtree JE., RA Wilson. *Schistosoma mansoni*: An ultrastructure examination of skin migration in the hamster check pouch. Parasitol, 1985 91：111

Dorsey CH. *Schistosoma mansion*: Description of the head glands of cercaria and schistosomula at the ultrastructural level. Exp. Parasitol, 1976, 39：444-459

Dresden MH. et al. Proteolytic action of *Schistosoma mansoni*: cercarial proteases on keratin basement membrane proteins. J. Parasitol, 1977. 63：941-943

Dresden MH. Proteolytic engymes of *Schistosoma mansoni*. Acta Leidensia, 1982 49：81

Gress FM, RD Lumsden. *Schistosoma mansoni*: Topochemical features of intersporocyst cercariae. J. Parasitol, 1976 62: 927

Landsperger WJ et al. Purification and properties of a proteolytic engyme from the cercariae of the human trematode parasite, *Schistasoma mansoni*: Biochem. J., 1982 201: 137-144

Sobhon PP, ES Upalham. Snail hosts, Life cycle, and tegument structure of oriental schistosomes. Mahidol University, Bankok, Thailand, 1990, 1-321

Stirewalt MA, M Walters. *Schistosoma mansoni*: Histochemical analysis of the post-acetabular gland secretion of cercariae. Exp. Parasitol, 1973 33: 56-72

Tang CC. Some remarks on the morphology of the miracidium and cercaria of *Schistosoma Jeponicum*. Chin. Med. J. 1938 Supp. 2: 423-432

图版说明 Plate Explanation

图版 V-1～V-6

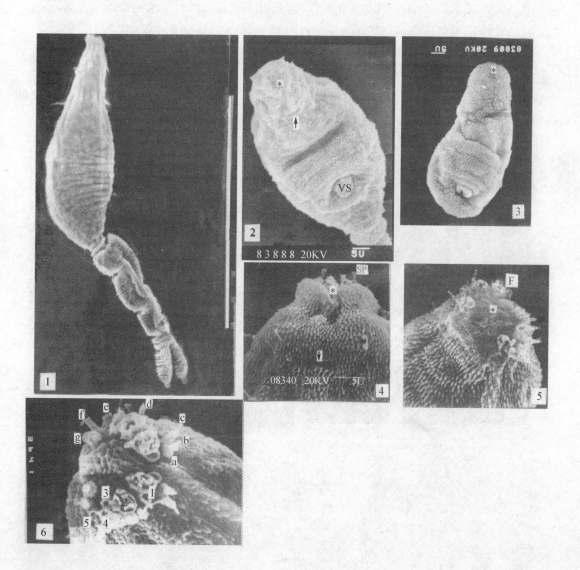

1. 日本血吸虫尾蚴外形，全身分体、尾二部，尾又分为尾干与尾叉。(SEM，×7200)

The figure of the cercaria of S. japonicum. The whole body divided into body and tail, the tail subdivided into fork tail stem and tail fork.

2. 尾蚴的体部示头器（*）、口（↑）及腹吸盘（VS）。(SEM，×1200)

The body of the cercaria shows head organ (*), mouth (↑) and ventral sucker (VS).

3. 尾蚴的体部，示凹陷的头器（*），全身满布体棘。(SEM，×1200)

The body of a cercaria shows the concaved head organ (*) and the spines covering the body.

4. 尾蚴体前端示开始外伸的头器（*）及其感觉乳突（SP）和口（↑）。(SEM，×3000)

The forepart of a cercaria shows the stretched out head organ (*) and its sensory papillae (SP), and mouth (↑).

5～6. 尾蚴的头器（*），示对称半月形的5个（1～5）钻腺开口及其围褶（F）和外周7个感觉乳突（a～g）。(SEM)（5，×2000；6，×5000）

The head organ of the cercaria shows the crescent arranged openings of 5 pairs (1-5) acetabular gland and its folds (F). By the side of the openings there are 7 pairs (a-g) of sensory papillae.

图版 V-7～V-11

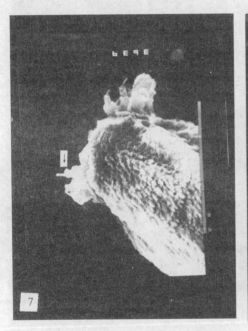
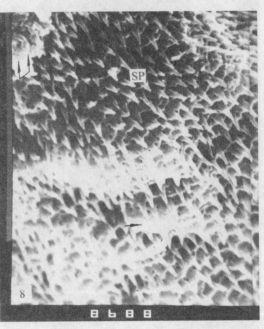

第五章 成熟尾蚴

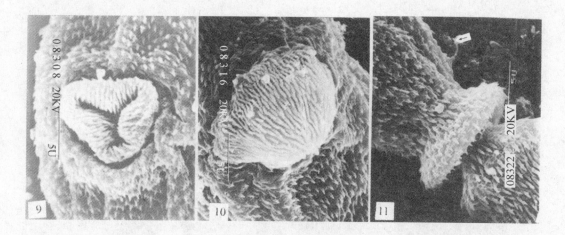

7. 尾蚴前端背面观，示头器及其无鞘半球单纤毛感觉乳突（↓）。(SEM，×4100).
A dorsal view of forepart cercaria shows the hemi-spherical uniciliated papillae (↓) of the head organ.

8. 尾蚴体部后端示无鞘半球单纤毛感觉乳突（→）及孔型（↑↑）感觉乳突。体棘（SP）。(SEM，×8000)
The hindpart of cercaria shows the hemi-spherical uniciliated papilla (→) and pitted sensory papilli (↑↑).

9～10. 尾蚴腹吸盘及其体棘（SEM，×3000）
The ventral sucker of the cercaria shows the spines.

11. 尾蚴体部与尾部衔接处及附近体棘，及无鞘半球单纤毛感觉乳突（←）。(SEM，×3000)
The vicinity junction of the body and tail of a cercaria shows the spines and hemi-spherical uniciliated papilla (←).

图版 V-12～V-17

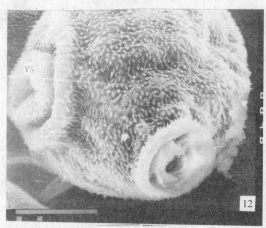
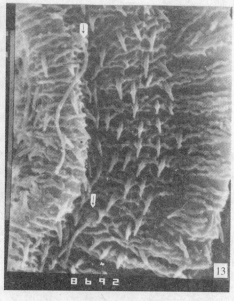

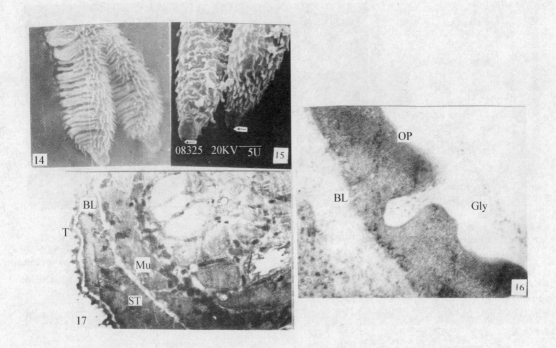

12. 尾蚴体后部，示脱尾后的无棘磨盘状结构，腹吸盘（VS）。(SEM，×3000)

The stretched off tail of a cercaria shows the aspinous mill-like structure and ventral sucker (VS).

13. 尾蚴尾干背面观，示无鞘单纤毛感觉乳突（↓）及锐利的体棘。(SEM，×7000)

Dorsal view of a tail of a cercaria shows the hemi-spherical uniciliated papillae (↓) and its strong sharp spines.

14～15. 尾蚴尾叉的末端。(SEM) 14 背面（×3000）；15 腹面示排泄孔（↓）（×2400）

The tip of the tail fork shows the escretory pore(↓). V-14, dorsal view ; V-15, ventral view.

16. 尾蚴体被的结构　示糖膜（糖萼 Gly），外质膜（OP）及基膜（BL）。(TEM，×60000)

The enlargement of the tegument of a cercaria shows the glycocalyx (Gly), outer plasma membrane (OP) and basal lamina (BL).

17. 尾蚴纵切，示体壁由体被（T）、基膜（BL）及体被下层（ST）肌层（Mu）构成。(TEM，×2500)

The constsuction of the body wall of a cercaria in longitudinal section (l-section) shows tegument (T), basal lamina (BL) and subtegument (ST) of muscle layer (Mu).

18～19. 尾蚴体被的结构（纵切），示体棘（S）体被（T），基膜（BL）及体被下层（ST），含有外环肌（CM）和内纵肌（LM），附近肌层有很多线粒体（Mi）。

The l-section of tegument of a cercaria shows the tegument (T), basal lamina (BL) and subtegument (ST) with muscle layers including circular muscle (CM) and longitudinal muscle (LM) where many mitochondria (Mi) can be seen.

图版 Ⅴ-18～Ⅴ-23

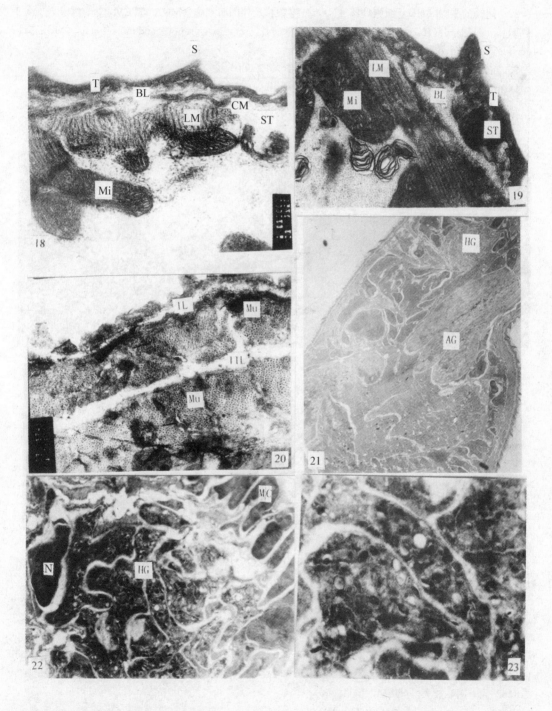

20. 尾蚴的体壁（横切），示两层的间质层（ⅠL，ⅡL）及其间5层肌肉组织（Mu）。（TEM，×3000）

Cross section (x-section) of the body wall of cercaria shows 2 interstitial layers and 5 layers of muscle tissue.

21. 尾蚴的纵切, 示头腺 (HG) 和钻腺 (AG)。(TEM, ×2000)
L-section of cercaria body shows the head gland (HG) and acetabular gland (AG).

22. 尾蚴的头腺 (HG) 细胞具核 (N), 分泌颗粒及外围肌细胞 (MC)。(TEM, ×8000)
The head gland (HG) of cercaria with nucleus (N), secretory granules and muscle cells (MC). The latter are distribute outside of the gland.

23. 前图放大, 示头腺分泌颗粒结构。(TEM, ×25000)
Ditto, the enlargement of the head gland shows the structure of the secretory granules.

图版 V-24～V-26

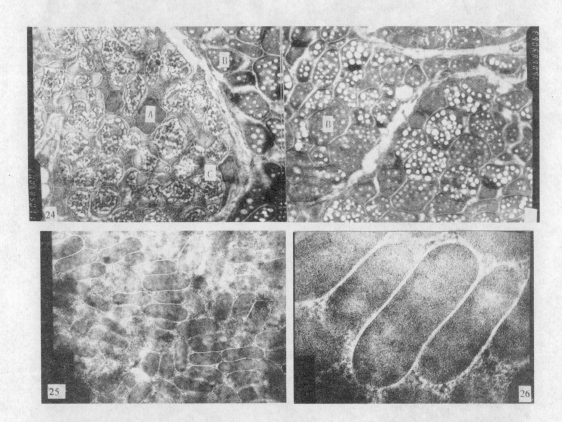

24. 尾蚴的前钻腺有三型: A. 致密电子颗粒, 数少。B. 有显眼的透明球。C. 有条索状透明区, 可能是演变为 B 型的过渡型。(TEM, ×20000)
The 3 types of secretory granules of pre-acetabular gland. A, dense eletronic in dark granules, few in number; B, prominent lusent balls; C, rope-like lucid area, possibly a process of transition to B type.

25. 尾蚴后钻腺分泌颗粒, 不等长径的椭圆形, 电子密度致密。(TEM, ×30000)
The post-acetabular gland shows the secretory granules in dark, oval in shape and different long diameter in size.

26. 同上图, 放大。(TEM, ×110000)
Ditto, The enlargement of V-25 image.

第六章 童 虫

　　尾蚴进入宿主的皮肤即为童虫。具体地说血吸虫尾蚴进入皮肤至发育成熟之前均为童虫。由于童虫移行发育经皮肤、肺到达肝脏和门脉系统而将童虫分为三型，即皮肤型（skin phase）、肺型（lung phase）和肝门型（hepatic portal system phase），改变了过去某些作者应用童虫发育期结合寄生部位混合命名的方法（Bruce 等，1974；Wilson 等，1978；Lawson等，1980）。

　　血吸虫尾蚴侵入皮肤之后，它的遭遇既不同于线虫感染期的丝状蚴，也不同于原虫感染期的包囊，前者有角皮（cuticle），而后者有厚的囊壁（cyst）以抵抗种种对虫体不利的因素。血吸虫童虫体表包裹着具有活性胞质连体的体被，它的整个个体完全暴露在宿主诸如物理的、化学的和生物的不利因素之下。生物方面不利因素包括解剖学、生理学和免疫学的限制与效应，对童虫来说是危险的，甚至会遭到杀灭。童虫不仅需要生存，而且还要发育，必然出现在形态上、生理功能上与之相应的变化。Stirwalt（1974）比较了曼氏血吸虫尾蚴与童虫的生理、形态及免疫反应，认为它们之间存在截然不同的改变。对童虫而言归结出5大要点：①钻腺内含物排空；②尾部脱落；③对水敏感；④尾蚴膜试验阴性；⑤体表糖膜消失。我们对日本血吸虫在超微结构上的动态变化进行过观察，综述如下（周述龙等，1985；林建银，1986）。

一、童虫外部的变化

　　1. 环槽与环峭：进入皮肤半小时的童虫，其体表虽然覆盖着密集的体棘，但仍然明显地见到环槽与环峭（图版Ⅵ-1）。肺型童虫其环槽数增至20余个，由于环槽分界不完整，所以很难计数其确切数目（图版Ⅵ-4）。肝门型童虫、虫体开始生长发育，体形渐渐丰满，环槽渐渐消失。10日龄肝门型童虫仅见3～4个环槽，15日龄肝门型童虫环槽则已消失无遗（图版Ⅵ-7；图版Ⅵ-12）。

　　2. 体被表面结构：皮肤型童虫体被结构与尾蚴相应部位基本相似。肺型童虫体表出现大量的皮孔（pits），说明孔型体被是血吸虫发育成成虫时海绵样体被的基础。肝门型童虫的体被起了剧烈的变化，特别是在腹吸盘以后更是如此。10日龄童虫出现不同层次蜂窝状凹陷（图版Ⅵ-9～Ⅵ-10）。15日龄童虫出现条索状的皮峭（图版Ⅵ-15）。皮峭高低和皮槽的深浅在不同的虫龄和虫体部位是不相同的，发育也不同步。童虫体被从孔型-蜂窝-条索直至成虫的海绵状，按其生理需求增大吸收面积，高度适应寄生生活的要求而形成。

　　3. 体棘：侵入皮肤半小时后，童虫体部除了前端、亚顶端的口和体的后端（相当排泄孔处）无体棘外，其余为密集的体棘所覆盖，体棘为纺锤形，平伏紧贴体壁上（图版Ⅵ-1～Ⅵ-4）。肝门型童虫在口吸盘上已有发达尖齿状的体棘，然而在腹吸盘才出现舌形的体棘，说明口腹吸盘上的体棘发育是不同步的（图版Ⅵ-13～Ⅵ-14）。这一阶段由于雌雄性别的分化,雄性童虫除偶见少数的体棘外,表面还能见到发达的条索状皮嵴(图版 Ⅵ-15～Ⅵ-16)。雌性童虫则出现浅而较平坦的皮嵴和稀疏的体棘(图版 Ⅵ-17)。

4. 感觉乳突：尾蚴的感觉乳突是很发达的,但 0.5 时龄皮肤型童虫则很难找到这些乳突；仅见个别残存的痕迹(图版 Ⅵ-2)。肺型童虫亦仅见到个别单纤毛半球形乳突(图版 Ⅵ-5)。肝门型童虫则不同,虫体前端、后端及口腹吸盘上有大量的感觉乳突；包括单纤毛半球形和无纤毛半球形乳突(图版 Ⅵ-11)。

为了概括日本血吸虫尾蚴、三型童虫体表超微结构的变化,特总结成表 6-1,供参考。

表 6-1　　　　　　　　日本血吸虫尾蚴、童虫体表超微结构的比较

内　容	尾　蚴	童虫		
		皮肤型	肺型	肝门型
环槽	约 8～9 个	有,但变化不大	增多达 20 多个	逐渐消失
皮褶	原始皮孔型	变化较小	开始分化	皮孔进一步发展,出现蜂窝形、条索状结构
体棘	除一定部位外其余布满体棘	变化不大	前、后两端密集,中间稀疏	口腹吸盘内体棘多而稳定,棘尖指向后方；雄虫体表偶见体棘,雌虫体表可见散在性体棘
感觉乳突	多	少	少	多

二、童虫内部的变化

Stirewaet(1963)最早提出血吸虫进入宿主体内改变了它的体被结构,后经 Hockley 与 McLaren(1973)加以证实,但均以曼氏血吸虫为研究对象。关于日本血吸虫方面,林建银(1986)也进行了研究。

1. 体被的改变：尾蚴进入宿主皮肤最突出的变化是糖膜、外质膜、体被的包涵体和腺体。3 小时的童虫体被表面仍有小量的糖膜,12 小时童虫则几乎全部消失。外质膜在尾蚴阶段为 3 层,侵入皮肤 3 小时局部出现 5 层,部分保持 3 层。12 小时的童虫,其外质膜出现 3-5-7 层交替存在。基质中包涵体,3 小时童虫不论是在体被的基质或细胞体中均含有一定数量杆状体和少数多膜囊及大囊泡(large membranous vesicle),12 小时童虫除了仍有一定量的杆状体外,多膜囊及大囊泡数目增多。杆状体在尾蚴体被中很多,而多膜囊和大囊泡为童虫、成虫体被常见的内含物(图版 Ⅵ-18)。提示,此时童虫的体被结构已向成虫体被结构过渡。

Hockley 等 1973 年对血吸虫童虫在不同时间由体被结构变化所作示意图可供参考。

2. 腺体的变化：在尾蚴阶段不论是头腺或前后钻腺在腺管或是腺体均充盈着各具特点的分泌小体,其构造特点已在尾蚴的部分述及。3 小时童虫不论在头腺或是前后钻腺的腺管或腺体均存在一定量的分泌小体,而 12 小时的童虫,三种腺体的腺体出现分泌小体排空,或仅有少量残存,而腺管内还存在部分的分泌小体。

3. 消化道的变化：食道腔壁的结构如同体壁,腔道扩张。食道周围有食道腺,这些单细胞体充满着食道腺的分泌颗粒,其外形呈圆形、棒状或双凹形,分泌颗粒有的为电子

透明区，周围为膜性的电子致密区，而另一些中心为膜状而周围为电子透亮区，或为均匀的电子致密区。食道腺的分泌小体在不同龄的皮肤型童虫，其分布不同。0.5 小时童虫在食道壁上见到有分泌小体，而 3 小时童虫与 12 小时童虫则多见于腔道或腔内，提示此时童虫食道已具消化宿主红细胞的能力。

综上所述，日本血吸虫尾蚴经童虫发育成成虫的过程，在形态结构上、生理生态上起了一系列变化，包括：糖膜的消失；外质膜从 3 层到 5 层及 3-5-7 混合层过渡至 7 层；从生活在水中到对水敏感；免疫学反应，对病人病畜血清 CHR 阳性而对正常人畜血清则为阴性；皮嵴从孔型-蜂窝型-条索状向成虫海绵样过渡；体棘向多-少-多发展，感觉乳突为多-少-多；腺体和腺管内的分泌小体从充盈-残存-排空；体形从椭圆-纤细-腊肠（丰满）-延伸（参照林建银，1985）等。可见童虫的这些变化，无不反映童虫由于侵入、移行以至寄生部位而在形态结构上、生理生态上适应寄生要求而发展（周述龙，1984）。

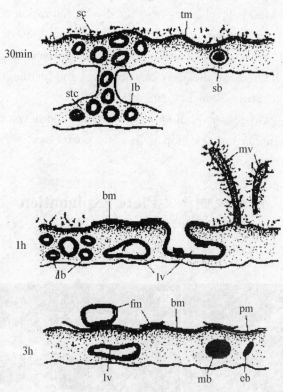

图 6-1 血吸虫半小时（30min）、1 小时（1h）与 3 小时（3h）童虫体被结构的变化
杆状体（eb）；体被碎片（fm）；5 层外质膜（pm）；膜状囊（lb）；大囊泡（lv）；小囊泡（mb）；7 层外质膜（hm）；
糖膜（sc）；尾蚴包涵体（sb）；体被细胞（stc）；外质膜（tm）；微绒毛（mv）。（仿 Hockley，1973）
A diagram of dynamic changes of the tegument of schistosomulum in 0.5、1 and 3 hours shows elongated body (eb); fragment membrane (fm); penta laminated membrane (pm); membranous body (lb); large membranous vesicle (lv); membranous vesicle (mv); hepta laminated membrane (hm); glycocalyx (sc); subtegumental cell (stc); outer plasma membrane (tm); microvilli (mv) (After Hockley, 1973).

周述龙

参考文献

周述龙. 血吸虫童虫的生理. 湖北医学院学报, 1984. 5 (4): 428~433

周述龙, 林建银, 孔楚豪. 日本血吸虫童虫体表超微结构动态观察. 水生生物学报, 1985 9: 68~73

林建银等. 日本血吸虫童虫在终宿主内的生长发育. 动物学报, 1985 31: 70~75

林建银. 日本血吸虫皮肤型童虫透射电镜观察. 动物学报, 1986 32: 344~349

Bruce JJ et al. *Schistosoma mansoni*: Pulmonary phase schistosommule migration studied by electron microscopy. Exp. Parasitol, 1974 35: 150-160

Hockley DJ, DJ McLaran. Changes in the outer membrane of the tegumant during development from cercaria to adult worm. Int. J. Parasitol, 1973 3: 13-25

Lawson JR et al. Metabolic changes associated with migration of the schistosomulum of *Schistosoma mansoni* in the mammal host. Parasitology, 1980 81: 325-336

Stirewalt MA. Cercaria vs schistosomule (*Schistosoma mansoni*): Absence of pericercarial envolope in vivo and the early physiological and histological metamorphosis of the parasite. Exp. Parasitol, 1963 13: 395-406

Wilson RA et al. *Schistosoma mansoni*: the activily and development of the schistosomulum during migration from the skin to hepatic portal system. Parasitol, 1978 77: 57-73

图版说明　　Plate Explanation

图版 Ⅵ-1～Ⅵ-4

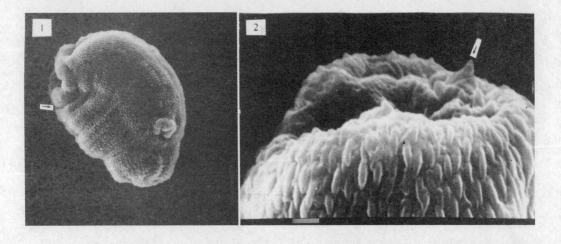

1. 日本血吸虫皮肤型童虫, 示体部仍有环槽（→）与体棘。(SEM, ×1500)

第六章 童 虫

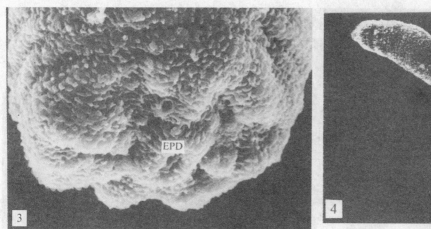
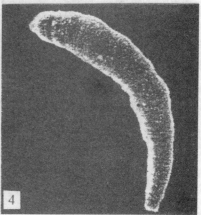

The skin phase schistosomula of S. japonicum shows the body with annular troughs (→) and spines.

2. 日本血吸虫皮肤型童虫，示感觉乳突（↓）出现退化。（SEM，×10000）
The skin phase schistosomula of S. japonicum shows the degeneration of the sensory papillia (↓).

3. 皮肤型童虫，示体部后端原为磨盘状结构已长满体棘，中间为排泄管（EPD）。（SEM，×3000）
The hindpart of skin phase schistosomula shows the mill-like structure of with spines.

4. 肝型童虫，示很多环槽和体棘在首尾两端密集，中间稀疏，分布不匀。（SEM，×600）
Many annular troughs, dense spines at both the anterior and posterior portions, but less at the mid portion of the body.

图版 Ⅵ-5～Ⅵ-8

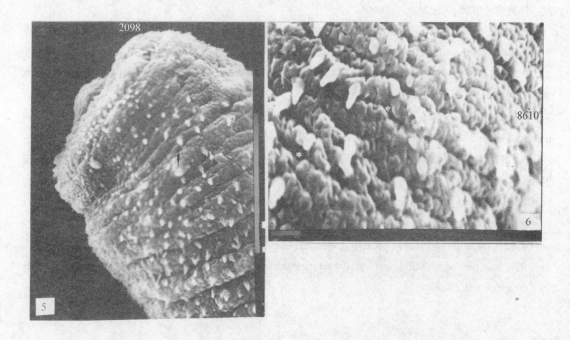

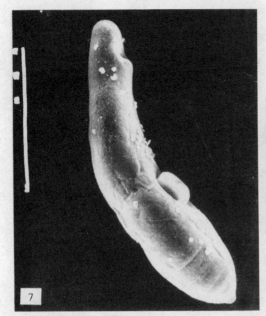
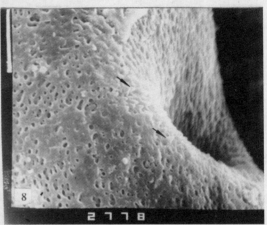

5. 肺型童虫，示虫体前端无棘区及皮孔结构，体棘密集，有很多环槽。图中仍见有残存的感觉乳突（↓）。(SEM，×4600)

Lung phase schistosomula shows the aspinous area of anterior part with pitted tegument. The spines densely distributed and the sensory papillae are degnerated (↑).

6. 肺型童虫，高度放大，示虫体中段环槽及环嵴上的皮孔大量形成。体棘分布稀疏不匀，指向凌乱，体棘为钝齿状。(SEM，×10000)

The mid portion of lung phase schistosomula in highly magnified, shows the annular troughs and multitude of pits on the crests. Spines are sparsely destributed, irregular in form and orientation.

7. 肝门型童虫（10日龄），示体型丰满，后端有环槽的痕迹，前后端有规律地分布有很多白色小点为感觉乳突。(SEM，×480)

Hepatic portal system schistosomula (10 day) shows plump body with a few annular troughs and numerous sensory papillae on the anterior and posterior parts.

8. 肝门型童虫（10日龄），示口已形成，口的周围尚有少数指向口处及体棘（→），口的周围为皮孔型结构。(SEM，×4800)

Hepatic portal system schistosomula (10 day) shows the mouth has formed and pitted tegument and a few spines are seen.

9. 肝门型童虫（10日龄），示虫体后端出现蜂窝状的体被及体棘。(SEM，×3000)

The hind part of hepatic portal system schistosomula shows the tegument has developed honey comblike structure and spines.

第六章 童 虫

图版 Ⅵ-9～Ⅵ-12

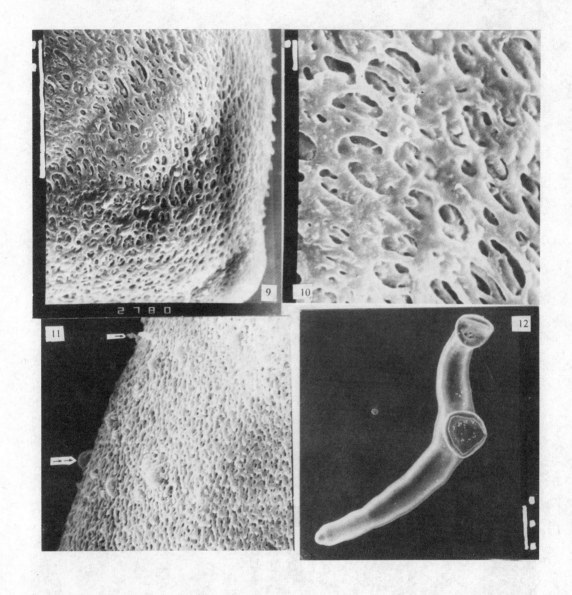

10. 同上图，放大图像。（SEM，×10000）

Ditto, magnification of honey-comb-like structure on the surface of schistosomula.

11. 肝门型童虫（15日龄），示皮孔体被及无鞘半球单纤毛感觉乳突（→）和半球型感觉乳突（→→），体被尚见不少的体棘。（SEM，×2000）

Hepatic portal system phase (15 days), shows well developed pitted tegument and sensory papilla with hemi-spherical cilium (→) and without cilium (→→).

12. 肝门型童虫（15日龄），示虫体环槽已消失。（SEM，×150）

Hepatic portal system phase (15 days), shows the annular troughs of which were diminished.

图版 VI-13～VI-17

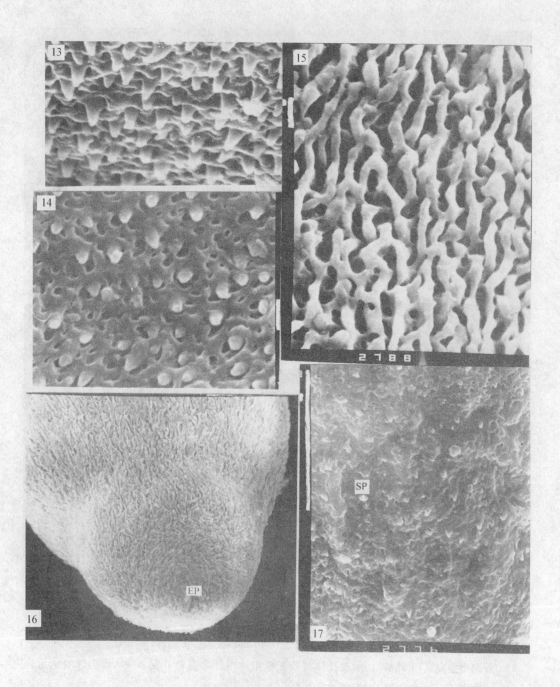

13. 肝门型童虫（15日龄），示口吸盘表面的体棘，尖齿状，坚硬挺拔，指向后方。（SEM，×6000）

Hepatic portal system phase schistosomula (15 days) shows well developed spines on the surface of ventral sucker. The tooth-like spines, straightly erect and point backward.

14. 肝门型童虫（15日龄），示腹吸盘内表面皮孔及体棘，体棘舌状自皮褶旁侧着生，棘的尖端指向后方。(SEM, ×6000)

Hepatic portal system phase (15 days), shows the pits and spines on the surface of ventral sucker. The spines seem new born, which are budding out from the side of the crest.

15. 肝门型童虫（15日龄），示体表纵向蜿蜒着条索状的皮嵴。(SEM, ×7000)

Hepatic portal system phase (15 days) shows the developing tegumental ridges or crests in longitudinal rope-like undulating form.

16. 肝门型童虫（15日龄），示体的后端纵向条索状的皮嵴已发育，并覆盖整个表面，中间空隙为排泄孔（EP）。(SEM, ×1500)

Hepatic portal system phase schistosomula (15 day) shows the rope-like tegumental ridge covering the surface of the hindpart of the body. Excretory pore can be seen (EP).

17. 雌性肝门型童虫（15日龄），示不发达的皮嵴及散在性的体棘及感觉乳突（SP）。(SEM, ×3000)

Hepatic portal system phase female schistosomulum (15 day) shows the mal-developed pitted tegumental crests, with a few spines and sensory papillae.

图版 Ⅵ-18～Ⅵ-21

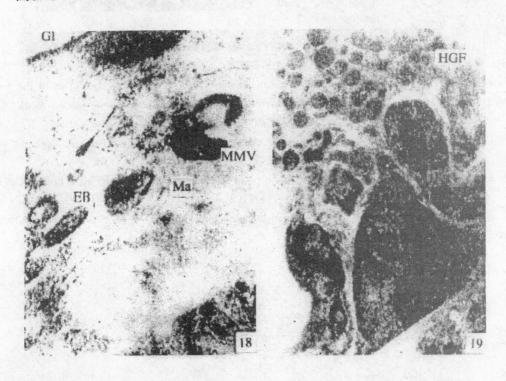

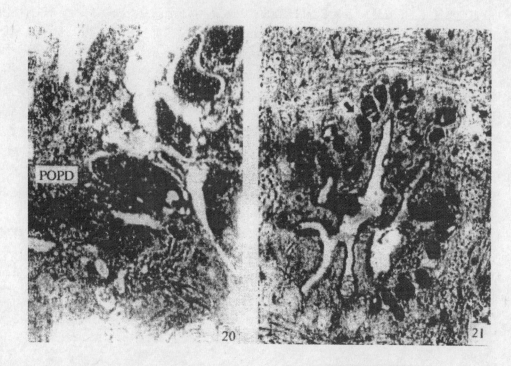

18. 日本血吸虫皮肤型童虫（3小时）的体被，示有残余糖膜（Gl），部分外质膜仍为3层，基质（Ma）有杆状体（EB）、多膜囊（MMV）等结构。(TEM，×80000)

The tegument of 3 hours skin phase schistosomula shows the residual glycocalyx. Part of the outer plasma membrane remains in 3 layers with elongated bodies (EB), multimembranous vesicle (MMV).

19. 日本血吸虫皮肤型童虫（12小时），示头腺（HGF）的分泌颗粒。(TEM，×12000)

12 hours skin phase schistosomula shows head gland fundus (HGF) with secretory granules.

20. 日本血吸虫皮肤型童虫（3小时）后钻腺管（POPD）内分泌颗粒。(TEM，×8000)

3 hours skin phase schistosomula shows the secretory granules of post-acetabular gland duct (POPD).

21. 日本血吸虫皮肤型童虫（0.5小时），神经板区附近食道腺分泌颗粒（↓）。(TEM，×32400)

0.5 hour skin phase schistosomula shows esophagus secretory granules (↓) near by the central ganglion.

第 二 篇

血吸虫超微结构有关专题

第七章 日本血吸虫尾蚴的发育

第一节 钉螺体内日本血吸虫尾蚴发育期的形态及其扫描电镜观察

毕晓云　周述龙　李瑛

Faust 和 Hoffman(1934)研究曼氏血吸虫生活史时涉及其尾蚴在螺体内的发育。Maldonado(1947)、Coelho(1957)、Pan(1965)阐述了尾蚴从胚球发育到成熟尾蚴。Ebrahimazdeh(1970)、Ebrahimzadeh 和 Kraft(1971)、Morris(1971)观察了这种血吸虫尾蚴的头腺(head gland)及逸出腺(escape gland)的构造。Cheng 和 Bier(1972)进一步地观察了尾蚴从胚细胞发育为成熟尾蚴的过程,并对其进行了分期。Hockley(1968)首先用扫描电镜技术观察了曼氏血吸虫成熟尾蚴的体表结构。随后,有许多学者在超微结构水平作了较详细的观察(Robson and Erasins,1970;Race 1971;Short and Cartrett,1973),因此对于曼氏血吸虫尾蚴结构与发育有了较全面的认识。

Miyari 和 Suzuki(1914)在研究日本血吸虫生活史时对成熟尾蚴结构作了描述。嗣后 Cort(1919)、唐仲璋(1938)在光镜及近年许多学者(Sakamoto and Ishii,1978;许世锷等,1983;周述龙等,1984、1988;何毅勋等,1985;Gobel and Pan,1985;Sobhon et al.,1988;夏明仪等,1989)在电镜水平对其进行精细的观察,但多限于成熟尾蚴的或胞蚴期某个方面的结构。尽管 Faust 和 Meleney(1924)、周述龙(1958)系统观察了幼虫在钉螺体内的发育,但对尾蚴的发育、形态结构的形成等的资料甚缺。众所周知,血吸虫尾蚴是感染人体的阶段,又是处于其生活史无性生殖的最后阶段,其结构与功能、繁殖发育与虫口动力学在传播上至关重要。基于这种认识,本文对大陆品系的日本血吸虫子胞蚴体由尾蚴发育期的形态进行了观察,现报道如下。

材料与方法

一、尾蚴来源

人工感染阳性钉螺由湖北省中医学院寄生虫学教研室提供。部分阳性钉螺采于湖北省监利县疫区。

二、材料制备

1. 活体标本 用两块玻片轻轻压破阳性钉螺,滴加 0.4% NaCl 钉螺生理盐水,在解剖镜下分离子胞蚴。经多次洗涤后,用解剖针撕破其体壁,让各期尾蚴释出,加盖玻片,立即置于 Olympus BH-2 相差显微镜(NIC/phase contrast),借助杰纳氏绿(Janus green)、茜素 S(Alyzarin red S)、中性红等进行活体染色和观察。另外取逸出的尾蚴,用上述相同方法制备,以资比较。

2. 石蜡切片标本 解剖阳性钉螺分离螺肝,以甲醛或 Carnoy 液冷固定 1 小时,按常规做石蜡连续切片,5～7μm 厚,染色方法有:①苏木素伊红(HE)按常规方法进行;②海登汉阿替染色(Heidenhani Azan, HA)(何毅勋等,1985);③浮尔根快绿(Feulgen fast green, FG)(芮菊生等,1980);④过碘酸 Schiff 氏反应(PAS)(何毅勋等,1985)。

3. 全封标本 按活体标本制作法获取各个发育期的尾蚴滴于玻片上,待整体标本将干未干时及时固定,用 HA 或 PAS 染色,方法同上。

借助描绘器绘图,结合照片,用测微尺测量,所用标本均为活体标本,随机测量 10 个样本,取其均数。

4. 扫描电镜标本

(1)石蜡切片扫描电镜标本(paraffin sectionscanning electron microscopy Ps-SEM):为了了解自然情况下尾蚴胚胎与子胞蚴的关系,采用石蜡切片并用扫描电镜观察。在解剖镜下,将分离出感染阳性钉螺的肝脏置于 2.5% 戊二醛冷固定 2 小时后,做常规石蜡连续切片,7μm 厚,用温水将切片展平贴在涂有蛋白甘油的盖玻片上,经多次长时间充分脱蜡,下行各级酒精到 30% 时,将粘附有石蜡切片的盖玻片分割为 8mm×6mm,置于 1% 锇酸做后固定 1 小时,经系列梯度酒精脱水,临界点干燥、喷金,置于日立 450 型扫描电镜下观察。

(2)常规扫描电镜标本(SEM):阳性钉螺肝脏所获各期尾蚴标本,按常规扫描电镜标本制备,基本步骤同上。

结 果

参照 Cheng 和 Bier(1972)对曼氏血吸虫尾蚴发育分期,我们把日本血吸虫尾蚴发育分为五期,即第一期(S1)胚细胞期(Germinal cell stage);第二期(S2)胚球期(Germinal ball stage),含 Cheng 与 Bier 的第二、三、四期;第三期(S3)尾蚴雏体期(Embryotail budding stage);第四期(S4)成熟前期(Prematured stage);第五期(S5)成熟期(Fully developed cercaria stage)。结果如下:

一、活体标本观察(图 7-1～7-5)

1. 胚细胞期(S1)(图 7-1)

胚细胞存在于子胞蚴腔(Brood chamber)内及附着在子胞蚴体壁内壁。外形为圆形或椭圆形,直径为 17.30μm。核大,圆形或椭圆形,其直径为 11.5μm。核仁亦大,圆形,位置居中或稍偏。核质中有明显颗粒状染色质,胞质少,透亮、质匀。

表 7-1　　日本血吸虫发育期尾蚴 4 种染色法显示胚细胞与腺细胞结构
(Comparison of 4 kinds of staining methods on germinal and gland cells of developing cercaria of. *S japonicum*.)

染色法 (method)	HE	HA	FG	PAS *
胚细胞 (germinal cell)	核大,胞质少 (large nucleus with lesser cytoplasm)	同左 (ditto)	同左 (ditto)	
胞质 (cytoplasm)	紫红色 (purple red)	橘黄色 (orange yellow)	浅绿色 (light green)	
核质 (Karyoplasm)	淡染,染色颗粒紫红色 (pale stain in granular purple red)	淡染 (pale stain)	染色颗粒紫红色(purple red granular stain)	
核仁 (nucleolus)	深紫色 (deeply purple)	深红色 (deeply red)		
头腺 (head gland)	S3,S4 头器中央见到紫红色细胞构成的被膜,S5 中央淡紫色周围有深紫色的核 (cytoplasmic membranous bound was stained in purple color in the central area of head organ of S3&S4 while in S5 turned into pale purple and surrounded with many nuclei stained in deeply purple)	S5 头器中央为浅橘红色,周围有较厚的壁围住 (head organ of S5 stained in orange red surrounded with a thick boundary)		
钻腺细胞 (penetrated gland)	前后钻腺不能区别 (pre/post penetrated gland indistinguishable)	同左 (ditto)	同左 (ditto)	
胞质 (cytoplasm)	浅紫红色 (pale purple red)	浅蓝色 (pale blue)	浅绿色网状结构(pale green network)	后钻腺鲜红色 (post penetrated gland stained in freshy red)
核质 (karyoplasm)	紫红色 (purple red)	橘红色 (orange red)	散在性鲜红颗粒 (diffused freshy red granule)	
核仁 (nucleolus)	深紫红色 (deeply purple)	深红色 (deeply red)	绿色 (green)	

* 全封标本,其他为石蜡切片标本
(Whole mount specimen, others in paraffin sections)

2. 胚球期(S2)(图 7-2)

胚细胞开始分裂产生两种细胞,一种细胞仍保留胚细胞的特点,另一种细胞明显不同于胚细胞,即细胞小,圆形,核相应亦小,核仁点状,胞质丰富,称体细胞(somatic cell)。随后,由于体细胞分裂加快并在数量上占优势,而胚细胞数目达到 8~16 个时则未再增加。这时外形如桑葚(图 7-2a),直径平均为 $37.25\mu m$,即 Chen 与 Bier 所谓裸细胞结集期。在这之后,一部分细胞移行到外围,其胞质伸延,覆盖于表面而形成一层表膜细胞,整个外形呈球状(图 7-2b),平均直径为 $35.46\mu m$,即 Cheng 与 Bier 的胚球期。随后,进一步发育,外形为椭圆形。未见胚细胞向胚体一端集中,却见结集于胚体中央,即 Cheng 与 Bier 的胚球延长期。此期由于胚细胞和体细胞不断分裂,胚球的体积逐渐变大,这两种细胞的直径大小即相应变小。

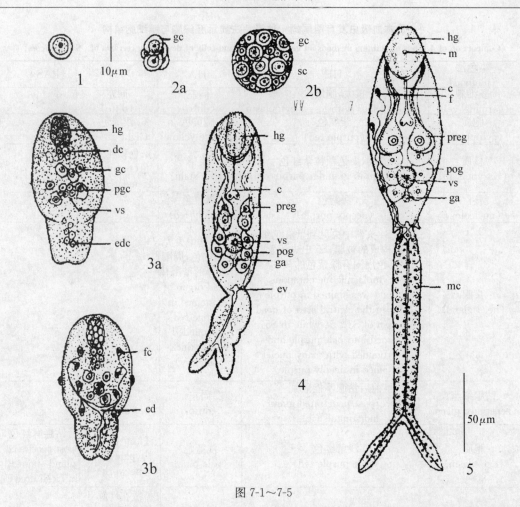

图 7-1～7-5

1. 胚细胞(S1)示核大，核仁亦大，胞质少(Germinal cell(S1) showing a large nucleus with ovident nucleolus and little cytoplasm)。7-2a 胚球期(S2)示胚细胞(gc)分裂为许多胚细胞(gc)与体细胞(SC)，形如桑葚(Germinal ball(S2) showing cleveage of germinal and somatic cells in mulberry form. Without surface membrane)。7-2b 胚球期(S2)示分裂后胚细胞(gc)与体细胞(SC)，球形外有表膜(Germinal ball(S2) spherical in shape with surface membrane)。7-3a 尾蚴雏体期(S3)示体尾分化，出现尾蚴的雏形。尾的长度不超过体部的1/2。体前部出现头器与头腺(hg)。先由6个细胞排列成环状，中间分化为口，下连原肠细胞(dc)。体后端另有6个细胞发育为腹吸盘(dv)。体中部出现10个特大而透亮的细胞为钻腺原始细胞(pgc)。此外尚见散在性胚细胞(gc)。(Embryo-tail budding stage(S3). The organism began to devide into body and tail. The length of the tail was less than one half of the body. Head organ and ventral sucker (vs) appeared. The primitive cells of the head gland (hg), 5 pairs of penetrated gland (pgc) appeared and gradually developed into relevant organs. Several scattering germinal cells(gc) were seen in this stage)。7-3b. 尾蚴雏体期(S3)除上述结构连续分化外明显出现焰细胞(fc)4对与其相应收集管或排泄管(ed)。体表有表膜细胞。表膜下肌细胞开始出现(Embryo-tail budding stage(S3). Four pairs of flame cells (fc) and its excretory ducts appeared. Muscle cells began to differentiate underneath the surface membrane)。7-4 成熟前期(S4)示尾部长度不超过体的长度，口与原肠(c)相通。腹吸盘(vs)隆起。头腺(hg)在前端。2对前钻腺(preg)与3对后钻腺(pog)分化明显，并向前端各自伸展，有腺管分两束穿过头器至体的前端。体内胚细胞结集形成生殖始基(ga)。体部与尾部肌细胞进一步发育。体表出现体棘(Prematured stage(S4). Tail became longer, but not longer than the length of the body. Tegumental spines and sensory papillae appeared. Cecum(c) and ventral sucker(vs) progressively developed. Pre-and post penetrated gland ducts were formed and ran separately forward in 2 groups through the head organ to the anterior end. Germinal cells (gc) congregated and formed the genital anlagen (ga). Surface cells disappeared and muscle cells of the body and tail region developed continuously)。7-5 成熟期(S5)体表出现若干环褶，尾部进一步延长，并超过体长。头腺(hg)、钻腺(preg与pog)进一步发育完善。体部，特别是尾部肌细胞高度发达，活动性增强。(Fully matured stage(S5). Several annular ridges appeared on the body. Tail lengthened and it could be longer than that of the body. Head gland(hg), pre- and post penetrated gland (preg & pog) were well developed. The muscle cells especially in the tail region were highly developed and increased the organism's activity)。

注：图 7-1～7-2 的标尺为 10μm。图 7-3～7-5 的标尺为 50μm。(Notes: Bar of fig. 7-1～7-2＝10μm and fig. 7-3～7-5＝50μm)。

3. 尾蚴雏体期 (S3)（图 7-3）

此期最大特点是外形开始出现尾蚴的雏形，内部器官逐步分化。在椭圆形体的一端 1/3 或 1/4 处出现收缩，分为一大一小两部分，但两者无分割。小的部分较窄，它的中轴末端出现浅的凹陷，后来凹陷加深，并向两侧分开形成尾叉。大的部分即为体部，为椭圆形。此期总长平均为 104μm。体部最宽处平均为 46.75μm。尾部长度不超过体长的 1/2，宽度平均为 27.34μm。体前端出现袋状的头器（Head organ），先由 6 个细胞排列成环状，中间分化为口，下连原肠细胞。体后端另有 6 个细胞排列成环状，以后发育为腹吸盘。头腺出现在头器中央椭圆形的致密区，有膜包绕。钻腺由 10 个特大而透亮的细胞出现在体中部为钻腺原始细胞。4 对焰细胞及其相应管道均在此期出现，分布在体部有 3 对，尾部有 1 对。每个焰细胞发出一条收集管，并汇集成较粗的排泄管，贯穿尾干，后端分支入尾叉。散布在体部的胚细胞结集在腹吸盘附近。体表时有突出体表的表膜细胞。它的下方有一层规则排列细胞，可能是肌细胞的分化和参与尾蚴体壁的形成（图 7-3～7-3b）。

此期有时见到胚胎前端具有缓慢伸缩活动能力。

4. 成熟前期 (S4)（图 7-4）

体表出现体棘，头器的前端突起，出现钻腺出口围褶（fold）及感觉乳突。此期尾蚴外形接近成熟，但尾部总长不超过体的长度。体部、尾干、尾叉的长度平均分别为 106.34μm、47.42μm 和 27.55μm。口与下方的原肠相通。原肠约在体前 1/3 处分叉，叉内各有一个核的结构。腹吸盘隆起，它的中央有浅的凹陷，头腺仍为致密、匀质样结构。钻腺细胞增大。2 对前钻腺质内有许多粗大颗粒，3 对后钻腺胞质均匀而透亮。钻腺细胞开始向前伸展形成腺管。渗透压调节系统进一步分化，体后部两侧排泄管汇合处已形成一个圆形排泄囊，焰细胞仍为 4 对。体部胚细胞进一步向腹部下方结集，并形成生殖始基（Genital anlagen）。虽然体尾部表膜细胞消失，而尾部排泄管的两侧各有两列圆形肌细胞的分化。

此期尾蚴除体部能伸缩外，尾部出现摇摆和弯曲活动。

5. 成熟期 (S5)（图 7-5）

由于过去描述较多，这里主要把发育有关特点略述于下。尾蚴完全发育成熟时，体尾进一步延长，但尾部延长更快而超过体长。有的时候体表出现 10 条左右的环褶。体表布满体棘，体前比体后及尾部更为密集。体的两侧见到具有单纤毛的感觉乳突。腹吸盘中央有深的凹陷。头腺中央透亮而边缘致密。钻腺体（fundus）进一步增大，几乎占满体的中后部。钻腺管分左右两束向前曲折，分别从两侧穿入头器到达前端。尾干两边外侧各有一列圆形细胞，约 20 个；近排泄管两边有两列细胞核，可能是肌细胞，排列紊乱，细胞外形不完整，尾叉各有 20 个排列不规则的细胞核。

此期尾蚴活动十分活跃。

二、切片及全封染色标本观察

切片或全封标本由于染色方法不同，细胞结构着色的差异，更客观反映实际情况。我们所用四种方法对各发育中尾蚴在外形变化、内部细胞分化、发育进程及器官构造，除焰细胞外均可验证活体标本的结果。这里仅就所见胚细胞、头腺、钻腺等特点总结于表 7-1，供参考。

三、扫描电镜观察

1. 子胞蚴育腔（图版Ⅶ-1-1）

在低倍 Ps-SEM 下可见螺肝组织中有切成圆形或椭圆形的子胞蚴切片，多数子胞蚴附着在肝脏表膜内面。每个子胞蚴的体壁明显，子胞蚴育腔内散在有各期胚元结构。某些部位的育腔内尚可见管状结构，一端连于胚元，另一端连于子胞蚴体壁。有的在一端，有的在两端有蒂状链带与子胞蚴内壁联系。

2. 胚细胞期（S1）（图版Ⅶ-1-2、Ⅶ-1-3）

胚细胞多游离在育腔，有的附着在育腔的内壁。胚细胞为圆球形，直径 $8.5\mu m$。胞膜有的平整而光滑，有的较粗糙，呈橘皮样皮孔结构。胞核为 $7.5\mu m$。胞核与胞膜间存在很小间隙，显示核大胞质少的特点。此外有一个正在分裂而尚未完全分隔的胚细胞，它的外面有膜包裹。

3. 胚球期（S2）（图版Ⅶ-1-4、Ⅶ-1-5）

胚细胞分裂为 2 个或多个细胞，无表膜包裹，为桑葚形，表层细胞为体细胞（图版Ⅶ-1-4）。有的为球形或椭圆形，直径为 $46.65\mu m$。表层表膜形成，膜上有皮孔，每 $10\mu m^2$ 计 46 个呈橘皮样结构。值得注意的是在球体的一端出现有感觉乳突和围褶的结构，说明这一结构在胚球期开始出现（图版Ⅶ-1-5）。

4. 尾蚴雏体（S3）（图版Ⅶ-1-6）

外形已有体尾的分化。体前有收缩凹陷，头器开始分化。在体中后部，腹面隆起为腹吸盘结构。随后，体尾进一步分化，头器尤为明显。

5. 成熟前期（S4）（图版Ⅶ-1-7、Ⅶ-1-8、Ⅶ-1-9）

尾蚴外形接近成熟尾蚴。头器、腹吸盘分化相当完善。体尾交接处出现领样结构（图版Ⅶ-1-7）。除头器顶端中央无棘区外，其余体表满布体棘。体前的棘较为密集而形态略为钝圆。体的后部及尾部的体棘较为稀少，棘尖锋锐。腹吸盘也具有体棘。感觉乳突除头器外尚可在体部、尾部出现。多数为单纤毛感觉乳突（图版Ⅶ-1-8）。但也存在类似凹型感觉乳突，其外径为 $2.03\mu m$，内径为 $0.85\mu m$（图版Ⅶ-1-9）。

6. 成熟期（S5）

体表形态及结构与周述龙等(1984、1988)、何毅勋等(1985)所观察一致，不再赘述。

讨 论

一、日本血吸虫尾蚴发育期形成结构分化的特点

尾蚴的发育起于子胞蚴内胚细胞，经胚球期、尾蚴雏体期、成熟前期至成熟期。在这 5 个发育期中，不论从外形或内部主要结构均发生在尾蚴雏体期。在外形上不仅出现体尾二部，尾的长度不及体长的 1/2，同时出现口与原肠、头腺与钻腺、焰细胞与肌细胞的原始细胞体，从而分化为消化、腺体、渗透调节、肌等系统。到了成熟前期，上述有关的系统进一步发育，尾部与体部几乎等长，体内散在胚细胞结集形成生殖始基和可能与神经系统相连的肌细胞及感觉乳突的出现。此期体表出现体棘。到了成熟期，除了上述各系统发育趋于完善外，突出在尾部进一步增长，超过体部，肌细胞高度发达，这时尾蚴最富有活动能力。

二、日本血吸虫与曼氏血吸虫发育期尾蚴形态的比较

比较日本血吸虫与曼氏血吸虫尾蚴发育期的形态有以下 5 点不同：①日本血吸虫尾蚴的胚球期体内胚细胞结集于胚体的中部，无一端聚集的极化现象，而 Cheng 和 Bier (1972) 在曼氏血吸虫尾蚴发育中有极化现象；②日本血吸虫尾蚴雏体期的尾芽形态多不是圆球形，尾叉形成很早。而曼氏血吸虫此期的尾芽多为球形，尾叉形成较晚；③日本血吸虫尾蚴的钻腺原始细胞均出现于雏体期，而曼氏血吸虫则出现于尾部延长期，即成熟前期；④日本血吸虫尾蚴的头腺可能由许多细胞融合而成，其细胞核围绕在腺体的边缘。Dorsey (1976) 认为曼氏血吸虫尾蚴的头腺是一个大的单细胞腺体，其内未见胞核。因此头腺的结构需要进一步观察。⑤4 对焰细胞在日本血吸虫发生在尾蚴雏体期，而 Maldonado (1974) 则认为曼氏血吸虫尾蚴焰细胞出现较早，一般在胚球的后期出现。

三、日本血吸虫尾蚴发育期扫描电镜资料

从总体来看，其体形变化和表面结构的变化与上述基本相似。从石蜡切片扫描电镜观察尾蚴发育期在育腔中的自然状态，尽管偶尔可以看到胞蚴壁与胚元之间有某些结构联系，但大部分各期胚胎各自独立混杂在育腔之中。体棘对尾蚴侵入宿主起重要作用。本文所见体棘的发生始于成熟前期（S4）。体前、体后与尾部的体棘在形态上从钝圆逐渐变成锐利；在数量上有从密到稀的特点，成熟前期与成熟期尾蚴（周述龙，1984）相比，前者均大于后者，密度上均小于后者。这种变化可能与尾蚴进一步成熟，尾蚴体积变大，体棘数目增多有关。

血吸虫尾蚴是无性生殖终末和有性生殖的幼体阶段，如果从虫口动力学高度认识，尤其重要。我们虽然对尾蚴的发生及形态变化作了系统的观察，但还有一些问题有待进一步澄清，如头腺的结构、逸出腺的有无、神经及肌肉系统的发育等。历史上 Leuckart (1879) 提出，随后经许多学者补充和修正的胚系多胎学说（Germinal lineage with polyembryony）对血吸虫无性期在理论上作了一些阐明。但是，在现代生物科学快速发展的今天，有必要从超微结构学、发育生物学、生物化学及分子生物学等多学科综合研究，从而进一步揭露无性期繁殖的奥妙，期望达到控制血吸虫的繁殖力，在血吸虫病方面为人类血防事业服务。

参 考 文 献

许世锷，陆秀君，张大鹏，胡隆大. 日本血吸虫卵，毛蚴及尾蚴的扫描电镜观察. 寄生虫学与寄生虫病杂志，1983 1 (4)：15

何毅勋，郁琪芳，夏明仪，彭辛年. 日本血吸虫尾蚴的组织化学及扫描电镜观察. 动物学报，1985 31 (1)：6～11

周述龙. 日本血吸虫蚴虫在钉螺体内发育的观察. 微生物学报，1958 6 (1)：110～126

周述龙，林建银，张品芝. 日本血吸虫尾蚴扫描电镜的初步观察. 寄生虫学与寄生虫病杂志，1984 2 (1)：58

周述龙，王薇，孔楚豪. 日本血吸虫尾蚴头器、腺体及体被超微结构的观察. 动物学报，1988 34：22～27

夏明仪等. 日本血吸虫子胞蚴超微结构的研究. 产孔的形态证明. 动物学报，1989 35：1～4

Cheng T C and J W Bier. Studies on molluscan schistosomiasis：An analysis of the cercaria of *Schistvsoma mansoni*. Parasitol. 1972 64：129-141

Coelho M V. Aspects do desembovimento das forms larvais *Schistosoma mansoni* em *Australorbis nigricans*. Revista Brasiletra de Biologia. 1957 17：325-337

Dorsey C H. *Schissosoma mansoni*：Description of the head gland of cercariae and schistosomules at the ultrastructural level. Exp. Parasitol. 1976 39：444-459

Ebrahimzadeb A. Beitrage zur Entwicklung. Histologic and Histochemic des Deusensystem der cercarinen von *Schistosoma mansoni* Sambon（1907）. Z. *Parasital*. 1970 34：291-303

Ebrahimzadeb A，M Kraft. Ultrastrutureelle untersucbchyngen zur Anatomic der cercarien von *Schistosoma mansoni*：Ⅲ Das Drusensystem. J. Parasitol 1971 36：291-303

Faust E F and H E Meleney. Studies on Schistosomiasis japonica. Am J. Hyg. (Monagr. Ser. 3)：1924：1-339

Faust E C and Hoffman W A. Studies on Schistosomiasis mansoni in Puerto Rico. Ⅲ. Biological studies. PRJ Public Health Trop. Med. 1934 10：1-47

Gobel E and J P Pan（潘金培）. Ultrastructure of the daughter sporocyst and developing infected snail，*Oncomelania hupensis*. Z. Parasitenkde. 1985 71：227-240

Hockly D J. Scanning electron microscope of *Schistosoma mansoni cercariae*. J. Parasitol. 1968 54：1241-1243

Leuckart R c.f. Chen P J. The germ cell cycle in the trematode，*Paragonimus kelliscotti* Ward. Tr. Am. Mic. Soc. 1937 56：208-236

Maldonado J F and J Acosta-Matienzo. The development of *Schistosoma mansoni* in the snail intermediate host，*Australorbis glabratus*，PRT Public Health Trop，Med. 1947 22：331-373

Miyire K and M Suzuki. The intermadiate host of *Schistosoma japoinicum* Katsurada. Mitt Med. Fak，Kais Iniv，Kyushu，Fukuoka. 1914 1：187-198. c. f. Warren，K S Schistosomiasis. The evolution of a medical literature. The MIT Press Mas. and London，England. 1973

Morris G P. The fine structure of the tegument and associated structures of the cercaria of *Schistosoma mansom*. Z. Parasit. 1971 36：15-31

Pan C T. Studies on the host-parasite relationship between *Schistosoma mansoni* and the snail *Australorbis glabratus*. Am. Soc. Trop. Med Hyg. 1965 14：(5)：931-976

Race G J. Scanning and transmission electron microscope of *Schistosoma mansoni* eggs and adults. Am. J. Trop. Med. Hyg. 1971 20（6）：914-924

Robson R T and D A Erasmus. The ultrastructure, based on stereoscan observations, of the oral sucker of the cercaria of *Schistosoma mansoni* with special reference to penetration. Z. Parasit. 1970 35：76-86

Sakamoto K and Y Ysbii. Scanning electron mictroscope observation on miracidium，cercaria and cercarial papillae patterns of *Schistosoma japonium*. J. Parasitol, 1978 64（1）：59-68

Short R B and M L Cartrett. Aegenophilic "papillae" of *Schistosoma mansoni cercaria*. J. Parositol. 1973 59: 1041-1059

Sobhon P et al. *Schistosoma japonicum* (Chinese): Changes of the tegument surface cercaria, schistosomula and juvenil parasites during development. Inter. J. Parasitol, 1988 18 (8): 1093-1104

Tang C C（唐仲璋）. Some remarks on the morphology of the miracidium and cercaria of *Schistosoma japonicum*. Chin. Med. J. 1938 supp. 2: 423-432

图版说明　Plate Explanation

（图版Ⅶ-1-1～Ⅶ-1-9）

1. 子胞蚴发育腔内可见许多单个或成群的胚元（ge），有的有链带状（*）或个别有管状结构与子胞蚴体壁（sw）连接（Ps-SEM）。

Many germinal elements (ge) in single or in groups, located freely in the brood chamber of daughter sporocyst. Some of them (*) with strands or tube-like structure connecting to the sporocyst wall (sw) could be occasionally seen. (Ps-SEM).

2. 子胞蚴育腔（bc）内可见单一的胚细胞（S1）及胚球期（S2），也见到附着在胞蚴内壁的胚元（Ps-SEM）。

Germinal cells (S1) and germinal ball (S2) were located in the brood chamber. Some of the germinal elements were attached to the inner surface of the daughter sporocyst. (Ps-SEM).

3. 被揭开胚细胞(S1)的细胞膜(Cm)内见很大的核(N)。另一胚细胞正在分裂,但核尚未完全分离(Ps-SEM)。

The membrane (Cm) of germinal cell (S1) was opened and a large nucleus (N) was revealed. Another germinal cell (S2) with a nucleus was dividing. (Ps-SEM)

4. 桑葚形的胚球期（S2），表面无膜覆盖，表面为体细胞（SC）（SEM）。

A mulberry-like germinal cleavage or germinal ball stage (S2) indicating that the embryo had no surface membrane. Somatic cells were located on the outer layer. (SEM)

5. 表膜形成的胚球期（S2），表膜具孔（↓），球体一端有类似感觉乳突（sp）和围褶的结构（SEM）。

Spherical form of germinal ball stage (S2), showing a sensory papilla (sp) with its fold on one pole of the embryo. (SEM)

6. 尾蚴雏体期（S3），出现尾芽、腹吸盘（vs）和头器（*）（SEM）。

Embryo-tail budding stage (S3), showing tail budding, head organ (*) and ventral sucker (vs). (SEM)

7. 成熟前期（S4），形态近似成熟，头器（*）、腹吸盘均形成，全身出现体棘及感觉乳突（SEM）。

Prematured stage (S4). The morphology is similar to that of the fully matured cercaria. Head organ (*) and ventral sucker were well developed. The body and tail were covered with tegumental spines and some of the sensory papillae appeared also. (SEM)

8. 同7（S4），体部放大。体中部及后部体棘稀少。体的两侧见有感觉乳突（↑）（SEM）。

Local magnification of Ⅶ-1-7 showing the ventral sucker and the distribution of spines in mid/hind por-

---

放大倍数按图上标尺推算

tions of the body. They were small in size and scanty in number. Single cilium papilla was revealed (↑) also. (SEM)

9. 成熟前期（S4）局部放大，体表满布体棘。可见凹窝型或孔型（↓）感觉乳突（SEM）。
Local magnification of S4 stage showing the spines covering the surface of the tegument and the pitted sensory papilla from the head organ. (SEM)

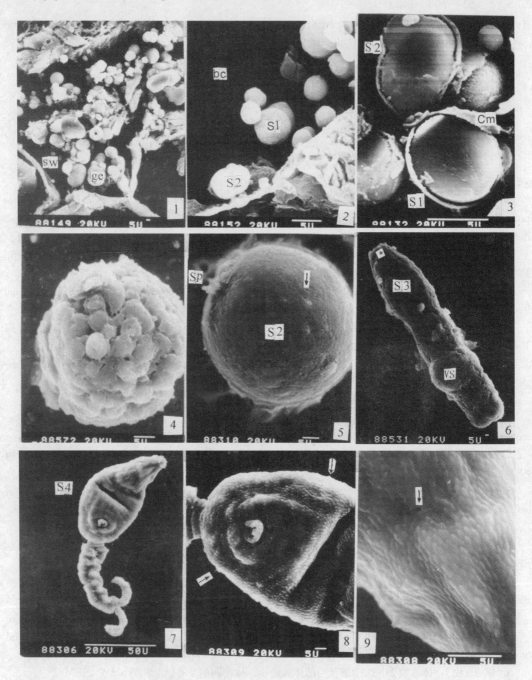

第二节 日本血吸虫尾蚴发育的超微结构——体被局部剖析

周述龙 李 瑛 杨孟祥

日本血吸虫尾蚴的超微结构已有不少的报告（Inatoin S. et al. 1970；Sakamoto K. and Ishii Y., 1978；Irie Y. and Yosuraoka K., 1981；周述龙等，1984；何毅勋等，1985；Gobel and Pan J. P., 1985；周述龙等，1988），但这些报告的材料多为成熟的尾蚴。尽管用光镜对血吸虫尾蚴发育也有不少报告，但对其动态发育超微结构观察未见报道。本文在继光镜及扫描电镜观察钉螺体内日本血吸虫尾蚴发育（毕晓云等，1991）的基础上，应用透射电镜系统观察不同发育期的超微结构，期望更精确了解它的发育过程。这里先就尾蚴的体被及其要素总结如下，为血吸虫病防治提供某些基础知识。

材料与方法

人工感染钉螺（3～4个月左右）由湖南省寄生虫病研究所提供。压碎螺壳，加1～2滴螺蛳生理盐水于载玻片上，置于有暗视野装置的Olympus双目解剖镜下，剔除螺壳，将有日本血吸虫子胞蚴的螺肝组织置于有生理盐水的凹面载玻片上，用解剖针撕碎组织，参照Chen与Bier（1972）及我们的体会，按以下标准将尾蚴发育分期：

第一期（S1）胚细胞为单一细胞期，已有另文描述（胡敏等，1992），本文不作观察对象。
第二期（S2）胚球期。选择成形的圆形或椭圆形的胚胎。
第三期（S3）尾蚴雏体期。出现体尾分化，但尾不超过体长的一半。
第四期（S4）成熟前期。尾的长度不超过体部的长度。
第五期（S5）成熟期。尾的长度等于或超过体部的长度，包括螺体组织型和逸出型活尾蚴。

注意，分期吸取尾蚴时要用各期专用的吸管，每次用过的吸管要反复洗涤，以免混淆。电镜标本：将分装各期尾蚴置于预冷的2.5％戊二醛中4℃过夜，次日用PB洗涤3次，用1％锇酸后固定1小时再用PB洗涤后，经丙酮逐级脱水，用Epon 812包埋，LKB超薄切片机切片，经醋酸铀、柠檬酸铅双染，置于Hitachi H600观察。所有画面先经低倍整体定位，然后再逐级放大并照相。

结 果

一、原体被细胞（primitive tegument cell）（图版Ⅶ-2-1～Ⅶ-2-2）

原体被细胞仅见于S2，表面分布。扁形。大小可有 $5\mu m \times 1.5\mu m \sim 5\mu m \times 0.5\mu m$ 不等。整个细胞电子密度较大，所以格外暗黑。核不定形，隐约可见。整个胚胎均为该细胞

本文发表在动物学报，1994 40（1）：1～6

质扩展所包裹。细胞表面有稀疏而短小的突起（bulb），但有的长度可达 0.5μm。细胞下面为明显的透明层，可能是原始的基膜（basal lamina）。在它的下方有扁而不规则的胞质，内有肌丝状结构。

二、体被（tegument）（图版Ⅶ-2-3～Ⅶ-2-7）

S3（图版Ⅶ-2-2～Ⅶ-2-3）体被厚约 0.3～0.8μm，无核，胞质间未见细胞间隔，已具细胞联体体被的特征。基质间有较多空泡，特别是在体棘附近常有较大空泡 0.4μm×0.3μm 有规律地分布。外质膜比 S3 略平坦，而 S4、S5 出现皱褶（fold）（图版Ⅶ-2-4～Ⅶ-2-5）。在 S5 外质膜可见 1 单位膜即 3 层结构（图版Ⅶ-2-6）。糖膜（glycocalyx）在早期胚胎（S2～S4）尚未查见，直至成熟尾蚴（S5）才出现（图版Ⅶ-2-6～Ⅶ-2-7；图版Ⅶ-2-10、Ⅶ-2-12）。S4、S5 的基质空泡化现象消失。极少线粒体，有的可见从基质膜内陷的小管（图版Ⅶ-2-5）。有的在体前端的基质间，堆积着不定形黑色的分泌颗粒（图版Ⅶ-2-6），估计为后钻腺分泌颗粒。

三、体棘（tegumental spine）（图版Ⅶ-2-1～Ⅶ-2-5；图版Ⅶ-2-10、Ⅶ-2-12）

细察整体 S2 横切面或纵切面。原体被细胞上有体棘。S3 体棘则普遍分化，棘尖明显，有的体棘底部分化尚未完善。S4、S5 体棘发育完善。大小可有 0.7μm×0.5μm。棘尖朝外，方向向后（图版Ⅶ-2-4～Ⅶ-2-5；图版Ⅶ-2-10、Ⅶ-2-12）。棘底坐落在基质膜上。

四、感觉乳突（sensory papilla）（图版Ⅶ-2-8～Ⅶ-2-12）

感觉乳突开始出现于 S3，蘑菇状从体被突起，高达 0.4μm，横径为 0.15μm，内部未见结构分化（图版Ⅶ-2-8）。S4、S5 见到两型感觉乳突：①单纤毛感觉乳突，从体被基质突起。由于切面不同，可有不规则圆形或长椭圆形（图版Ⅶ-2-9～Ⅶ-2-10）。乳突周围为基质包绕，中间形成乳突腔，为神经末梢的结构。在横切面（图版Ⅶ-2-9）乳突腔上侧中央为单纤毛的基部，由于该切面带有一定程度斜切，所以在其上方见到纤毛周围 9 对微管中的 5 对，中央微管未见。两侧有桥粒（desmosome）及其周围为电子致密结构的领（collar 下详）所支持。包被感觉乳突的体被体基质可见杆状分泌颗粒、线粒体和基质膜内陷的小管。在纵切面（图版Ⅶ-2-10）较清楚地见到纤毛的纤丝、基体（basal body）、纤毛根（rootlet）及腔内椭圆形具膜的小泡（dense vesicle），泡内含有不同致密的电子颗粒。在基体水平的两侧由对称桥粒作肩状弯曲，内面见有基质作规律的分隔构成成串的小方格。接着上方接中空小管并开放于乳突腔。桥粒肩状是由内向外，尤其是内侧有特别致密电子颗粒衬托成的"领"（collar），以维持乳突 μ 特有的形状。②凹窝型感觉乳突（图版Ⅶ-2-11），横径为 0.8μm，基本结构如上述单纤毛感觉乳突。由于体被在乳突凹陷处没有完全被覆盖，出现乳突腔与外界相通。出口两侧有桥粒，它的内侧为电子致密的"Y"形结构所支撑。乳突腔内径为 0.5μm，其中有不同形状及电子致密甚至中空的小泡。腔底中央有一圆形结构，横径为 0.9μm，可能是神经终端的结构。另一型凹窝型感觉乳突，有明显桥粒及凹窝型感觉乳突（multicilicated pit-type sensory papilla）（McLaren，1980）。

五、基膜（basal lamina）。（图版Ⅶ-2-1、Ⅶ-2-5、Ⅶ-2-7）

严格地说，基膜是指体被基质一侧的基质膜（basal membrane）及其下方一层稀松纤丝的透明区。基膜从 S2～S5 始终存在，S4、S5 基膜起伏，其纤丝结构分布十分明显。基膜下方为肌层，包括外环肌与内丛肌。

上述结果，根据尾期体被结构发育比较于表 7-2。

表 7-2　　日本血吸虫发育期尾蚴体被结构要素的比较
(Tab, 7-2 The comparison of tegumental elements in developing cercaria of *Schistosoma japonicum*)

	S2	S3	S4	S5
原体被（primitive tegument）	+	−	−	−
糖膜（glycocalyx）	−	−	−	+
体被皱褶（tegumental fold）	−	−	+	+
体被（tegument）	−	+	+	+
感觉乳突（sensory papilla）	−	+	+	+
基膜（basal lamina）	+	+	+	+
体棘（spine）	+	+	+	+

（注：+出现，−未见. note：+appeared，−not seen.）

讨　论

Hockley（1972）透射电镜观察曼氏血吸虫尾蚴发育应用切片观察子胞蚴内尾蚴，比较各期发育程度，认为早期尾蚴胚胎体被出现于原上皮（primitive epithelium）消失之后，后来由于核凝结而消失，这一设想为 Meuleman 与 Holzman（1975）所支持。后两作者细致观察原上皮下胚球（germinalball）表面梭形细胞融合成一层薄的合胞细胞，称之为第二合体上皮（second syncytial epithelium），后来发育成尾蚴真正的体被。我们认为第二合体上皮称为原（始）体被（primitive tegument）似较合理。这时原体被的核与胞质在电镜下显示电子密度均较致密，后来核消失，并出现体棘及基膜。我们的材料证明日本血吸虫尾蚴 S2 原体被细胞存在，它不仅有体棘，在它的下方还有原始基膜。基膜下方有大小不等胞质块，有的可见肌纤维样结构，日后可能发展为肌层。这样一来，日本血吸虫尾蚴体被形成之前原上皮的发生，须追溯至更早的 S2，甚至胚细胞分裂成桑葚形的时候作进一步观察。

血吸虫尾蚴的感觉乳突，在扫描电镜观察资料甚多，在透射电镜观察仅见 Nuttman（1971）对曼氏血吸虫尾蚴的报道。Morris 与 Threadgold（1967）在曼氏血吸虫成虫体被上感觉乳突或感受器的基本结构包括纤毛、基体、小根、桥粒及乳突腔内不同电子致密度的小体等。在桥粒内外侧 Nuttman 已注意到有环状"嗜锇体"（osmiophilic material）。曼氏血吸虫成虫感受器亦有类似结构。李敏敏与 H. P. 荒井（1991）及 Richards 与 Arme

(1982)发现在绦虫头节体被感受器桥粒有领的结构,证明这些结构(环形嗜锇体领等)普遍存在于扁形动物体表感受器,它与桥粒等结构一起在柔软虫体处于复杂外界水体或宿主体液中保持感受器特有的形状,以适应环境中不同化学、机械、渗透压的刺激,保证其生理功能的完成。

过去人们注意到尾蚴糖膜的重要性,McLaren(1980)研究曼氏血吸虫尾蚴,指出尾蚴的表膜(即糖膜)具有:①粘着尾蚴自身或群体和粘着宿主的皮肤以利其入侵。②避免钻腺分泌物导致自身溶化。③抗水性,以利在自然水体游动。④当置入正常血清中可激活C_3旁路,使尾蚴死亡。童虫无糖膜则无此现象。⑤置于抗血清中产生尾蚴膜反应(CHR)。近期研究证明糖膜由直径20～50nm粒子与15～20颗粒亚单位构成。糖膜分子量$>5\times10^6$kU,等电点5,并具有C_3结合位点。用单克隆抗体与标记尾蚴表面提取物免疫沉淀,显示糖膜有一个特大分子量和220、180、170和15kU的多肽。用植物凝血素结合试验,除15kU抗原外,证明这些多肽含有不同低聚糖成分,对单克隆抗体128C3/3与感染小鼠和人均具有高的免疫源性(Caulfield et al.,1987;Dalton et al.,1987;何毅勋1990)。说明尾蚴处于不同介质,特别在自然水体和哺乳动物宿主内,它的糖膜在生理上的适应与免疫上的反应起着重大作用。

参 考 文 献

毕晓云,周述龙,李瑛. 钉螺体内日本血吸虫尾蚴发育期的形态及其扫描电镜观察. 动物学报,1991 37(3):244～253

何毅勋,郁琪芳,夏明仪. 日本血吸虫尾蚴的组织化学及扫描电镜观察. 动物学报,1985 31(1):6～11

何毅勋. 尾蚴的生物学. 引自毛守白主编《血吸虫生物学与血吸虫病的防治》103～137页. 北京:人民卫生出版社. 1990

李敏敏,HP荒井. 吸口凿开绦虫头节体被、细胞器和神经感受器超微结构的研究. 动物学报,37(2):113～122

周述龙,林建银,张品芝. 日本血吸虫尾蚴扫描的初步观察. 寄生虫学与寄生虫病杂志,1984 2(1):58

周述龙,王薇,孔楚豪. 日本血吸虫尾蚴头器,腺体及体被超微结构的观察. 动物学报,1988 34(1):22～26

林建银. 日本血吸虫尾蚴肌肉组织的超微结构及其生理功能. 福建医学院学报,1989 23:7～10.

胡敏,周述龙,李瑛. 日本血吸虫胞蚴电镜的进一步观察. 中国寄生虫学与寄生虫病杂志,1992 10(4):301～303

Caulfield J P, S S McDiarmid, T Suyemitsu and K Schimid. Ultrastructure, carbohydrate and amino acid analysis of two preparations of the cercarial glycocalyx of *Schistosoma mansoni*. J. Parasitol. 1987 73:514-522

Chen J C and J W Bier. Studies on molluscan schistosomiasis: An analysis of the development of the cercarla of *Schistosoma mansoni*. Parasitol. 1972 64:129-141

Delton J P, S A Lewis et al. *Schistosoma mansoni*: immuno glycoproteins of cercarial glycocalyx. Exp. Parasital. 1987 63: 215-226

Gobel E and J P Pan (潘金培). Ultrastructure of the daughter sporocyst and developing cercaria of *Schistosoma japonicum* in experimentally infected, *Oncomelania hupensis*. Z. Parasitenkd. 1985 71: 227-240

Hockley D J. *Schistosoma mansoni*: the development of the cercarial tegument. Parasitol. 1972 64: 245-252

Inatomi S, D Sokumoto, Y Tomgu et al. Ultrastructure of *Schistosoma japonicum*. c. f. Sasa. M. (ed). Recent advances in research on filariasis and schistosomiasis in Japan: 257-269. University of Tokyo Press. 1970

Irie Y and K Yasuraoka. *Schistosoma japonicum*: Ultrastrustrural changes in the tegument during cercaria-schistosomulum transtormation. Jpn. J. Exp. Med. 1961 51: 53-63

McLaren D J. *Schistosoma mansoni*: The parasite surface in relation to host immunity. Research Studies Press. John Wiley and Sons LTD. 1980

Meuleman E A and P J Holzmann. The development of the primitive epithelium and true tegument in the cercarta of *Schistosoma mansoni*. Z. parasitenk. 1975 45: 307-318

Morris G P and L T Threadgold. A presumed sensory structure associated with the tegument of *Schistosoma mansoni*. J. Parasital. 1967 53: 537-539

Nuttman C J. The fine struccure of ciliated nerve endings in the cercaria of *Schistosoma mansoni*. J. Parasital 1971 57: 855-859

Richards S K and C Arme. Sensory receptors in the scolexneck region of *Caryophyllaeus laticaps* (Caryophylloidae: cestoda). J. Paraslal. 1982 68: 416-423

Sakamoto K and Y Ishü. Scanning electron microscope observations on miracidum, cercaria and cercarial pappillar patterns of *Schistosoma japonicum*. J. Parasital. 1978 64: 59-68

Samuelson J D and J P Caulfield. The cercarial glycocalyx of *Schistosoma mansoni*. J. Cell Biology 1965 100: 1423-1434

Samuelson JD and JP Caulfied. Cercarial glycocalyx of *Schistosoma mansoni* activates human complement. Int. Immun. 1986 15: 181

图版说明 Plate Explanation

图版 Ⅶ-2-1～Ⅶ-2-7

1. S2，示表性分布的原体被（PT）及其体棘（S）。×6 000
S2, showing the superficial appearance of primitive tegument (PT) and spines (S).

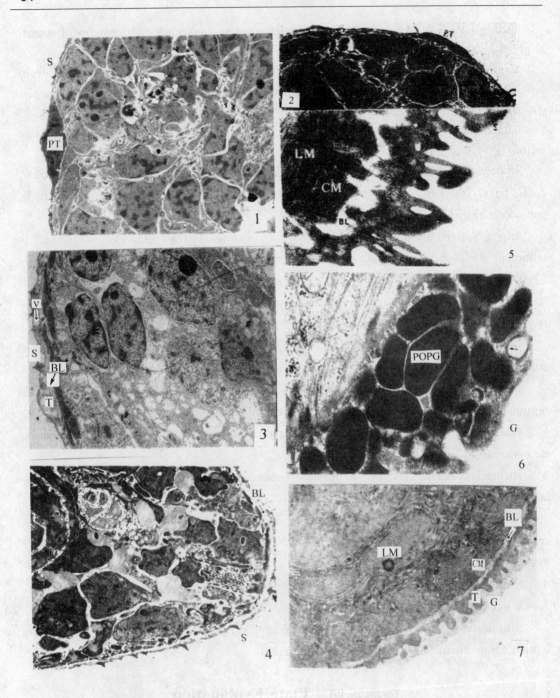

2. S2，示另一原体被（PT）细胞核所在，它的下方有不同形态胞质性颗粒、突起及扁形细胞。其间的线型透明区可能是原始的基膜。×6 000

S2, showing the another primitive tegument cell (PT) with irregular and obscure nucleus. Below the cells there are many amorphous cytoplasmic protrusion or flattened cells occurring in the translucent area. This layer seems to be the primitive basal lamina.

3. S3，体被（T）及体棘（S）出现，它的旁边有大空泡（V），基质下透明层为基膜（BL）。×8 000

S3, the tegument (T) and spines (S) with large vacuoles nearby. Beneath the transparent layer a basal lamina is seen (BL).

4. S4，明显的体棘（S）和基膜（BL）。×5 000

S4, the prominent spines (S) and basal lamina (BL).

5. S4 体被放大，示起伏的体被皱褶（F）、体棘（S）及基膜（BL）间的纤丝。它的下方为肌层（CM、LM）。×20 000

S4, the magnification of the tegument, showing the highly developed tegumental folds (F) and spines (S). The fibrillar basal lamina (BL) and the muscle layers (CM and LM) located bellow.

6. S5，尾蚴体部前端体被处质膜的外层有糖膜（G）。外质膜凹陷处（←）为3层的一单位膜。基质间充斥着后钻腺分泌颗粒（POPG）。×40 000

S5, the anterior part of tegument of a cercaria in large magnification. The outer ectoplasm appears glycocalyx (G). The concave ectoplasm (←) with trilaminatd of a unit membrane and the matrix with accumulation of granules secreted by the post-penetrating gland (POPG) can be seen.

7. S5，成熟尾蚴典型的体被（T），外面有厚的糖膜（G），下为基膜（BL）和肌层（CM、LM）的结构。×15 000

S5, showing a typical tegument (T) of a mature cercaria with prominent glycocalyx (G), basal lamina (BL) and muscle layer (CM and LM).

图版 Ⅶ-2-8～Ⅶ-2-12

8. S3，示感觉乳突的雏形。×32 000

S3, the budding of a sensory papilla (SP) from tegument.

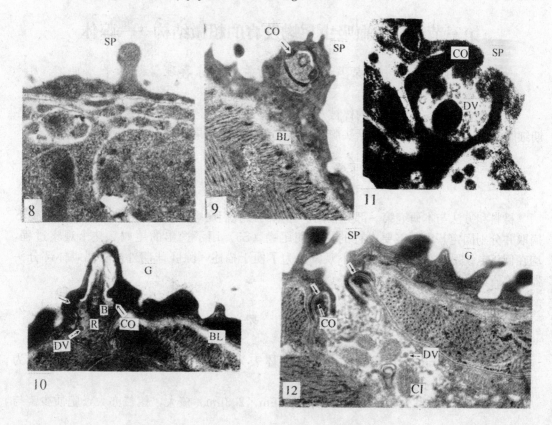

9. S4，单纤毛感觉乳突横面。周围为基质包绕。基质中有杆状分泌颗粒、线粒体及基质内陷小管。上部中央见到部分纤毛，可见 5 束周围微管。纤毛两侧为桥粒及其周围支持结构"领"（CO）。×16 000

S4, uniciliated sensory papilla surrounded by the matrix of tegument with many rodlike secretory bodies, mitochondria, invagination of basal plasmic tubules and part of periphery microtubules of the cilium in the sensory papilla.

10. S5，单纤毛感觉乳突的纵切。乳突腔内有很多椭圆形小泡（DV），内含不同致密电子颗粒。出口两侧为桥粒（↓），它的内外两侧增厚为领（CO）。上侧中央为纤毛，见有微丝、基体（B）、纤毛根（R）。体被上有棘（S）、外周为糖膜（G）。×24 000

S5, uniciliated sensory papilla (SP) in longitudinal section. Many oval vesicles with various densities of granules in the papilla (DV). Belt-like dismosomes (↓) associated with the collar (CO) can evidently seen. A cilium with basal body (B) and rootlet (R) in the upperpart of the organelle. Tegument enveloped in glycocalyx (G).

11. S4，凹窝型感觉乳突（SP）。上方开口处无体被覆盖。两侧桥粒（↓）明显，其周围有领（CO）的支持。中间有大小不等密度电子颗粒的小泡（DV）。底部中间有圆形结构，可能是神经终端。×40 000

S4, the pitted sensory papilla (SP) and its opening, desmosomes (↓) and the collar on each side near the opening. Many vesicles of various dense granules (DV) and a nerve ending can be seen in the cavity.

12. S5，凹窝感觉乳突（SP）纵切。基本结构如上图。但桥粒（↓）更为清晰。腔内可见椭圆形结构，纤丝状实心（CI），可能是多纤毛凹窝型内纤毛的横切。体被上有棘（S），其外周为糖膜（G）。×28 000

S5, pitted sensory papilla in longitudinal section. Many spines (S) in the the tegument. Both sides of desmosomes (↓) are clearly seen. Several oval bodies with compact microfibril in structure are proposed to be multicilia (CI) in cross section. The tegument is enveloped in glycocalyx (G).

第三节 日本血吸虫尾蚴发育的超微结构——腺体

周述龙　蒋明森　李　瑛　杨孟祥　陈喜珪　陈保平

我们已对不同发育期尾蚴的体被及其要素作了报告。这里报告的是用同一批材料对各期细胞分化，着重在腺体，包括头腺和钻腺发育观察的结果。

材料和方法

材料和方法与本研究第一部分相同。标本均按我们尾蚴分期的标准，在双目解剖镜下摘取并分别固定，出于需要，有的成熟期尾蚴（S5）用了逸出的尾蚴。整个观察过程，均在低倍电镜下定位，高倍电镜下观察。为了便于描述，除胚球期外，将尾蚴体部分头器、腺管区及腺体区。

结　果

胚球期（germinal ball, S2）椭圆形，体表为原（始）体被细胞所覆盖。大小为 $29.6\mu m \times 20.6\mu m$，可见 2 种细胞。

1. 胚细胞　数量少，椭圆形，大小为 $3\mu m \times 2.3\mu m$。核大，核仁亦大，胞质少。与胞蚴期所见胚细胞结构相似。

2. 体细胞　数量多,形状为圆形、椭圆形、多角形或不定形。大小从 $1.1\mu m \times 1.1\mu m \sim 4.9\mu m \times 5.16\mu m$。内部结构可有 3 种:①合成旺盛细胞。细胞形大,大小为 $4.9\mu m \times 5.16\mu m$。核大,核仁亦大,核质为常染色质,仅见少数小的异染色质。胞质间有丰富核糖体和大量弯曲的、短的或球状粗面内质网,可能是蛋白质合成旺盛的细胞。②分泌细胞。形大,大小为 $6.0\mu m \times 30\mu m$。核未见,却在胞质中有很多类似分泌小体。它们多数为透亮的圆球,周边具有完全或不完全致密电子颗粒所包绕。透明圆球大小为 $0.25\mu m \times 0.25\mu m \sim 0.52\mu m \times 0.5\mu m$ 不等。少数小球具有实心而周围为透亮区的结构。此外,尚见到不定形实心,其周围有同心圆指纹样结构,可能为另一型分泌小体。③一般体细胞。数量最多,形状不一,一般比上述两种细胞小,为 $4.66\mu m \times 2.84\mu m$。核大,多数为不定形,核质有较多异染色质。上述这些细胞与细胞之间的间隔构成网络,有的间隔很大,其间见有长形、圆形或不定形状的胞质性突起,均为细胞向间隔处延伸细胞质的断面(图版Ⅶ-3-1～Ⅶ-3-2)。

雏体期(embryo-tail budding stage, S3)。此期细胞类型与数量均较胚球期有所减少。由于切面水平不同,我们还没有见到如上述分泌细胞的结构。值得注意的是同期另一切面,在靠近头器区两侧有腺管束的结构。它的直径为 $1.81\mu m \times 1.77\mu m$。管束内有 3 个较大胞质性的断面,另一侧有 2 个较小类似的结构。前者为后钻腺管,后者为前钻腺管。其中除一个后钻腺管外,其余 4 个断面均见有实心棒形或混杂有一端空心的小体,其数目从 1～2 个至 7～8 个不等。这些小体与上述胚球期分泌细胞的小体很相似(图版Ⅶ3-2-3)。另外,我们在子胞蚴内发育同期尾蚴见到一个钻腺的细胞体,体甚长。核大,为 $5\mu m \times 3.2\mu m$。核仁明显。大小为 $2\mu m \times 1.4\mu m$。胞质除有粗面内质网外,还出现上述分泌体,其中部分已分化 2～3 个透明球,多的可达 5 个,这个特点显然是前钻腺分泌小体。该细胞为前钻腺细胞(图版Ⅶ-3-4)。

成熟前期(premature stage, S4)。根据腺管区横切标本,见有一对钻腺管束,它的直径为 $4.0\mu m$。管束有 3 个大的横断面为后钻腺管,有圆形、棒形分泌小体,致密基质具有单一圆形透明区。管束有 2 个小的横断面为前钻腺管,内有圆形或半月形实心结构,有的出现 2～3 个透明球。每个腺管向管腔发出很多小突起(图版Ⅶ-3-5)。接近成熟另一腺管区的横断面,钻腺管束为椭圆形,直径为 $4.5\mu m$。3 个后钻腺管的断面内有约 10 个左右有透明区的分泌小体。2 个前钻腺分泌小体具有透明球分泌小体并隐约可见。束腔中胞质性小突起数目增多。整个管束为肌纤维层所包绕,周围未见到微管结构(图版Ⅶ-3-6)。

成熟前期钻腺细胞分泌小体分化相当活跃,腺体区前钻腺细胞分泌小体多为较规律的长方形,而后钻腺细胞分泌小体的外形多为不定形。它们的大小为 $0.3\mu m \times 0.11\mu m \sim 0.73\mu m \times 0.46\mu m$。两种腺体内均出现不同形状和不同数量的电子结集物。根据基质的粗与细、均匀与否及单一透亮区的有无,可将分泌小体分为两型:A 型基质为粗颗粒,无透明区;B 型基质均匀,一般有一个透明区,透明区内有的可见到一些小颗粒(图版Ⅶ-3-7)。以 A 型为主的分泌小体,其基质逐渐均匀化,但电子结集物仍然可见,而以 B 型为主的分泌小体,其透明区周围出现云雾状或大大小小的透明球(图版Ⅶ-3-8)。显然,以 A 型为主的是成熟后钻腺分泌小体,而以 B 型为主的是向成熟期前钻腺分泌小体分化过渡。

成熟前期的头腺已基本形成。在头器纵切面上,见到头腺为单细胞多管道的腺体。胞质富含有分泌小体,它们为圆形、椭圆形或不定形。大小为 $0.21\mu m \times 0.24\mu m \sim 0.34\mu m \times 0.38\mu m$。腺体外侧有十余个细胞构成的细胞群。头器下方另有一间质层,其内外为肌纤维层所包绕(图版Ⅶ-2-9)。

成熟期(fully mature stage, S5)。日本血吸虫成熟期尾蚴的透射电镜观察已有不少报告(Inastomi et al., 1970;周述龙等, 1988;何毅勋、谢觅, 1994),这里着重介绍腺体与腺管所见的分泌小体。上述前钻腺分泌小体为单一透明区,在这里已消失,逐渐由十余个大小相似十分显眼的透明球所取代,分泌小体间界限十分明显。此即为许多学者所公认的典型前钻腺小体。然而,我们还观察到上述后钻腺的基质匀化后分泌小体分化仍持续进行。多数分泌小体出现电子结集物更加明显,数目有所增加,有的分泌小体的中心出现电子密集的单一圆球;少数分泌小体的中心被电子结集物所占据(图版Ⅶ-3-10)。强调一点,在同一标本的另一视野与上述后钻腺的情况刚好相反,分泌小体中心出现单一大而圆的透明区,基质均匀而浅,周围分布有电子结集物;少数分泌小体透明区中有细颗粒,而基质为透明(图版Ⅶ-3-11)。可见后钻腺分泌小体由于基质深浅,电子结集物的出没及中心透明区的变化,使整个后钻腺在形态学上变化无常。

为了阐明前后钻腺管及头腺分泌小体在头器的状况及钻腺体分泌小体形态学上的联系,特选择同期头器纵切标本,见到前钻腺管紧靠后钻腺管。管内分泌小体为深黑色,体积较小,形状多样。基质内显眼透明球消失。后钻腺管径较粗,而分泌小体体积亦大,有的具有大透明区的特点。显然,它在形态结构上与后钻腺体内的分泌小体有共同之处。头腺的分泌小体多为椭圆形或棒形,分布仅限于体被内(图版Ⅶ-3-12)。同样,经水逸出成熟尾蚴头器横切面见到前后钻腺内的形态与上述情况亦相似,参见图版Ⅶ-3-13。

讨 论

血吸虫尾蚴是侵入宿主皮肤的阶段,早为许多学者所关注,前文曾列举有关扫描或透射电镜观察成熟尾蚴的资料。关于透射电镜观察发育期的尾蚴,仅有 Dorsey(1975)在曼氏血吸虫对钻腺作过较详细的观察。我们虽曾用光镜及扫描电镜对日本血吸虫发育期尾蚴作过观察(毕晓云等, 1991),而在透射电镜方面尚处于空白。我们根据改进的 Cheng 与 Bier(1972)法对尾蚴发育分期,采用螺肝分离尾蚴,将其分为5期,将桑葚期与圆的或长的胚球期合为胚球期,其他与原作者同。标本均按常规双固定处理,因此电镜图像与有关资料有可比性。

我们的资料表明,胚球期(S2)主要出现体细胞的分裂与分化,出现具有功能意义的分泌小体的细胞。S2 所见类似分泌小体(图版Ⅶ-3-1~Ⅶ-3-2)是根据 S3 钻腺管束(图版Ⅶ-2-3)内分泌小体在形态上联系加以确定,但它的属性(钻腺或头腺)尚难肯定。足见胚球期已具有产生分泌小体能力的细胞,该细胞可能是原始的腺体细胞,较 Dorsey(1975)在曼氏血吸虫尾蚴的雏体期(embryotail budding stage)所见提前。

S4 是钻腺分泌小体分化十分活跃的时候。根据分泌小体单一透亮区的有无,基质均匀与粗细,电子结集物数量的变化将分泌小体分为 A、B 两型。以 B 型分泌小体为主,其透明区周围出现云雾状或大大小小的透明球,过渡成前钻腺分泌小体;以 A 型分泌小体为主,其基质逐渐均匀化,电子结集物成球形,数目增多过渡成后钻腺分泌小体(图版

Ⅶ-3-7、Ⅶ-3-9)。这个过程与 Dorsey 在曼氏血吸虫尾蚴的演变很相似(参阅 Dorsey, 1975,Fig. 7、10)。

S5 前后钻腺体内分泌小体典型结构周述龙等(1988)及何毅勋、谢觅(1994)已作较详细的描述。不论是日本血吸虫或曼氏血吸虫(Dorsey and Stirewalt,1971)显然具有透明球小体从前钻腺体排至头器前钻腺管远端处均为同质性黑色小体所取代,已为大家所共识。然而,在后钻腺所见除了上述同质性和电子结集物的分泌小体外,尚有很多具有单一圆的透明区及周边电子结集物的分泌小体(图版Ⅶ-3-11)。当这些小体排至头器远端后钻腺管内时,其形态仍具有后钻腺体内小体的特征(图版Ⅶ-3-12～Ⅶ-3-13)。因此我们有理由认为,从后钻腺,甚至是逸出的尾蚴,其变化在持续进行,并非停留在深的同质性的分泌小体的状态。

尾蚴钻腺分泌物是尾蚴侵入皮肤的化学物质并在尾蚴体尾钻穿机械协同的作用下完成。前钻腺在化学成分、免疫学机理上的研究较多,其蛋白酶能降解宿主的角质层及真皮基质的组织。后钻腺目前所知为糖蛋白,性粘稠,起粘着皮肤,促进前钻腺所分泌的酶定向对宿主组织起作用(何毅勋,1990)。本文所见后钻腺分泌小体在形态变化过程中如此复杂,它的功能意义,可能还不限于上述内容,似应进一步对其理化性质进行深入研究。

参 考 文 献

毕晓云,周述龙,李瑛. 螺体内日本血吸虫尾蚴发育期的形态及其扫描电镜观察. 动物学报,1991 37 (3):244～253

何毅勋. 尾蚴生物学. 引自毛守白主编. 血吸虫生物学与血吸虫病的防治. 人民卫生出版社,北京:103～133. 1990

何毅勋,谢觅. 日本血吸虫尾蚴头腺及钻腺的超微结构. 动物学报,1994 40 (2):113～118

周述龙,王薇,孔楚豪. 日本血吸虫尾蚴头器、腺体及体被超微结构的观察. 动物学报,1988 23 (1):22～26

周述龙,李瑛,杨孟祥. 日本血吸虫尾蚴发育的超微结构观察:Ⅰ. 体被局部剖析. 动物学报,1994 40 (1):1～6

胡敏,周述龙,李瑛. 日本血吸虫胞蚴进一步电镜的观察. 中国寄生虫学与寄生虫病杂志,1992 10 (4):301～304

Cheng T C and J W Bier. Studies on molluscan schistosomiasis: An analysis of the development of cercaria of *Schistosoma mansoni*. Parasitol. 1972 64:129-141

Dorsey C H and M A Stirewalt. *Schistosoma mansoni*: Fine structure of cercarial acetabular glands. Exp. Parasital. 1971 30:199-214

Dorsey C H. *Schistosoma mansoni*: Development of acetabular glands of cercaria at ultrastructural level. Exp. Parasital. 1975 37:37-59

Inatoni S D Sakumota, Y Tangus et al. Ultrastructure of *Schistosoma japonicum*. In Sasa M. (ed). Recent advances of research on filariasis and schistosomiasis in japan. 257-289. University of Tokyo, Tokyo Press. 1970

图版说明 Plate Explanation

图版 VII-3-1～VII-3-9

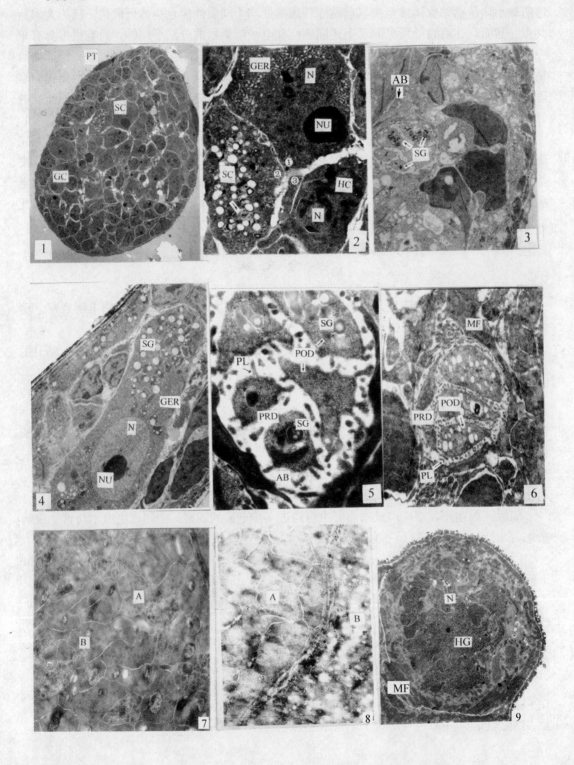

1. 胚球期（S2）纵切面，示体表为原始体被（PT）覆盖，有胚细胞（GC）与体细胞（SC）之分。×1 400

Longitudinal section of germinal ball stage (S2) showing the primitive tegument (PT) covered superficially. Germinal cell (GC) and somative cell (SC) in multiplication and differentiation.

2. S2，示上图体细胞放大。①合成旺盛细胞，核(N)大，核仁(NU)明显，胞质中有大量的粗面内质网(GER)；②分泌细胞，有很多分泌小体(SG)，还有实心指纹样结构，可能是另一型分泌小体(↑)；③一般体细胞。不定形，核(N)质内有异染质(HC)。×5 600

S2, magnification of Plate Ⅶ-3-1. Showing ① synthetic cell with many gross endoplasmic reticulum (GER); ② secretory cell with early secretory globules (SG); ③ other somatic cell. Nucleus (N), nucleolus (NU) and heterocbromatin (HC).

3. S3，靠近头器横切面，示钻腺管束（AB）内有3个大的和2个小的腺管切面。其中实心棒形或空心哑铃形为早期钻腺分泌小体（SG）。×5 600

S3, x-section nearby the head organ showing the acetabular gland bundle (AB). 3 large and 2 small ducts belonging to post and preacetabular gland ducts respectively. Most of them contain secretory globules (SG) in rod or dumbbell shape.

4. S3，胚胎中部纵切面，示前钻腺细胞体，有大的核（N）与核仁（NU），胞质内除粗面内质网（GER）外，分泌小体（SG）开始出现较多透明球。×4 200

S3, longitudinal section of midportion of embryo. Showing the fundus of the preacecabular gland with large nucleus (N) and nucleolus (NU). The cytoplasm has gross endoplasmic reticulum (GER) and secretory globules (SG). Some of them appear several spherical lucid area.

5. S4，腺管区横切面，示一钻腺管束（AB）放大，后钻腺管（POD）有哑铃状分泌小体（SG）及前钻腺管（PRD）透明球状分泌小体（SG）。管上有小突起（PL）。×17 500

S4, x-section of the duct region showing the magnification of an acetabular gland bundle (AB) with monolucid area of dumbbell like secretory globules (SG) in postacetablular gland duct (POD), and the others in dense rod or with translucent globules in preacetabular gland duct (PRD). There are many cytoplasmic processlets (PL) extend from the ducts.

6. S4，靠近头器腺管区，横切，示接近成熟期钻腺管束。后钻腺管（POD）有单一透明区分泌小体及前钻腺管（PRD）透明球分泌小体（SG）。腺管小突起（PL）数目增多。钻管束为肌纤维（MF）包裹。×8 400

S4, x-section of the duct bundle region nearby the head organ, showing 3 large and 2 small post and preacetabular gland duct (POD/PRD) respectively. The ducts contain the secretory globules in proper character as above-mentioned. The bundle is encompassed with muscle fiber layer as a sheath. Cytoplasmic processlets (PL) increase in number.

7. S4，钻腺体横切面，示（A）型为主分泌小体基质为粗颗粒，其中分布椭圆形或不同形状的电子结集物。（B）型为主分泌小体基质均匀，其中单一椭圆透明区的周围和中间有不同形状电子颗粒。×17 500

X-section of acetabular gland fundus shows the acetabular gland consists of type (A) in coarse ground substance with amorphous eletron dense components, and type (B) in fine dense matrix with monolucid area where deposite the electron dense graunules.

8. S4，靠近腺管区的钻腺体横切，示前后钻腺分泌小体分化明显。以（A）型为主的后钻腺，其基质已渐均匀，但电子结集物仍然可辨。以（B）型为主前钻腺，其电子结集物逐渐消失，圆形透明球周围出现云雾状及许多透明球。×21 000

S4. fundus in x-section near the duct of the acetabular gland shows the differentiation of secretory globules in evidence. The predominance of type (A) is formation of postacetabular gland. The eletron dense components can be distinguished from homogeneity matrix. The predominance of type (B) for formation of the preacetabular gland secretory globules in which the electron dense components were eliminated, has foam-like tiny spherical lucid area.

9. S4，头器纵切面。示头腺（HG）分化已完成。腺体的核（N）可见，有丰富的头腺分泌小体。×2 450

S4. Longtudinal section of head organ showing the head gland (HG) with its nucleus (N), plenty of secretory globules and muscle fiber (MF).

10. 成熟期（S5）钻腺横切面。示前钻腺（PRG）分泌小体透明球益加明显，透明球数目增多，大小趋于一致，基质中电子结集物消失。后钻腺（POG）分泌小体电子结集物加深，数目增多，大小多趋一致。但中心区有的结集物成单一深色圆球（1）；有的为分散颗粒（2）；有的为细颗粒（3）。×5 000

S5. x-section of acetabular gland shows the number of tranlucent secretory globules of preacetabular increase and same sige tendency. The eletron dense components were eliminated. The same as preacetabular gland, the eletron dense components of postacetabulary gland become more in number, darker and same size tendency. Neverthless, there are some varieties in center: (1) concentrated to form a solid one; (2) scatterde and (3) fine granules.

11. S5，同一标本后钻腺体的横切面，示分泌小体出现单一大而圆的透明区，周围基质淡化，电子结集物益加明显；有的透明区内有细颗粒，基质透明。×17 000

Another picture of the same section shows the secretory globules of postacetabular gland with the round or oval monotranslucent area which is encompassed by less dense spherical electron components in homogeneous matrix. Some with fine granules occurred in the translucent area.

12. S5，头器纵切面，示后钻腺管（POD）内分泌小体与上图所见后钻腺小体结构相似。前钻腺管（PRD）内所见分泌小体为深黑匀质结构，较小，圆形或不定形。顶端为头腺（HG）。×10 000

S5, longitudinal section of head organ shows the secretory globules of postacetabular gland duct (POD) where they retain the morphological similarity as those in fundus. The secretory globules of the preacetabular glandduct (PRD) become homogeneiously dense matrix. Secretory glubules of the head gland (HG) are seen in head organ and inside the tegumnet.

13. S5，逸出尾蚴头器横切面，示后钻腺管（POD）及前钻腺管（PRD）中的分泌小体与上图相应腺体小体很相似。管束上方为头腺（HG）分泌小体，腺管周围可见微管（MT）。×10 000

S5, head organ of an emerged cercaria in x-section showing the same feature in pre- (PRD) and post acetabular qland duct (POD) as shown in previous fig 12. The duct bundle is ourrounded by microtubule (MF). On the upper part of the bundle where scatteres the secretory globules of head gland (HG).

图版 Ⅶ-3-10～Ⅶ-3-13

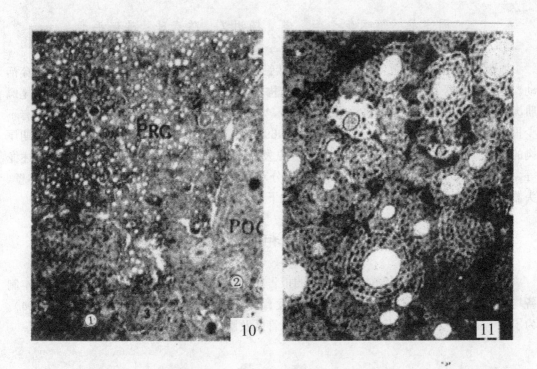

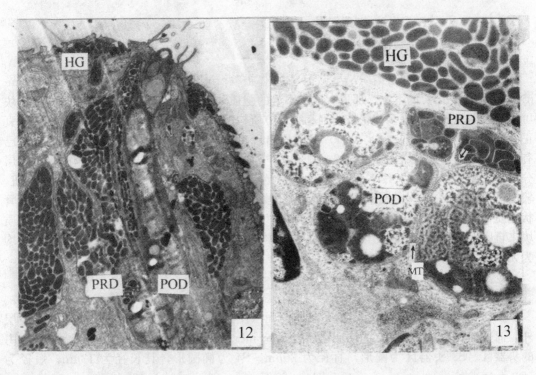

第四节 日本血吸虫尾蚴发育的超微结构——肌肉

周述龙　蒋明森　李　瑛　杨明义　陈喜珪　陈保平

血吸虫尾蚴侵入宿主，依赖其腺体包括钻腺、头腺的酶类及其肌肉系统完成钻穿活动。尾蚴的头器、腹吸盘和尾部等的肌肉结构历来受学者的重视。日本血吸虫成熟期尾蚴肌肉结构光镜水平有不少精湛的报告（Cort，1919；Tang，1938），近代电镜水平也有不少报道（Inatomi et al.，1970；林建银，1989；何毅勋、谢觅，1992）。但关于发育期尾蚴的研究则缺如。我们系统地对日本血吸虫发育期在体被及腺体方面作了观察（周述龙等，1994，1995）。本文为该系列的另一部分对尾蚴肌肉系统主要器官和组织包括体壁、头器、腹吸盘及尾部等内容，特分别描述如下。

材料和方法

材料和方法与上述尾蚴体被及腺体的报告相同。另外，需要补充一些新材料，标本制备均按常规透射电镜制样要求进行。尾蚴发育分期标准按前文叙述（周述龙等，1994）。为了便于描述，将尾蚴体部分为头器区、腺管区及腺体区；尾部分为尾干与尾叉。

结　果

一、体壁（图版Ⅶ-4-1～Ⅶ-4-7）

发育期尾蚴体壁肌层组织最早见于 S2 原体被（primitive tegument）原始基膜（primitive basal lamina）的下方，那里有大小不等的胞质块，有的具有纤丝结构。这些胞质块可能是肌细胞质延伸许多管状结构到基膜下方所构成的断面（图版Ⅶ-4-1）。从 S3～S5 真正基膜和间质层（interstitia layer）已明显出现，其下方肌层的厚度达 $1.3\sim3.2\mu m$，已有明显纤丝结构分布（图版Ⅶ-4-2～Ⅶ-4-4、Ⅶ-4-6）。S3 已有二层肌层的分化，S4 肌层分化更为明显（图版Ⅶ-4-4～Ⅶ-4-5）。外层为外环肌，很薄，为 $0.24\mu m$；内层为内纵肌，较厚，达 $0.36\mu m$。另外在肌层下方见有电子颗粒密度与肌层所见相同的细胞体，它的管状胞质伸向肌层，确定为肌细胞（图版Ⅶ-4-2、Ⅶ-4-5），从而证明 S2 原始基膜下方胞质块来自肌细胞的认识。成熟期（S5）肌层结构分化复杂而完善（图版Ⅶ-4-7～Ⅶ-4-9）均为无纹肌，有的作者已作详细描述。

二、头器区与内间质层（图版Ⅶ-4-4～Ⅶ-4-7）

在 S3、S4，相当于腺管区和头器横切面（图版Ⅶ-4-2、Ⅶ-4-4）除了体壁的间质层外，尚见到另一间质层称之为内间质层（inner inerstitial layer）及由该层围成食管等在内的头器区。S3 头器区为圆形，直径为 $20\mu m$。S4 为椭圆形，其长径为 $13\mu m$，短径为

本文发表在动物学报 1997 43（1）：10～16。

9.5μm。S5 为头器，分化完善，但体积较同期体部的体积更小。

间质层及内间质层之间和内间质层内侧均附有肌原纤维（myofihril）。S5（图版Ⅶ-4-6）头器横切面，在内间质层内侧及其肌纤维附近大约有 27 个肌细胞及其核将尾蚴的食管、钻腺管、头腺等围成头器，如果是纵切面即为倒锥形。S5（图版Ⅶ-4-7）体部前背侧头器横切面的两间质层间有四层肌原纤维，依序为外环肌（CMi）、内纵肌（LMi）、第二层环肌（CMii）和第二层纵肌（LMii）。另外，在内间质层的内侧又附有 1 层纵肌（LMii）。这样一来，这个部位肌原纤维共有 5 层。两层环肌甚薄（0.2～0.4μm），而三层纵肌较厚，分别为 1.2、0.5、1.5μm。在肌原纤维附近常有成片的线粒体和糖原的堆积。上述这种独特肌型对保持头器灵活性十分有利。不同于成囊的后尾蚴（metacercaria），血吸虫尾蚴以其短暂的生命还要通过不同的介质（螺类组织-水体-终宿主组织）到达终末宿主，不仅要有头器特殊装置（感觉乳突、体棘、钻腺与头腺），还有赖于发达的不同走向和多层次的肌肉组织迅速地传导各方面来的冲动（impules），灵活地伸缩钻穿和对腺管内分泌颗粒的排除或抑制做出反应。头器腹侧内间质层与体壁的间质层相连接，因此，这一部分只有体壁两层肌层（图版Ⅶ-4-2）。尾蚴体部肌纤维，不论是环肌或纵肌，均由各自走向相同的肌丝（myofilaments）构成，它们虽然有粗肌丝与细肌丝之分，但由于致密体（dense body）无规律的分布，所以无 A 带与 I 带之分。均为无纹肌。可是，在另一画面见到内间质层与肌膜（sarcolema）处的致密体则相当密集而有序（图版Ⅶ-4-8），此一迹象可能与体部无纹肌兼有有纹肌功能有关（Lumsden and Foor，1968）。

三、腹吸盘（图版Ⅶ-4-9）

上面已经提到早期尾蚴原始肌细胞分化见于 S3（图版Ⅶ-4-2～Ⅶ-4-3）。有趣的是 S3 的中部有 3 个，两侧共 6 个，上述电子颗粒密度大的同类性质的细胞，其胞质富含大量的糖原颗粒。这些细胞从数量与位置看可能是我们在光镜观察到的形成腹吸盘的肌细胞（毕晓云等，1991）。S5 腹吸盘（图版Ⅶ-4-9）在体部腹侧体壁隆起，而实际上是体壁延伸的结构，从而亦分为内壁与外壁，内壁有体棘。两壁基膜与间质层下方均有薄的外环肌，紧接着有发达的内纵肌，其厚达 0.3～0.5μm，可能是由内壁的纵肌和外壁的纵肌连接在一起，从而形成强大放射状分支的肌纤维束，有的厚度达 1.0μm。在肌纤维束之间混杂有肌细胞核，肌束边缘有较多的线粒体。当尾蚴口器未发育成口吸盘之前，腹吸盘是尾蚴甚至是早期童虫主要的运动器官。

四、尾部（图版Ⅶ-4-10～Ⅶ-4-14）

S3、S4 因缺乏材料未能进行观察，S5 已有较多资料发表（Inatomi et al.，1970；林建银，1989；何毅勋、谢觅，1992），但从我们 S5 的材料中尚可得到一些新知识。我们的资料结合扫描电镜观察（周述龙等，1984），根据尾干常态，在横切面条件下为拱形，即背侧略狭而腹侧略宽，排泄管位置在中央偏背侧的特点而定向定位（图版Ⅶ-4-10），尾干中段在基膜下有很薄的外环肌（0.05μm）和十分发达的内纵肌（0.5～1.5μm）。内纵肌分为六组，即背腹左右两则各二组，每组肌纤维群 3～4 个，中间肌纤维为 U 形，而两边则为 L 形或反 L 形。由于切面的不同，可有 v 形或 h 形不等。尾干两侧的中间各有一组，每组由 2 个肌纤维连成一字形。重要的一点是该肌纤维的两端特有体壁外环肌予以分隔，自成一个单元，有别于背腹左右的肌纤维群。在尾干上段焰细胞水平所见亦为六组内纵肌纤维群，但由 4～5 个肌纤维构成。看来尾干内纵肌纤维群的数目上、中、下段甚至尾叉有减少的趋势。从尾干的纵切面（图版Ⅶ-4-11）见到一侧中间内纵肌纤维与背侧肌纤维走向相互垂直，而与另一组（腹侧）内纵肌纤维作约45°的倾斜。

尾部肌原纤维的结构：外环肌为无纹肌，而内纵肌则为有纹肌。肌丝由粗肌丝与细肌丝构成。每个肌节两端或肌膜（sarcolema）与肌纤维有间歇性排列的致密体，呈现出有规律的A带与I带相间有纹肌等特点（图版Ⅶ-4-12）。囊状肌质网（sacrcoplasmic reticulum）沿着两相邻的纵肌膜对称排列（图版Ⅶ-4-13）。

尾叉结构从纵切面（图版Ⅶ-4-14）所见与尾干基本相似，但有以下几个特点：①外环肌直到尾叉末端保持完整；②肌膜与肌细胞胞质充当内骨骼起到支撑尾叉的作用；③尾叉的近端有圆形的腔隙，类似关节的内腔，其表面有与表膜相同的糖膜的结构。

讨 论

一、尾蚴发育早期肌细胞的特点

尾蚴发育早期特别是胚球期（S2）除少数胚细胞外，多数为体细胞。在这一个时期，目前所知体细胞至少有四种：①一般体细胞即体被下细胞（cyton），不定形，核质有较多异染质；②合成旺盛细胞，核大，有明显核仁，胞质有大量粗面内质网；③分泌细胞，胞质内有特殊结构的分泌颗粒（周述龙等，1995）；④肌细胞不同于上述三种细胞，肌细胞为不定形，核与胞质电子颗粒密度大，核与细胞器较难辨认，常延伸有长的管状胞质到相应的肌层处。有的胞质内具有明显肌纤维或糖原颗粒的堆积。这些细胞包括体壁、头器的倒锥体及腹吸盘原始肌细胞。

二、日本血吸虫尾蚴成熟期肌型的特点

在结构上尾蚴体部不论外环肌或内纵肌均为无纹肌，而尾部外环肌为无纹肌，内纵肌为有纹肌，这个特点与曼氏血吸虫（Nuttman，1974）和美洲异毕吸虫（*Heterobilharzia americanus*）的尾蚴相同（Lumsden and Foor，1968）。尾干内纵肌分组，根据Inatomi等（1970）、何毅勋和谢觅（1992）分为背、腹和两侧四组。我们的资料在合理定向定位指导下分为六组，即背腹左右各两组而两侧中间各一组，后者强调了有外环肌分隔，自成一单元的见解（图版Ⅶ-4-10），与Nuttman（1974）在曼氏血吸虫尾蚴该肌纤维分组数目相同，不同的地方在于两侧中间（本文）与背侧中间（曼氏）肌组位置上的不同，这可能不是种间差异而是定位方法不同造成的。

日本血吸虫尾蚴尾干内纵肌组间走向出现相互垂直或45°倾斜，不同曼氏血吸虫尾蚴，后者仅10°～12°倾斜（Nuttman，1974），这可能与尾蚴游动时尾干扭曲程度有关。

三、血吸虫尾蚴游动特点

日本血吸虫尾蚴在实验条件下游动是以尾干前端和尾叉近端做支点，靠尾干反复作弧形摆动倒向前进（Tang，1938）。有的学者用高速摄影技术对曼氏血吸虫尾蚴以500～800张图像/秒摄像，分析认为尾蚴游动取决于尾叉张开与闭合的状态。当尾叉张开时，体部末端与尾干前端有一个扭曲点而尾叉近端与尾干之间出现另一个扭曲点。尾蚴则倒向前进；当尾叉闭合时，却无两个扭曲点，尾蚴则顺体部方向前进。尾蚴游动最大速度为1.44mm/s，大约折合尾蚴体长的3倍（Graefe et al.，1967）。从力学上分析尾干与尾叉的关系犹如木筏上所用浆的浆把（柄）与浆板，后者在水中产生反作用力推动虫体位移。从解剖生理上分析，尾部的外环肌对尾蚴在水体中的体态起平衡与调节作用（Greafe et al.，1967）．尾干为有纹肌，大量线粒体和糖原所提供的能量对尾叉张开和闭合对尾蚴游动起着决定性作用。这些资料及本文对日本血吸虫尾蚴肌肉系统，从透射电镜水平对其超微结构如体部头器、腹吸盘的肌型，特别是尾干内纵肌组、尾叉近端关节性结构及肌细胞胞质性内骨骼的特点，对尾蚴游动及钻穿宿主皮肤的机理进一步理解提供了形态学基础。

参 考 文 献

毕晓云，周述龙，李瑛，钉螺体内日本血吸虫尾蚴发育期形态及其扫描电镜观察．动物学报，1991 27：244～253

何毅勋，谢觅．日本血吸虫尾蚴体壁及消化道超微结构的观察．武夷科学，1992 9：160～163

周述龙，林建银，张品芝．日本血吸虫尾蚴扫描电镜初步观察．寄生虫学与寄生虫病杂志 1984 2：58

周述龙，李瑛，杨孟祥．日本血吸虫尾蚴发育的超微结构观察．Ⅰ．体被局部剖析，动物学报 1994 40：1～6

周述龙，蒋明森，李瑛，杨孟祥等．日本血吸虫尾蚴发育的超微结构观察：Ⅱ：腺体．动物学报，1995 41（1）：28～34

林建银．日本血吸虫尾蚴肌内组织的超微结构及其生理功能．福建医学院学报，1989 23：710．

Cort W W. The cercaria of the Japanese blood fluke. *Schistosoma japonicum* Katsurada. Univ. Cal. Publ. 1919 18：485-507.

Graefe G W，Hohorst and H Drager. Forked tail of the ceracria of *Schistosoma mansoni*—a rowing device. Nature 1967 215：207-208

Inatomi S，D Sokumoto，Y Tomgu et al. Ultrasuructure of *Schistosoma japonicum*. In：Sasa，M．（ed）. Recent advances in research on filariasis and schistosomiasis in Japan. Tokyo. University of Tokyo Press. 1970：257-269

Lumsden R D and W E Foor. Electron microsoopy of schistosoma cercarial muscle. J. Parasitol. 1968 54：780-794

Nuttman C J. The fine structure and organization of the musculature of the cercaria of *Schistosoma mansoni*. Parasitology, 1974 68：147-154

Tang C C（唐仲璋）. Some remarks on the morphology of the miracidium and cercaria of *Schistosoma japonicum*. Chin. Med J. 1938 supp. 2：423-432

图版说明　　Plate Explanation

图版 Ⅶ-4-1～Ⅶ-4-8

1. S2，横切面，示原始体被（PT）、原始基膜（PBL）和管状胞质性延伸物（CP）．×16 800

S2, a part of primitive tegument (PT), primitive basal lamina (PBL) and tubule-like cytoplasmic processes (CP) in cross section (x-section)

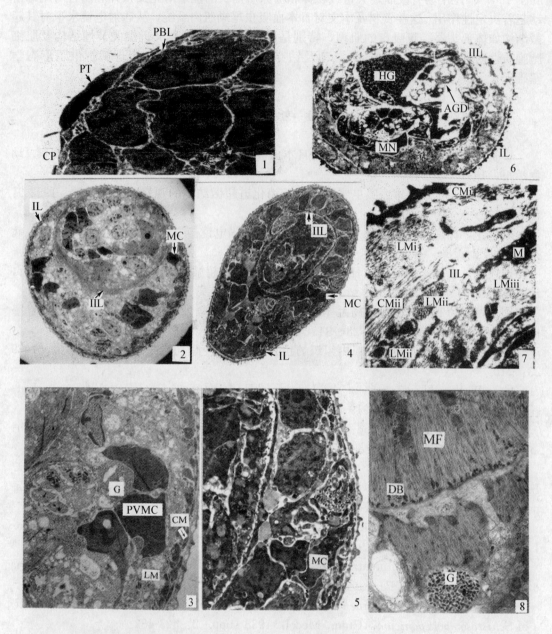

2. S3，横切面，示基膜（↑）与间质层（ⅠL）和内间质层（ⅡL）依附的肌纤维及体壁与腹吸盘特有高密度电子颗粒的肌细胞（MC）。×2 000

S3, the basal lamina (↑) interstitial layer (ⅠL) and inner interstitial layer (ⅡL). Both of them are attached by muscle fibers. The muscle cells (MC) have the same density of electron granules as muscle fiber of the body wall.

3. 为图版Ⅶ-4-2 的放大，示外环肌（CM）与内纵肌（LM）已分化。6 个原始腹吸盘肌细胞（PVMC）的胞质中有大量糖原（G）出现。×8 000

S3, the enlargement of Ⅶ-4-2, showing 2 layers of muscle. i. e. the outer circular (CM) and inner longitudinal muscle (LM). 6 primitive ventral sucker muscle cells (PVMC) with abundant glycogen (G) occur simultaneously.

4. S4,腺管区的横切面,示间质层(IL)与内间质层(IIL)与肌细胞(MC)的关系。×2 000

S4, x-section through the gland duct region, showing the relationship of muscle cell (MC) between the IL and IIL.

5. S4,Ⅶ-4-4 的放大,示体壁的肌细胞(MC)。×6 000

S4, the enlargement of fig. Ⅶ-4-4, showing the MC of body wall.

6. S5,头器横切面,示腹侧内间质层(IIL)与间质层(IL)的连接,约有 27 个肌细胞和核(MN)将头腺(HG)、钻腺管(AGD)等包围。×2 100

S5, x-section of the head organ, showing the connection part of IL and IIL in ventral side. About 27 muscle cells and nuclei (MN) surrounding the head gland (HG) and acetabular gland duct (AGD).

7. S5,体部前端横切面的一部分,示 5 层肌纤维,依序为 CMi、LMi、CMii、LMii 和 LMiii。×8 000

S5, a high magnification of the anterior part of the body in x-section, showing 5 layers of muscle i.e. CMi, LMi, CMii, LMii and LMiii, respectively.

8. S5,头器横切面的一部分,示致密体(DB)、肌纤维(MF)与糖原颗粒(G)的分布。×10 000

S5, x-section of a part of head organ, showing the dense bodies (DB), myofibrils (MF) and glycogen granules (G).

9. S5 腹吸盘横切,示腹吸盘的构成是由内外体壁的外环肌(CM)与内纵肌(LM)组成,而两层内纵肌互相连接,构成强大放射的肌型。×6 000

S5, x-section of ventral sucker, showing the musculature of ventral sucker is constructed by the extension of body wall with outer and inner CM and the union of 2 layers of LM myofibrils radially.

10. S5,尾干的横切面,示薄的外环肌(CM)和厚的内纵肌(LM)。内纵肌有 3 组肌纤维即背右侧(DR)、腹右侧(VR)与右侧中间(MR)构成,后者由于 CM 向内延伸,将 MR 自成一个单元。由于结构对称,整个尾干内纵肌共有 6 个肌组,EC 为排泄管。×14 000

S5, x-section of a half tail stem showing a thin layer of CM in outerside and thick layer LM in inner sider. LM is composed of 3 blocks of myofibril, i.e. the dorso-right (DR), ventro-right (VR) and mid-right (MR) myofibril. The small process extends from CM and forms MR as a natural block unit. There are 6 blocks of myofibril arranged symmetrically in the stem. EC, the excretory canal of tail stem.

11. S5,尾干纵切,示内纵肌组的走向包括背右侧(DR)与右侧中间(MR)相互垂直,而腹右侧(VR)与右侧中间(MR)作约 45°倾斜。×15 000

S5, longitudinal section (1-section) of tail stem, showing the orientation of DR and MR in vertical and VR and MR in about 45° inclination.

12. S5,尾干纵切面,高倍镜放大,示内纵肌肌原纤维由粗肌丝(TK)与细肌丝(TN)构成,后者与致密体(DB)连接。由于致密体间歇性分布,出现 A 与 I 带为有纹肌的特点。糖原颗粒(G)。×50 000

S5, a high magnification of a section of longitudinal muscle of tail stem, illustrating the myofibril is constructed with thick (TK) and thin (TN) myofilaments. TN attach to the dense bodies (DB). Owing to the periodic arrangement of dense bodies, characteristic striated muscle appears.

13. S5,尾干横切面,示内纵肌囊状肌质网(SR)分布在内膜的两侧,大量多嵴的线粒体(M)和糖原颗粒(G)在附近堆积。×35 000

S5, x-section of the tail stem, showing the inner longitudinal muscle fiber with sarcoplasmic reticulum (SR) on both sides of sarcolema. Large and many cristed mitochondria (M) and glycogen granules (G) accumulated nearby.

14. S5,尾叉的纵切,示外环肌(CM)、内纵肌(LM)与肌细胞质(CT)构成内骨骼。弧形关节(J)的表面可能有与体被相同的糖膜(G)。×7 000

S5, a section of a furca, showing the CM and LM with cytoplasmic material (CT) constructing the endoskeleton. The surface of an arc-like joint (J) at the proximal end of the furca is covered possibly with glycocalyx (G).

(图版 Ⅶ-4-9～Ⅶ-4-14)

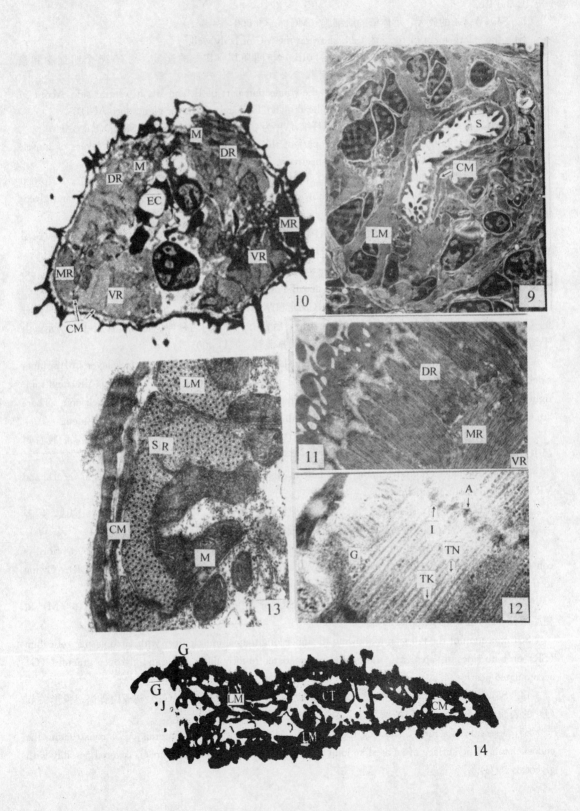

第八章 日本血吸虫尾蚴神经系统超微结构的研究——神经节

周述龙　蒋明森　李　瑛　杨明义　董惠芬

日本血吸虫成熟期尾蚴的超微结构，尽管从扫描至透射电镜已有不少的报告，但除少数有关尾蚴感觉乳突的超微结构外（何毅勋等，1985；周述龙等，1988；1994），它的神经组织的超微结构尚无人报告。血吸虫尾蚴在其短暂生命中除了要存活在外界自然环境中，还要寻找适当宿主侵入。从尾蚴整体来说，其自身感觉和传导，从传导到效应无不受到神经系统调节和控制，其重要性不言而喻。从形态学角度上看，神经系统复杂而多样，它的分布遍及全身各个系统，观察难度较大。过去，在光镜水平借助神经系统组织化学，揭示其神经节和神经干的分布（夏明仪，何毅勋，1982），这里，将日本血吸虫成熟期尾蚴的神经节、神经元及突触等在透射电镜下的观察作一报告。

材料和方法

按常规逸蚴法收集两小时内逸出的尾蚴，根据神经系统组织在透射电镜反差的要求，采用单固定法制样（洪涛，1984；Cousin et al., 1991），用二甲胂酸钠缓冲液配制pH7.4，1%的锇酸冷固定8～12小时，经2次，每次5分钟，4.5%蔗糖洗涤后，以0.1%醋酸铀染色30分钟，酒精梯度脱水，Epon812包埋，KLB超薄切片机切片，再经醋酸铀柠檬酸铅双染，置于Hitachi H 600透射电镜下观察，低倍整体定位，逐级放大观察并摄影。

为了便于描述，按过去我们的习惯，以尾蚴钻腺为主体，将体部分为头器区、腺管区和腺体区，尾部分干和尾叉。

结　果

一、神经系统总体结构

中枢神经节（central ganglion）体部腺管区，整个外形像蝴蝶结。中枢神经节向体前、体后及体侧各延伸有背神经干（dorsal nerve trund）、腹神经干（ventral nerve trunk) 和侧神经干 (lateral nerve trunk), 前后共 6 对, 参见图 8-1 (该图根据本文透射电镜观察, 并参照夏明仪等组织学定位和 Cousin 等电镜观察结果绘制)。

图 8-1　日本血吸虫尾蚴神经系统示意图 (腹面观)

中枢神经节 (CG) 向体前、后、侧各伸 1 对背神经干 (DT), 腹神经干 (VT) 及侧神经干 (LT)。由背神经干向尾部延伸有尾神经干 (TT)。

Fig. 8-1 Diagram of the nervous system of cercaria of *Schistosoma japonicum*. CG, central ganglion; DT, dorsal nerve trunk; VT, ventral nervetrunk; LT, lateral nerve trunk; TT, tail nerve trunk.

电镜材料, 有腺管区钻腺管及食管的外围, 为中枢神经区, 是由大量神经细胞 (nerve cell body) 或神经元 (neuron) 交错在大片神经纤维网 (neuropile) 之中 (图版 Ⅷ-1)。在另一画面见到神经元分布在神经纤维网的外围, 表明神经纤维网实际上是这些神经元胞质所延伸的神经纤维集中的表现 (图版 Ⅷ-2)。中枢神经节向体前、体后、体侧分别在背、腹、侧延伸有背神经干、腹神经干、侧神经干共 6 对, 并与外周神经干 (peripheral nerve trunk) 联网 (图版 Ⅷ-1)。背神经干在体后汇合后延伸入尾干或尾部外周神经干联网 (图版 Ⅷ-3)。中枢神经节延伸的神经干未见鞘的结构 (nonmylinated)。

二、神经元或细胞体

沿着细胞纵轴方向延伸。细胞体的大小为 (2.0~4.0) μm × (1.0~0.8) μm。核质稠密, 核膜可辨。在核质中能见到数团不定形异染质 (heterochromatin), 大多分布在核质中轴处, 很少靠在核膜边缘。胞质少, 包绕在核的周围。靠近核膜附近偶见高尔基复合体。胞质突起是胞质向外延伸的长的神经纤维如轴突 (axon) 和树突 (dendrite), 并有线粒体及大量多型神经分泌小体 (nervous vesicles) (图版 Ⅷ-4)。

三、突触 (synapse) 神经分泌小体

突触是两个或两个以上神经元与效应细胞互相接触的部位, 通过释放神经递质或生物电传导冲动 (impules) 或信息, 因此是神经系统中的重要组成部分。根据突触分泌小体

型分布状态，我们在日本血吸虫尾蚴见到的有4型。其中Ⅰ型为典型突触。在前突触（Presynapse，PRS）中有空心分泌小体（translucent vesicle，TV）（lucent 或 clear vesicles），大小为12.5~30nm，平均为21.5nm。后突触（postsynapes，POS）有实心分泌小体（dense vesicles），大小为25~70nm，平均为41.5nm。前后突触紧靠的膜增厚，两膜间突触间隙（synapsecleft）为12nm。在后突触增厚膜的另一端，常有一个较大的堆积物（dense material），其中包括有空心分泌小体（图版Ⅷ-5）。如将上述加以格式化，则成 PRS - TV/POS - DV+DM。Ⅱ型：前突触结构与前述典型前突触一样，然而在后突触未见实心或其他小体（图版Ⅷ-6）。格式化成 PRS - TV/POS - O。Ⅲ型：前突触结构如前述，但后突触内混杂有空心和实心小体，并以空心小体为主（图版Ⅷ-7）。格式化成为 PRS - TV/POS - TV+DV。Ⅳ型：即神经元与效应细胞（cell receptor，CR）膜紧靠处增厚，膜间亦有间隙。图中效应细胞为尾干纵肌细胞，内含丰富的糖原（glycogen，G）格式化为 PRS - TV/CR - G。（图版Ⅷ-8）

讨 论

采用相同单固定法制备透射电镜标本所得结果具有可比性。选用 Dixon 和 Mercer（1965）、Cousin 和 Dorsey（1991）及该文对肝片吸虫、曼氏血吸虫、日本血吸虫尾蚴的神经节在超微结构进行比较，并总结于表8-1（三者电镜制样方法相同）。

表 8-1 三种吸虫尾蚴神经小体与突触的比较
Table 8-1 The comparison of neuro-secretory vesicles and synapse of cercaria 3 species of trematode.

		肝片吸虫 *Fasciola hepatica*	曼氏血吸虫 *Schistosoma mansoni*	日本血吸虫 *Schistosoma japonicum*
分泌小体 Neurosecretory vesicle	空心小体 TV 出现频率 AF①	+++	+++	+++
	大小（size）	20~80nm	18.41±2.59nm	12.5~30nm (21.5nm)
	实心小体 DV 出现频率 AF	++	++	++
	大小（size）	60~100nm	47.66±2.27nm	25~70nm (41.5nm)
	感觉乳突分泌小体 SPV② 出现频率 AF	+++	+++	+++
	大小（size）	200nm	57.47±16.08nm	60~90nm (79.9nm)**
突触型 Type of synapse		Ⅰ	Ⅰ、Ⅴ	Ⅰ、Ⅱ、Ⅲ、Ⅳ
作者 Author		Dixon & Mercer 1965	Cousin & Dorsey 1991	This thesis 1996

注（note）：+++ 多见（always seen），++ 较多见（often seen）。

* 突触格式化 Ⅰ=POS - TV/POS - DV+DM，Ⅱ=PRS - TV/POS - O，Ⅲ=PRS - TV/POS - TV+DV，Ⅳ=PRS - TV/CR - G，Ⅴ=PRS - TV+DM/POS - DV+DM

** 参见周述龙等，1994。From Zhou et at. 1994

①AF appearance frequency。 ②SPV sensory papilla vesicle。

通过上表，我们有两点认识：

1. 比较三种吸虫的神经分泌小体，除肝片吸虫尾蚴的星状实心颗粒（dense stellate granules）外，有3型基本上相同，它们是：空心型（TV，translucent 或 lucents）最为多见；实心型（DV，dense vesicle）较为常见，感觉乳突型（SPV，sensory papilla neurovesicle），限于感觉乳突内或其附近组织，经用 nm 为单位换算，并比较分泌小体的大小，肝片吸虫各型分泌小体均大于两种血吸虫尾蚴相应的分泌小体，而两种血吸虫分泌小体大小则相似。造成这个差别是由属间的不同，或是虫体个体（指成虫）大小所决定，值得注意。

2. 比较三种吸虫的突触结构。根据电镜下所见的突触，紧靠前后突触之间的膜增厚，后突触增厚膜另一端堆积物的有无，前后突触内分泌小体的有无，与小体类型，经格式化而分型，对神经生理功能的研究有裨益，细胞化学与神经药理学在对扁形动物涡虫有这方面的研究，累积了不少经验（Ferrero et al. 1985）。我们在日本血吸虫尾蚴所见突触有4型，如果在理论上分析，它的类型可能还要多。近年来，由于采用了一些新的技术方法，对突触联系的复杂性有了进一步认识。不过我们今天所触及的仅是化学性突触。由于神经元间接触形式不同，所以在形态学上可以分为二种：① 轴突末梢与另一神经元细胞体（Axosomatic）接触；② 轴突末梢与另一神经元树突（Axoaxonic）接触（Ross and Romrell，1989；许绍芬，1990）。因此进行神经突触生物学及虫体信息传递途径的研究进展迅速。而在过去，经典寄生虫学普遍存在一个错觉，以为体内寄生虫生活在宿主内微环境，神经系统不发达，甚至退化，其实不然。在扁虫，包括吸虫、绦虫甚至自由生活的涡虫，它们的神经超微结构及神经化学与高等脊椎动物十分相似（Pax and Bennert，1992）。很多实验证明神经肽分子在吸虫的运动、生殖及生长发育过程中起重要作用（林建银，1995）。加强血吸虫尾蚴神经系统超微结构的研究，对深入理解其感染的机制，如尾蚴侵入宿主，尾蚴体部伸缩与钻穿，尾部的摆动，腺体酶类物质的释放以及侵入后从皮肤经肺门静脉的导向，将有积极意义。研究阻断信息传递途径，为探索防治血吸虫新方法具有重要意义。

参 考 文 献

许绍芬主编. 神经生物学. 上海：上海医科大学出版社，1990；1～133.

何毅勋，郁琪芬，夏明仪. 日本血吸虫尾蚴的组织化学及扫描电镜观察，动物学报，1985 31：6～11.

周述龙，王薇，孔楚豪. 日本血吸虫蚴头器，腺体及超微结构的观察，动物学报，1988 34：22～26.

周述龙，李瑛，杨孟祥. 日本血吸虫尾蚴发育的超微结构观察—Ⅰ. 体被局部剖析，动物学报，1994 40：1～5.

林建银. 体外培养在吸虫生理生化研究的应用. 陈佩惠，周述龙主编. 医学寄生虫体外培养. 北京，科学出版社，1995；25～36.

洪涛. 生物医学超微结构与电子显微镜技术. 北京，1984；111～171.

夏明仪，何毅勋. 日本血吸虫胆碱酯酶的组织化学定位. 动物学报, 1982 28: 361~369.

Cousin C E and C H Dorsey. Nervous system of *Schistosoma mansoni* cercaria organization and fine strurture. Parasitol. Res. 1991 77: 132-141.

Dixon K E and E H mercer. The fine structure of the nervous system of the cercaria of the liver fluke. *Fasciola hepatica* L. J. Parasitol. 1965 51: 967-976.

Ferrero E A A Lanfranchi and C Bedini. An ultrastructural account of otoplanid turbellaria neuroanatomy. The cerebral ganglion and peripheral nerve net. Acta Zoologica (Stockh), 1985 66: 63-74

Pax R A and J L Bennner. Neurobiology of parasitic flatworms: how much "Neuro" in the biology? J Parasitol. 1992 78: 149-205.

Ross M H and L J Romrell. Histology (2nd ed) 1989: William and Wilkins, Balimore: 241-264

图版说明　Plate Explanation

图版Ⅷ-1～Ⅷ-7

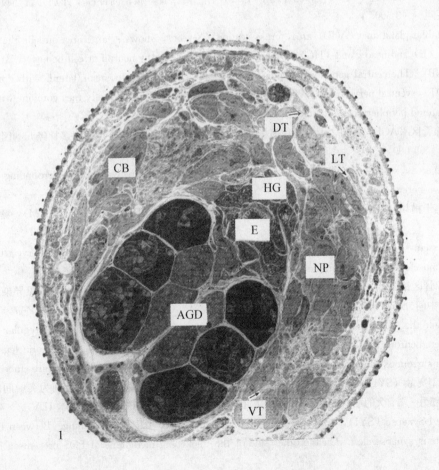

1

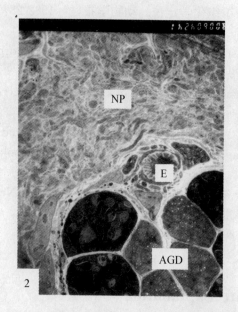 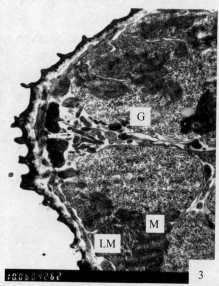

1. 腺管区横切,示钻腺管(AGD),食管(E)及头腺(HG)外围由神经纤维网(NP)和神经元或神经细胞(CB)混杂在一起构成中枢神经节。中枢神经节在体前、后、侧向背、腹、侧延伸分别为背神经干(DT)、腹神经干(VT)和侧神经干(LT)各一对。背、腹、侧神经干分别与背、腹、侧外周神经干联网。×3 500

Acetablar gland duct (AGD) area, cross section (X-sect), shows a large area outside the AGE, esophagus (E) and head gland (HG) forming the central ganglion by neuron or cell bodies (CB) and neuropile (NP). The central ganglion extends one pair of each, anterior/posteior/lateral with dorsal nerve trunk (DT), ventral nerve trunk (VT) and lateral nerve trunk (LT). Finally they combine with dorsal/ventral/laterad periphery nerve trunk.

2. 腺管区(AGD)横切,示一大片面积的神经纤维网(NP)。它的外围有很多神经元(因限画面没有示出)。×8 000

AGD area, x-sect, shows a large area of neuropile (NP) and many neurons surrounding periphery (not shown here).

3. 尾干横切,示尾干外周神经干(→)与尾干神经连接。纵肌(LM),线粒体(M),糖原(G)。×10 000

Tail stem, x-sect, shows the periphery nerve trunk (→) connected with tail stem nerve trunk, longitudinal muscle fiber (LM), mitochondria (M), glycogen (G).

4. 腺管区钻腺管(AGD)的外侧,示神经元(CB)与核(N)的外形不规则,核内见异染质(HC)并沿核质中间分布。胞质少,沿核周包绕,内面可见线粒体(M),多型神经分泌小体。×17 000

Outside the AGD area, there are many neurons. The profile of the nucleus (N) is irregular in shape. Several heterochromatins (HC) appears in the karyosome along the median region of the nucleus. Lesser cytoplasm surrounds the nucleus where mitochondria (M) and various types of vesicles are embedded.

5. I型突触(SY1),示紧靠前突触(PRS)与后突触(POS)的膜增厚,两膜间为突触间隙。增厚后突触的膜另一端有大的堆积物(↑↑)。PRS内有空心小体(TV),而POS有实心小体(DV)。×40 000

Type I Synapse (SY1), shows the membrane close contact to PRS thickening. Between the membrane there is synapse cleft. On the other side of the thickening membrane of POS presents a big dense mass (↑↑). Many translucent vesicles (TV) in PRS and dense vesicles (DV) in POS filled in the cavity.

6. Ⅱ型突触（SY2）示 PRS 内有 TV，而 POS 似无其他小体。×50 000

Type Ⅱ synapes (SY2), shows the TV in PRS and seems to be no other vesicles in POS.

7. Ⅲ型突触（SY3）示 PRS 内有 TV，而 POS 混杂有 TV 与 DV。×50 000

TypeⅢ synapse (SY3), shows TV in PRS, while TV and DV present in POS at the same time.

8. Ⅳ突触（SY4）示尾干 PRS 与纵肌细胞紧靠的膜增厚，两膜间亦有间隙。肌细胞内富含糖原（G），线粒体（M）。×50 000

Type Ⅳ synapse (SY4), shows the thickening membrane of a neuron of PRS in tail stem and the longitudinal muscle cell. The cell contians abundant of glycogen (G) and mitochondria (M).

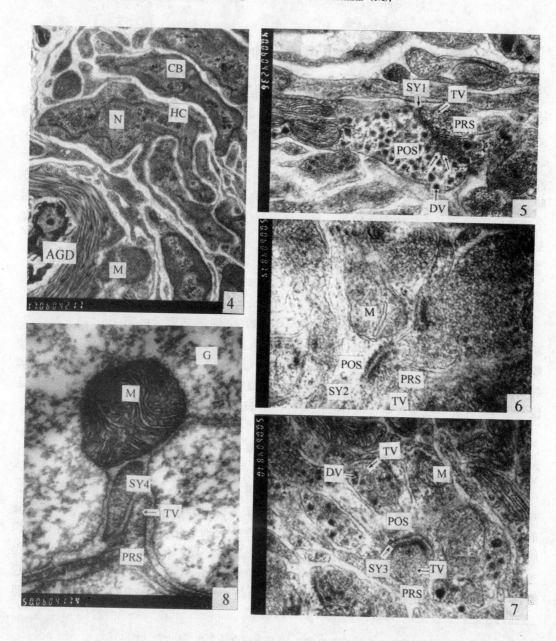

第九章 日本血吸虫卵的发生与受精

蒋明森 杨明义 李 瑛 董惠芬 周述龙

第一节 日本血吸虫卵发生的透射电镜观察*

血吸虫卵在致病和传播血吸虫病方面起重要作用,抑制卵的发生无疑是控制血吸虫病流行的一条有效途径。因此,开展卵发生(oogenesis)的研究不仅具有一定的生物学意义,而且有重要的实用价值。目前,这一研究尚缺乏系统探讨。但对日本血吸虫(Schistosoma japonicum)、曼氏血吸虫(Schistosoma mansoni)卵巢生殖细胞的超微结构有一些报道(Spence,1971;Erasmas,1973;周述龙,1992),为我们进一步开展卵发生的研究奠定了基础。本文从日本血吸虫发育到能在光镜下识别卵巢的第 19 天始,至虫体完全成熟的第 38 天止,定期切取卵巢,半超薄切片定位,电镜下观察生殖细胞超微结构的变化规律,初步揭示了卵发生的过程。

材料与方法

按常规从钉螺逸出毛蚴,经腹部感染小白鼠,分别于感染后的第 19、21、25、27、35、38 天解剖 2~4 只,收集雌虫,用欧氏液洗涤 3 次,解剖镜下切取卵巢整段,置于甲酸钠缓冲液配制的 pH7.4,2.5% 戊二醛中冷固定 2h(4℃),经缓冲液洗涤后待用。按透射电镜标本制样要求处理,经梯度乙醇脱水,环氧树脂包埋,半超薄切片作前、中后段定位,超薄切片先后经醋酸钠、枸橼酸铅染色,用 Hitachi H-600 透射电镜观察。

结 果

日本血吸虫尾蚴侵入小白鼠后,童虫生长至第 19 天,已明显出现雌、雄虫体的分化,并开始合抱。显微镜下观察,活体雌虫的卵巢位于虫体中部,囊袋状,呈"3"形或螺旋形弯曲。随虫体的蠕动,卵巢的外形也因受压发生一定的变化,第 25 天后卵巢逐渐变为椭圆形,第 27~35 天的卵巢多数呈椭圆形,第 38 天的卵巢一般呈椭圆形,但也有个别仍为弯曲的囊袋形。电镜观察,卵巢表面有一层膜(basement layer),外周有一层环肌包围,第 19 天的卵巢环肌致密,厚 0.6μm,随着虫体发育,环肌逐步变得稀疏,厚度无明

---

* 本文发表在中国动物学会寄生虫专业成立 10 周年纪念论文集,1995:134~138。

显增加，至第38天，环肌厚1.1μm。卵巢内的生殖细胞经过一系列卵发生过程，由卵原细胞形成很多成熟的次级卵母细胞，卵发生过程分以下三个时期：

一、增殖期（multiple stage）

卵巢内最早期的生殖细胞是卵原细胞（oogenium）（图版Ⅸ-1-1），它源于尾蚴生殖原基的原始生殖细胞，排列紧密，椭圆形或不规则形，大小3.3μm×5.0μm～4.5μm×8.3μm，胞质致密浓厚，细胞器少见，部分细胞有少量线粒体或高尔基复合体等胞器。发育19天的卵巢观察到一些处于有丝分裂末期（telophase）的成对卵原细胞（图版Ⅸ-1-2），细胞核已一分为二，新的细胞核、核膜已形成，胞质内有少量的线粒体，通过赤道部分的细胞膜已形成，胞质内有少量的线粒体通过赤道部分的细胞膜借助微丝的收缩开始向内凹入。卵原细胞以有丝分裂方式进行多次二分裂，数量呈指数增加，为源源不断形成成熟的次级卵母细胞提供了保证。

发育19天的卵巢，卵原细胞很多，主要分布在卵巢的前端和前中段。以后，中段和前段中央的卵原细胞逐渐进入生长期和成熟期，继续进行卵发生的过程。

二、生长期（growth stage）

卵原细胞停止有丝分裂，开始积累营养，体积逐渐增大，形成初级卵母细胞（Primary oocyte）（图版Ⅸ-1-3、Ⅸ-1-4），该细胞呈不规则的五边形或近圆形，排列整齐，大小4.3μm×5.1μm～6.8μm×6.8μm，细胞间有网络状的间隙，其间有胞质条纹，胞质内有丰富的线粒体，数量在10～30个之间，大小相差悬殊，一般呈长椭圆形，少数为短椭圆形或哑铃形，嵴（cristae）和嵴间腔明显。线粒体在胞质的分布不均匀，一般在细胞的一侧聚积成团，其他地方有散在性分布。胞质中糖原颗粒较多，粗面内质网少见。多数细胞还有1～2个核周池位于胞质中，空泡状，外周有一层膜，内含物极少。核周池一侧紧靠核膜，另一侧近细胞膜边缘。细胞核异染色质丰富，核仁偏位，核膜明显，与胞质间界限清晰。

三、成熟期（mature stage）

初级卵母细胞进行一次成熟分裂（maturation division）形成次级卵母细胞（secondary oocyte）。在发育38天卵巢的中段有正在进行这种分裂的初级卵母细胞（图版Ⅸ-1-5），处于减数分裂前期（prophase），核膜和核仁已消失，染色质浓缩变粗变短呈现块状的染色体（Chromosome），该细胞的胞质内还有一些散在性的线粒体，部分胞质向外延伸，形成胞质条纹。细胞继续分裂，将形成两个单倍体的次级卵母细胞。

次级卵母细胞外形不规则（图版Ⅸ-1-6、Ⅸ-1-7），大小8.3μm×11.9μm～9.6μm×13.0μm，胞质疏松，胞质内最典型的结构是皮质颗粒（cortical granule），圆形、直径0.25（0.17～0.31）μm，外有一层很薄的膜，膜内有许多小颗粒，按颗粒的多少及分布可划分为三种类型：①同心圆型（图版Ⅸ-1-9），颗粒较少，有规律地按同心圆排列3～4圈；②局部致密型（图版Ⅸ-1-10、Ⅸ-1-11），颗粒较多，在中央或一侧排列致密，但周围或另一侧较稀疏，少数周围致密，中央稀疏，颗粒界线清晰；③全致密型（图版Ⅸ-1-12），颗粒较多，均匀分布，充满整个膜内，颗粒间界线不清晰，为一团致密体。卵巢内全致密型的皮质颗粒最多，局部致密型次之，同心圆型最少。在一个次级卵母细胞内，皮质颗粒数量少则几个,多者在 40 个以上,一般为 10~25 个。一般皮质颗粒沿细胞膜边沿成串排列,有些成团聚积,少数位于细胞核附近或分散于胞质中。相邻的次级卵母细胞皮质颗粒常常在同一区域成串对应排列(图版IX-1-8)。次级卵细胞的胞质中有一些线粒体,与初级卵母细胞相比,其数量相对少些,体积稍小,嵴不很清晰。胞质中还有许多不规则的小囊泡(vacuole),部分囊泡内有一圈浅色的膜。胞质内糖原颗粒丰富。此外,有些次级卵母细胞可见少量粗面内质网或二个中心粒。中心粒间呈垂直排列,中心粒管壁由 9 组三联微管构成。胞核一般呈圆形,少数为不规则形,核仁明显,圆形,偏位。

发育 19~38 天的日本血吸虫卵巢皆见有次级卵母细胞,只是数量和分布不同,越近成熟,卵巢内的次级卵母细胞越多,并由后端向前端,由中央向周围推进。

讨 论

皮质颗粒广泛存在于动物界的雌性殖细胞中。据报道,在复殖目吸虫卵巢超微结构的研究中,除细似发状吸虫(*Gorgoderia attenuata*)未述及外,在肝片吸虫(*Fasciola hapatica*)、曼氏血吸虫、浣熊咽口吸虫(*Pharyngastomoides procynis*)、东方次睾吸虫(*Metorchis orientalis*)等 8 种吸虫皆发现有皮质颗粒的存在(樊培方,1994)。在棘皮动物门(如海胆)和哺乳动物门(如金黄地鼠、仓鼠和人等)皮质颗粒同样普遍存在(王一飞,1991)。关于皮质颗粒的形态结构,Spence(1971)报道曼氏血吸虫的皮质颗粒由内、外两部分组成,外部有三层膜,由皮质腔分泌形成,内部为蜂窝状的颗粒结构。Erasmas(1973)描述该吸虫的皮质颗粒由同心圆排列的板层和中央颗粒组成。樊培方(1994)报道东方次睾吸虫的皮质颗粒为一圈几十个电子致密的小卵圆形颗粒。我们观察到日本血吸虫皮质颗粒的形态呈多样性,按颗粒的排列方式和致密程度划分为同心圆型、局部致密型和全致密型三种,这可能是因为皮质颗粒有一个发育和成熟的过程,由同心圆型和局部致密型逐渐变为致密型。上述作者对皮质颗粒形态描述的差异性,既可能与种间差异有关,也可能与作者观察到的皮质颗粒处于不同发育时期有关。关于皮质颗粒的产生,一般认为由高尔基复合体形成。但在日本血吸虫,次级卵母细胞高尔基复合体很少见,其形成是否有其他途径有待进一步探讨。

在低等的扁形动物门,皮质颗粒的功能还知之甚少。Erasmas(1973)见到曼氏血吸虫卵巢生殖细胞之间有皮质颗粒和电子稠密残渣(debris)在一起,推测皮质颗粒可能与卵的排出作用有关。但在日本血吸虫我们没有观察到这种现象。在棘皮动物门和哺乳动物门,大量研究已证实皮质颗粒有防止多精受精(polyspermy)的功能。当一个精子进入卵母细胞后,皮质颗粒与质膜融合,释放酶(或糖蛋白)等物质形成较厚的受精膜,防止其他精子的穿入(Campbell,1987)。在哺乳动物,皮质颗粒还能诱导透明带的通透性下降,使之具有抗拒多余精子穿入的能力(王一飞,1991)。皮质颗粒释放的机理可能是当一个精子穿入卵细胞后,胞质 Ca^{2+} 浓度增加,膜电位发生改变,从而诱导皮质颗粒释放。皮质颗粒在维护精子与卵子 1:1 正常受精的重要性,引起学者的广泛关注。目前它已成为人类生殖医学和发育生物学的一个重要研究内容,正在从分子生物学水平作多方面的探讨(Pierce,1992)。

如果日本血吸虫皮质颗粒具有与在哺乳动物和棘皮动物类似的功能,那么通过人为诱导皮质颗粒的功能障碍,导致卵的非正常受精或不育,可能为控制血吸虫病开辟一条新途径。因此,有必要对日本血吸虫皮质颗粒的功能作进一步研究。

参考文献

周述龙,杨孟祥,孔楚豪. 在超微结构水平初步观察日本血吸虫雌虫生殖系统. 武夷科学, 1992 9: 147~151.

樊培方,陈克强,陆雅君等. 东方次睾吸虫电镜研究(吸虫纲:后睾科)V 雌性生殖系统. 动物学报, 1994: 337~343.

Blerkom J V and P M Motta. Ultrastructure of reproduction. Martinusnijhoff publishers, 1984: 184.

Campbell N A. Biology. The Benjamin Publish Company, Inc., 1987: 927.

Erasmas D A. A comparative study of the reproductive system of mature, immature and "unitsexual" female *Schistosoma mansoni*. Parasitol. 1973 67: 156-183.

Mehihota Lt. Parasitology in focus. Springerlerlag, 1989: 330-345.

Pierce K E, E L Grunvald, R M Schultz et al. Temporalpattern of synthesis of the mousecortical granule protein, p75, during oocyte growth and maturation, Der Biol 1992 152: 145-151.

Spence, I M and M H Silk. Ultrastructure studies of the blood fluke *Schistosoma mansoni*. V. The female reproductive system—A preliminary report. S. Afr. J. Med. Sci. 1971 35: 41-59.

图版说明 Plate Explanation

图版 IX-1-1~IX-1-12

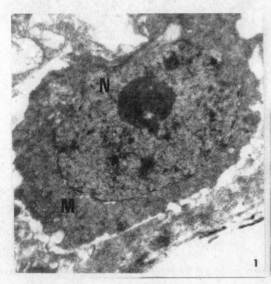
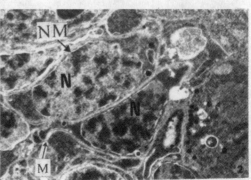

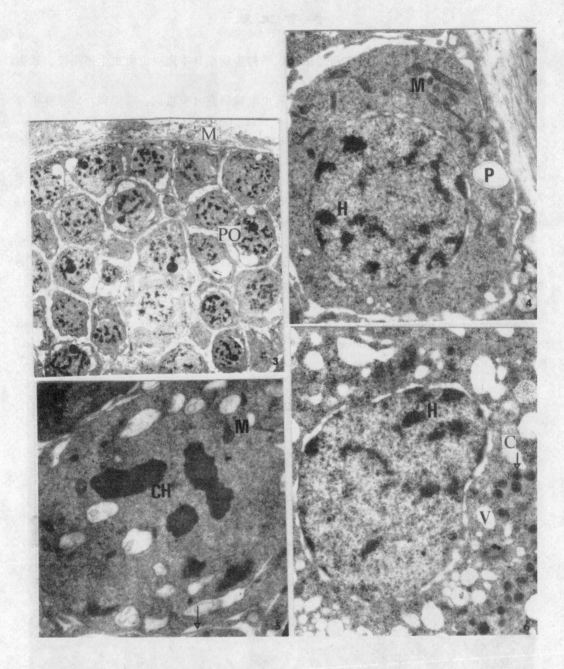

1. 卵原细胞，核（N）大，核仁偏位，胞质致密，有少量线粒体（M）。×12 000

Oogonium, showing large nucleus (N) with a nucleolus inclined to one side and a few mitochondria (M) in compact cytoplasm.

2. 处于有丝分裂末期的成对卵原细胞，新的核（N）和核膜（MN）已形成，通过赤道板的细胞膜（M）正在向内凹陷。×5 000

A pair of oogonium in telophase of mitosis, the new nucleus (N) and nuclear membrane (MN) have been formed; and the plasma membrane (M) located in equatoral plate is contracting.

3. 卵巢中段横切，示外周有一层卵巢膜（OM），内有许多初级卵母细胞（PO），细胞间有网络状的间隙，其间有胞质条纹，胞质内有1~2个核周池（PN）。×2 500

The middle cross-section of ovary, showing a layer of ovary membrane (OM), many primary oocytes (PO) and an intraspace between the cells in the form of network with some cytoplasmic strands and one or two perinuclear cistern (PN) in cytoplasm.

4. 初级卵母细胞放大，示核（N）内异染色质（H）丰富，胞质内有一个核周池（PN）和大量线粒体（M）。×12 000

Primary oocyte enlarged, showing plentiful heterochromatin (H) in nucleus (N), one perinuclear cistern (PN) and many mitochondria (M) in cytoplasm.

5. 处于减数分裂前期的初级卵母细胞，染色质浓缩，出现块状的染色体（CH），核膜和核仁消失，胞质内有散在性线粒体（M），部分胞质外延伸形成胞质条纹（↓）。×12 000

Primary oocyte in prophase of meiosis, with chromatin changed into chromosome (CH) by concentraction, nuclear membrane and nucleolus disappeared, a few mitochondria (M) scattered in cytoplasm, some cytoplasm extended out forming cytoplasmic strands (↓).

6. 次级卵母细胞，示细胞核内异染色质（H）较少，胞质稀疏，其间有许多小囊泡（V），并出现皮质颗粒（CG）。×12 000

Secondary oocyte, showing few heterochromatin (H) in nucleus, many small vacuoles (V) in thin cytoplasm and cortical granules (CG) appeared.

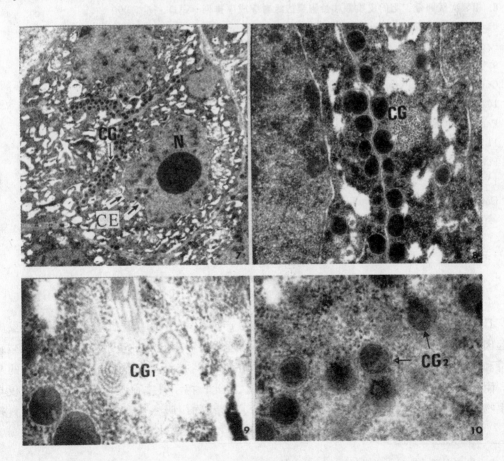

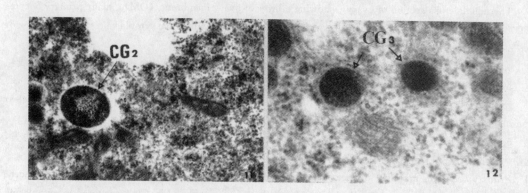

7. 成熟的次级卵母细胞,核(N)内有明显的核仁,胞质内有2个呈垂直排列的中心粒(CE,↑),并出现皮质颗粒(CG),相邻细胞的皮质颗粒(CG)在同一区域聚集。×6 000

Mature secondary oocyte, showing a distinct nucleolus (Nu) in nucleus (N), two centrioles (CE) verticaly arranged.

8. 相邻次级卵母细胞的皮质颗粒沿胞膜边缘对应成串排列(CG)。×25 000

Two clusters of cortical granules (CG) deposit each in periphery of cell membrane of two neighbor secondary oocyte.

9. 同心圆型皮质颗粒(CGⅠ)。×60 000

Concentric cortical granules (CGⅠ).

10. 局部致密型皮质颗粒(CGⅡ)。×40 000

Partially dense cortical granules. (CGⅡ).

11. 局部致密型皮质颗粒(CGⅡ)。×30 000

Partially dense cortical granule. (CGⅡ).

12. 全致密型皮质颗粒(CGⅢ)。×60 000

Entirely dense cortical granules. (CGⅢ).

第二节 日本血吸虫受精过程的透射电镜观察——受精卵

杨明义 蒋明森 李 瑛 董惠芬 周述龙

日本血吸虫(*Schistosoma japonicum*)雌虫产卵沉积于宿主肝脏等组织,成熟虫卵引起肉芽肿和肝纤维化,是血吸虫致病的主要病理损害。阻止卵的正常发育或产卵对减轻病情和切断传播具有双重意义。日本血吸虫卵正常受精是维持胚胎良好发育和成熟的基础,阻止其正常受精是控制血吸虫病的新途径。因此,揭示日本血吸虫受精的规律不仅具有生物学意义,而且有深远的实际意义。至今扁形动物门吸虫纲种类的受精研究资料较

本文发表在湖北医科大学学报 1997 18(增刊):1~3

少,血吸虫受精的超微结构动态变化观察尚未见报道。我们在对日本血吸虫卵发生(周述龙,杨孟祥,孔楚豪等,1993;蒋明森,杨明义,李瑛等,1995)和精子发生(周述龙,杨孟祥,孔楚豪等,1993)研究的基础上,首次对日本血吸虫受精过程作了透射电镜的观察,现报道受精卵部分。

材料与方法

按常规从阳性钉螺逸出尾蚴,感染健康家兔,1 000～1 500 条尾蚴/只,感染后 56 天,灌注法冲虫,收集雌虫,欧氏液洗涤 3 次,解剖镜下切取含卵巢和输卵管的虫段,置于甲酸钠缓冲液配制的 pH7.4,2.5% 戊二醛和 1% 锇酸双固定。经梯度酒精脱水,环氧树脂包埋。连续制作半超薄切片,显微镜下定位。连续超薄切片,经醋酸、枸橼酸铅染色,Hitachi H-600 型透射电镜观察。

结　果

受精卵位于雌虫输卵管后段(近卵巢段),雌虫卵巢中成熟的次级卵母细胞进入输卵管后段,在此与精子相遇,精子钻入,形成受精卵。在同一横切面上,受精卵位于中央,有 1 个或几个,周围有数十至数百个精子聚集,多数精子头朝向输卵管壁(图版Ⅸ-2-1)。受精卵近圆形,平均大小 $10.0\mu m \times 11.9\mu m$,外周为一层细胞膜,表面略呈波浪状弯曲。胞质中有少量线粒体和内质网,糖原颗粒丰富,胞质被许多不规则囊泡划分为网络状(图版Ⅸ-2-2,Ⅸ-2-3)。在受精过程中,受精卵内皮质颗粒、细胞核等发生如下一系列变化:

(1) 皮质颗粒释放。刚受精不久的受精卵尚见一定数量的完整皮质颗粒,其结构与成熟次级卵母细胞内的皮质颗粒相同,圆形,直径约 $0.25\mu m$,外有一层很薄的膜,膜内有许多小颗粒,按颗粒的多少及分布有同心圆型、局部致密型和全致密型 3 类(图版Ⅸ-2-4)。但皮质颗粒尤其是全致密型的数量较少,至受精后期受精卵内皮质颗粒全部消失(图版Ⅸ 2-6)。部分受精卵可见皮质颗粒正在释放,沿卵膜内缘分布的皮质颗粒与卵膜融合,部分皮质颗粒膜破裂,释放内含物于卵膜表面(图版Ⅸ-2-3)。同时,可见胞质内的部分皮质颗粒膨大或膜破裂,电子密度降低,颗粒状物质减少,释放内含物或退化(图版Ⅸ-2-4)。

(2) 雌雄原核形成及融合受精后的次级卵母细胞完成第二次成熟分裂,形成、释放圆形第二极体(图版Ⅸ-2-1)。接着在分散的染色体周围部分囊泡相互接近,包围成一个形状不规则的雌原核,内含一个近圆形的核仁状小体。与此同时,受精卵内的精子形成雄原核,外周有囊泡状膜包围,内含一个不规则状核仁状小体。雌、雄原核接近,接近形成深色的带状狭桥(图版Ⅸ-2-5)。最后雌、雄原核融合,形成合子细胞核。

讨 论

皮质颗粒广泛存在于动物界的雌性生殖细胞中，在棘皮动物门（如海胆）和哺乳动物门，精子进入卵细胞后，引起皮层反应（cortical reaction），皮质颗粒（或称皮层颗粒）与质膜融合，释放多种酶，破坏卵黄膜上的糖蛋白精子受体，促进形成较厚的受精膜，诱导透明带的通透性下降，阻碍其他精子的穿入，即具有防止多精受精（Polysperm）的功能（Browder，1984）。

复殖目吸虫皮质颗粒的功能尚不清楚。Orido（1998）报道大平并殖吸虫成熟卵细胞有皮质颗粒，但子宫中的受精卵（正在受精）未见皮质颗粒。我们观察到日本血吸虫输卵管后段同一横切面上有大量精子和一至几个受精卵，并且受精卵释放皮质颗粒，形成雌、雄原核，最后相互接近，融合为合子细胞核。这表明皮质颗粒的功能可能与受精有关。在我们的观察中，未见多个精子穿入同一个受精卵，而同一横切面精子的数量大大超过受精卵的数量。因此，推测日本血吸虫皮质颗粒有与棘皮动物门和哺乳动物门类似的功能，即防止多精受精（Browder，1984）。不同之处在于日本血吸虫受精卵因缺卵黄膜，不形成透明带和受精膜，但其皮质颗粒内可能含有与后者类似的某些酶，如精子受体水解酶，释放到受精卵表面，破坏表膜的精子受体，阻止其他精子的穿入。我们设想通过人为诱导日本血吸虫皮质颗粒的功能障碍，将为防治血吸虫病开辟一条新途径。

参 考 文 献

周述龙，杨孟祥，孔楚豪等．日本血吸虫精子发育与支持细胞超微结构的观察．中国寄生虫学与寄生虫病杂志，1993 11（1）：50．

周述龙，杨孟祥，孔楚豪等．在超微结构水平观察日本血吸虫雌虫生殖系统．武夷科学，1992 9：147～151．

蒋明森，杨明义，李瑛等．日本血吸虫卵发生的透射电镜观察．中国动物学会寄生虫专业学会成立 10 周年纪念论文集．北京．中国科学技术出版社，1995：134～138．

Browder LW. Developmental Biology. Saunders College Publishing. 1984：80-90.

Orido Y. Fertilitation and zoogenesis of the lung fluke，*Parogonimus ohirai*（Trematoda：Trogiotrematidae）. Interantional J for parasitol. 1988 18（7）：973.

图版说明　Plate Explanation

图版 Ⅸ-2-1～Ⅸ-2-6

1. 输卵管后段横切，示输卵管壁（W），其内有大量精子（SP）、一个受精卵（OV）和一个极体（PB）。×2 500

X-section of lateral part of oviduct, showing oviduct wall (W) with lamellae, one fertilized ovum (OV) surrounded by a lot of sperms (SP), and one polar body (PB).

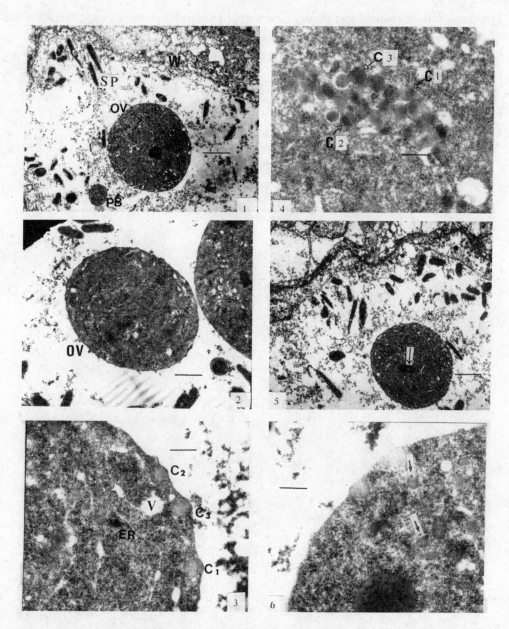

2. 受精卵（OV），示胞质被囊泡划分为网络状。×5 000
   The fertilized ovum (OV) becomes net-like structure.

3. 为Ⅸ-2-2中受精卵局部放大，示三个皮质颗粒：完整的同心圆型（C_1）；与质膜融合（C_2）；破裂（C_3），释放内含物。内质网（ER）糖原颗粒、囊泡（V）。×20 000
   Amplification of part are a of the above ovum, showing the process of cortical granules releasing. One intact cortical granule of concentric type (C1) located inside membrane; one cortical granule fused plasma membrane (C2); one cortical granule being broken and releasing content material (C3) to reticulum and vocuoles.

4. 受精卵胞质内皮质颗粒，同心圆型（C1）、局部致密型（C2）、全致密型（C3）；后者是处于破裂或退化的皮质颗粒。×17 500

Three types cortical granules near center of the ovum, showing concentric type (C_1), partial dense type (C_2), and entired dense type (C_3). Most of them in the process are breaking down.

5. 为Ⅸ-2-1中受精卵放大，示形成雌原核和雄原核，两者接近，间有带状狭桥（↑）。×2 500

Fertilization, showing the female pronucleus and male pronucleus contacted in central region to form a narrow band-like bridge (↓).

6. 受精卵皮质颗粒逐渐消失。×25 000

Fertilized ovum, showing most of cortical granules disappeared or degenerated.

第十章 抗血吸虫药物对血吸虫超微结构的影响

肖树华

电子显微镜的发明是20世纪30年代最突出和最伟大的科学成就之一,它的诞生将人们对物质的研究带入了超微结构时代。目前,电子显微镜技术,包括扫描电子显微镜(SEM)和透射电子显微镜(TEM)已广泛应用于医学、生物、农业、工业、地矿和考古等领域。自20世纪50年代以来,电子显微镜技术已开始应用于寄生虫的观察,从而将人们的视觉延伸至虫的微观世界,经过不断深入的研究和积累,极大地丰富了有关寄生人体的原虫和蠕虫的超微结构的知识。这无疑对深入了解这些寄生虫的独特结构在其寄生过程中的生理功能,虫与宿主相互间的关系,以及在虫种和虫株的鉴定和鉴别方面都具有重要意义。自20世纪70年代以来,电子显微镜技术开始应用于抗血吸虫药物对血吸虫超微结构影响的观察,特别是吡喹酮问世后,由于其对寄生于人体的5种血吸虫均有效(Andrews等,1983),且疗程短和安全,受到学者的关注,不仅从分子水平上研究其杀虫机制,而且也观察了该药对血吸虫超微结构的损害作用(Mehlhorn等,1981;Andrews,1985),这无疑对深入了解吡喹酮的杀虫机制有所裨益。再则继吡喹酮之后,我国创制的抗疟新药蒿甲醚和青蒿琥酯被发现具有抗日本血吸虫的作用,特别是抗血吸虫童虫,并于20世纪末发展成为预防血吸虫病药物(Li等,1996;Xiao等,2000),其中的蒿甲醚对埃及和曼氏血吸虫亦有预防作用(Utzinger等,2000b,2001;Xiao等,2002a),此外蒿甲醚对这3种血吸虫超微结构的影响,加深了人们对蒿甲醚抗血吸虫作用的认识。现就吡喹酮和蒿甲醚等抗血吸虫药物对血吸虫超微结构的影响作如下综述。

一、吡喹酮

吡喹酮是20世纪70年代中后期发展的一种抗血吸虫药物,由于它的不良反应少、疗程短和疗效好,已经成为治疗感染人体5种血吸虫病的首选药物。国内外学者曾就吡喹酮的杀虫机制,其中包括对血吸虫超微结构的影响进行了广泛的研究。

(一) 血吸虫尾蚴

吡喹酮对曼氏和日本血吸虫尾蚴具有很强的杀灭作用(Coles,1979;肖树华等,1985b)。在去氯水中,吡喹酮杀灭日本血吸虫尾蚴的最低有效浓度为 $0.05\mu g/ml$。尾蚴与吡喹酮接触后即见其体部立即收缩,随即松弛,活动增加,并释放钻腺内容物,在1~5min内,尾蚴的体部与尾部分离,继则尾蚴体逐渐肿大而死亡(肖树华等,1985b)。用扫描电镜观察,血吸虫尾蚴在水中经吡喹酮1或 $10\mu g/ml$ 作用0.5h后,其皮层即示有不同程度肿胀，体棘变平和棘间隙增宽，2h 后，尾蚴体因肌肉的不规则收缩而呈扭曲状，皮层肿胀更为明显，并伴有局灶性皮层糜烂、破溃和融合。在亨氏盐平衡溶液（Hanks' balanced salt solution，HBSS）中，血吸虫尾蚴经上述浓度的吡喹酮作用 2h 后，绝大部分的尾蚴体未见异常，体棘清晰，体、尾接头处正常，仅少数有局部皮层肿胀和少量泡状物形成（肖树华，1987b）。由于经吡喹酮作用后，尾蚴体对代谢抑制剂 NaF 的敏感性增加，表明尾蚴体的受损体表渗透性改变，使 NaF 易于渗入尾蚴体（Howell 等，1974）。若将在水中经吡喹酮作用后的尾蚴体移置于无药的 HBSS 中继续培养 2h，则大部分尾蚴体的皮层恢复正常（肖树华等，1987b）。

用透射电镜观察，日本血吸虫尾蚴的皮层较薄，皮层的基质较致密，皮层下基底膜则将皮层与肌层分隔开，而体棘则自基底膜伸出皮层遍及整个体表，同时在皮层的外侧可见到由许多细微颗粒所形成的糖萼。尾蚴在去氯水中经吡喹酮 1μg/ml 作用 0.5h 后，其皮层外的糖萼明显减少或消失，皮层基质稀疏、模糊或部分缺失，基底膜与皮层分离、环肌明显肿胀或局灶性自溶，纵肌亦有不同程度肿胀和线粒体退化。2h 后，上述变化进一步加重，体表的糖萼几乎消失，实质细胞出现广泛的自溶和线粒体变化，或因内部结构广泛自溶而形成网状结构。尾蚴在生理盐水中经吡喹酮 1μg/ml 作用 4h 后，除体表糖萼明显减少或消失外，其皮层、肌层和实质组织的超微结构未见有明显变化（肖树华等，1988a）。糖萼除有抗原性质，与免疫血清形成尾蚴膜反应外，尚具有使尾蚴适应水环境的作用（Stirewalt，1974），同时又由于血吸虫尾蚴经吡喹酮脱尾后移置等渗的盐平衡液-血清中培养时，虫体不仅存活，且可转变为童虫（肖树华等，1987d），故认为吡喹酮破坏尾蚴的糖萼，使其不能适应不等渗的水环境，可能是导致尾蚴体肿胀和死亡的重要原因。

（二）血吸虫童虫

吡喹酮对血吸虫成虫具有很强的杀灭作用（Andrews 等，1983；Gonnert 等，1977；Webbee 等，1977；邵葆若等，1980；Xiao 等，1985，1987；Sabah 等，1986；尤纪清等，1994），而对童虫除早期钻入皮肤的童虫外，效果均差或无效，即小鼠于感染日本血吸虫尾蚴后 3d、7d、14d 和 21d，用对成虫有效的吡喹酮剂量治疗均无明显疗效，或疗效差（尤纪清等，1994），但对刚钻入皮肤的 3h 童虫（d0）则有一定的疗效（肖树华等，1987a）。用扫描电镜对不同发育期血吸虫观察的结果表明（肖树华等，1985a），在体外，d3、d7 和 d14 童虫经较高浓度的吡喹酮 30μg/ml 作用 4~24h 后，无或仅有轻度的皮层损害，而 d0 及 d21 童虫和 d28 成虫则有中度或重度的皮层肿胀、融合、空泡变化和感觉器破溃，进而出现皮层糜烂和破溃、剥落。将上述不同虫龄的血吸虫经吡喹酮作用 4h 后移置于不含药物的培养液继续培养 24h，d3、d7 和 d14 童虫的皮层形态均正常。在 d0 童虫中，部分仍有严重皮层损害，而部分则有明显恢复。此外，吡喹酮虽然对 d21 童虫和 d28 成虫的皮层有明显损害作用，但移置于无药物的培养液中继续培养时，大部分 d21 童虫的受损皮层已明显修复，而 d28 成虫则大部分仍有明显的皮层损害。感染上述不同虫龄的小鼠于 1 次灌服吡喹酮 400mg/kg 后 4h 取虫作扫描电镜观察，未见 d3、d7 和 d14 童虫的体表有明显变化。但自小鼠皮肤分离的 d0 童虫，部分虫的皮层形态正常，部分的则有肿胀和局灶性的皮层褶嵴融合，甚或有广泛的皮层剥落，或部分童虫体表皱缩毁形，体表结构消失（肖树华等，1988a）。给药后 4h，d21 童虫普遍出现轻度或中度的皮层损害，但感觉器仍正常，而包括感觉器破溃在内的严重皮层损害则见于 d28 成虫。

体内、体外试验证明,吡喹酮可明显损害 d21 童虫的皮层,但减虫率低。进一步的试验结果表明,若先用血吸虫匀浆免疫兔,然后接种血吸虫尾蚴,待感染 3 周后抗体滴度明显升高时用吡喹酮治疗,或在同一兔体内同时感染有 d21 童虫和虫龄为 10 周的成虫,亦用吡喹酮治疗,皆可明显增强药物对 d21 童虫的杀灭作用,提示吡喹酮杀灭 d21 童虫,除损害虫的皮层外,尚有赖于特异性抗体的存在(Xiao 等,1987)。由于小鼠与兔于感染血吸虫尾蚴 3 周时尚未能查见特异性抗体,这可能是吡喹酮对 d21 童虫疗效差的原因(肖树华等,1986c)。另一方面,虽然感染 d21 童虫的小鼠用吡喹酮 300mg/kg 一次口服治疗的减虫率为 20%,但剂量增至 500mg/kg 时,减虫率可达 44%,若每天给服 1 次该剂量,连服 3 天,则减虫率可达 90% 以上(尤纪清等,1994)。用扫描电镜观察的结果表明,感染小鼠用吡喹酮 500mg/kg 一次灌服治疗后,d21 童虫的皮层损害较用吡喹酮 300mg/kg 治疗的为重,所有受检虫均有严重的褶嵴肿胀和融合,甚或有剥落和宿主白细胞附着于受损皮层处,盘状感觉器亦有肿胀、糜烂、破溃和感觉纤毛脱落。若每天灌服一次 500mg/kg,连给 3 天,则虫的体表普遍出现广泛的严重肿胀、融合、糜烂、剥落和宿主白细胞附着,说明在较大剂量和延长疗程时,吡喹酮对 d21 童虫亦有直接杀死作用(Xiao 等,1995a)。

用透射电镜观察的结果表明,感染小鼠于灌服吡喹酮 600mg/kg 后 5~24h,其皮肤内的 d0 童虫有明显损害,主要是皮层基质的多膜囊减少或消失,基质模糊和出现空泡,肌层肿胀或变性,胞浆溶解和出现含残余体的巨大空泡等(肖树华等,1988b)。进一步的分析结果指出,不同发育期的血吸虫对吡喹酮敏感性的差异,似与虫摄入吡喹酮的量无关(肖树华等,1986a),但与虫体体表抗原是否显露则可能相关(肖树华等,1987a)。应用间接免疫荧光抗体检测的结果表明,d0、d1 和 d3 童虫体表抗原显露的百分数分别为 86%、55.2% 和 3.9%。将 d0 童虫注入经糖原诱导的含有大量中性白细胞的小鼠腹腔内,中性粒细胞可附着于童虫体表,口服吡喹酮可增强中性粒细胞的附着,但此种现象未能在 d3 童虫中观察到。在含正常兔血清、补体、中性粒细胞和吡喹酮的培养系统(NSCN)中,中性粒细胞可附着于 d0 童虫的体表,在 48h 内有 33%~40% 的童虫被杀死。在 NSCN 系统中,吡喹酮对 d1 和 d3 童虫作用差。上述结果提示,早期日本血吸虫童虫对吡喹酮敏感性的不同,可能与它们各自皮层的抗原成分的差异有关(肖树华等,1987c)。

(三)血吸虫成虫

1. 日本血吸虫

(1)扫描电镜观察:感染日本血吸虫尾蚴达 5 周的小鼠一次灌服吡喹酮 300mg/kg 后 10min,其体内的雌、雄虫的局部皮层即有明显变化,继而不断扩展加重,主要变化为皮层褶嵴肿胀和紧密联结,肿胀的褶嵴相互融合成块、片状或条索状,后者因收缩而形成裂隙;皮层的褶嵴出现大量大小不等的球状物或泡状物;皮层上的感觉器肿大、糜烂和破溃,以及因皮层褶嵴糜烂和剥落致使皮层下组织显露,并有宿主白细胞附着。在所用剂量下,吡喹酮对雌、雄虫体表皮层的损害作用相仿。血吸虫经吡喹酮作用后,其体表的变化并不完全一致,即使同一条虫,在一些有病变的皮层中可夹杂正常的皮层褶嵴。此外,虫的尾部至腹吸盘下的体表皮层最受到损害,而口、腹吸盘间的体表损害则出现较迟和较轻(肖树华等,1982)。吡喹酮的剂量增至 600mg/kg 时,雌、雄虫的体表变化类型与上述相仿,除皮层肿胀、空泡变化、皱缩和破溃等外,尚见有广泛的糜烂(杨士静等,1985)。

血吸虫的皮层经吡喹酮作用受损后,虫的体表抗原显露,使虫易于受到宿主的免疫攻击,而宿主的白细胞则可迅速附着于虫的受损体表(肖树华等,1981a;1983)。进一步用扫描电镜观察,结果表明,在体外,血吸虫在含吡喹酮 $1\mu g/ml$ 的 50% 正常兔血清-HBSS 和加补体及小鼠中性白细胞组成的培养液中培养 2h,雄虫体表肿胀和局部融合、破溃,感觉器有空泡形成或感觉纤毛脱落。在此时间内,雌虫的体表的损害较轻。20h 后,雌、雄虫均有明显的皮层肿胀、融合、破溃和剥落,重者尚见有中性白细胞附着。若在培养液中将正常兔血清用感染血吸虫的兔血清或用成虫冻融的渗出物免疫的兔血清取代,则血吸虫皮层的损害在培养相同时间内均较用正常血清培养的为重,虫体普遍肿胀、融合、糜烂破溃和空泡形成,感觉器亦明显肿大、变形和破溃,并在受损的雌、雄虫体表查见有大量的中性白细胞附着。充分说明,特异性抗体在吡喹酮的杀虫过程中具有重要的意义(肖树华等,1986)。

吡喹酮与血吸虫作用后可迅速引起对虫的三大药理作用,即短时间的虫体活动兴奋,继而虫肌强烈挛缩和皮层损害(肖树华等,1980,1984a;Xiao 等,1984b;Xiao 和 Fu,1991),前者可促使雄虫自吸附的血管壁脱落并随血流移行至肝内,后二者则可引起一系列继发反应而使虫死亡。吡喹酮引起血吸虫的肌挛缩和皮层损害有赖于 Ca^{2+} 的存在,并受 Mg^{2+} 的制约(肖树华等,1980;Pax 等,1978;Bricker 等,1983;Xiao 等,1984a)。最初用曼氏血吸虫观察,认为吡喹酮系改变虫的体表对 Ca^{2+} 的渗透性,促使 Ca^{2+} 内流引起虫肌细胞静息膜电位的升高,从而引起虫肌挛缩(Pax 等,1978;Fetterer 和 Bennett,1978;Fetterer 等,1980),但此结果未能在其后的研究中得到充分的肯定(Bricker 等,1982)。应用日本血吸虫观察结果表明,吡喹酮只是在短时间内促使外源性 Ca^{2+} 向虫体内流,这可能不是引起虫体皮层损害的原因(肖树华等,1984b)。进一步的试验证明,吡喹酮可促使虫的 Ca^{2+} 由皮层胞质向虫体肌内移动,而在吡喹酮不引起虫体明显挛缩和皮层损害的 4℃ HBSS 或无 Ca^{2+} 的 HBSS 中则相反,提示虫体内 Ca^{2+} 分布的变化可能与吡喹酮挛缩虫体和损害虫的皮层有关(肖树华等,1985c)。应用扫描电镜观察,在无 Ca^{2+} 或高浓度 Mg^{2+} (30mmol/L)的 HBSS 中,吡喹酮 $1\mu g/ml$ 或 $30\mu g/ml$ 对血吸虫成虫的皮层无明显损害或损害轻微。若将正常的 Ca^{2+} 量(1.4mmol/L)加至无 Ca^{2+} 的 HBSS 中,则所有受检虫的体表皆出现明显损害。在 4℃ 中,吡喹酮亦不损害皮层,但当温度一旦回升至 37℃ 则迅速出现虫体挛缩和皮层损害(肖树华等,1985d)。

(2)透射电镜观察:感染日本血吸虫的小鼠一次口服吡喹酮 300mg/kg 后 0.5~1h,光学显微镜观察示雌、雄虫的皮层均有不同程度肿胀、空泡变化和破裂;6~12h 后,宿主白细胞附着于受损的皮层,有的已侵入虫体内;24~48h,肝内出现死虫脓肿(肖树华等,1983)。给药后 30min 用透射电镜观察,虫的皮层细胞质突起肿胀,浆膜紧密联结,分泌体减少,并出现髓鞘样或含有残余体的巨大空泡;2~12h,皮层基质的分泌体几乎消失、线粒体浓缩和退行性变,细胞质突起融合、破溃或溶解;24~48h 后,雌虫皮层的细胞质突起几乎融合成一狭长的带状结构,而雄虫的皮层有的已为不同类型的空泡所取代。合体细胞的变化主要是核仁肿大或出现空泡,核染色质浓缩、溶解,双层核膜消失以及胞浆内的线粒体和粗面内质网明显减少,以至消失。给药后 0.5~2h,虫的环肌和纵肌纤维出现轻度肿胀和局灶性溶解,并在肌束内出现残余体或髓鞘样结构。给药后 6~12h,在肌层下的实质组织中出现髓鞘样结构;24~48h 后,环肌普遍溶解,并形成含残余体的空泡。经吡喹酮作用 0.5~2h,雌虫卵黄细胞浆内出现髓鞘样结构的空泡,核仁和线粒体肿大,粗面内质网和核糖体明显减少;12h 后,部分卵黄滴融合、崩裂、溶解和形成含残余体或中等电子密度的卵圆形小体的巨大空泡,卵黄细胞浆内的粗面内质网、核糖体及脂肪滴几乎消失,并有许多由卵黄球溶解而形成的空泡。给药后 0.5～2h,雌、雄虫皮层空泡内的碱性磷酸酶阳性反应颗粒即见减少,6h 后则几乎消失(肖树华等,1981b)。吡喹酮的剂量为 500mg/kg 时,血吸虫皮层的变化与上述相仿(杨元清等,1979)。

2. 曼氏血吸虫

(1) 扫描电镜观察:体外培养的曼氏血吸虫雌、雄虫经吡喹酮 1～100μg/ml 作用 5～60min 后,有 0.05～0.15mm² 的虫体体表发生退化,为许多泡状结构所覆盖,而与其相邻的皮层仍完整。此外,雄虫皮层的损害较雌虫的为重。观察结果表明,在体外,吡喹酮引起血吸虫皮层损害主要取决于血吸虫暴露于药物的时间,而不是药物的浓度(Becker 等,1980)。

在体内,感染小鼠用吡喹酮 10mg/kg 皮下注射治疗后 1h,仅见一些雄虫背侧皮层和体表结节出现空泡变化和损害。剂量增至 25mg/kg 和 50mg/kg,体表受损的虫数明显增加,有些虫的皮层空泡变化亦较广泛,并出现肿胀。剂量为 100mg/kg 和 200mg/kg 时,皮层的空泡变化较低剂量组为轻,但皮层受损和肿胀则较重。当剂量高达 500mg/kg 时,部分虫有中度皮层损害,而部分虫的皮层损害则较为严重和广泛,并因大部分或整个体表皮层的剥落而使虫的皮层下组织显露。在吡喹酮 10mg/kg 作用下,雌虫体表受损不明显;剂量增至 25～100mg/kg 后,体表出现空泡变化和局灶性褶嵴肿胀、融合;剂量为 200～500mg/kg 时,一些雌虫因皮层褶嵴广泛肿胀和融合而呈扁平带状变化。曼氏血吸虫雌、雄虫经上述剂量的吡喹酮作用 4h 后,其体表均出现与剂量相关的皮层损害变化,且皮损程度加重。观察结果认为,与体外试验结果相反,吡喹酮在体内对血吸虫皮层的损害和损害程度均与剂量的大小和作用的时间相关(Shaw 和 Erasmus 等,1983a)。

在一定的剂量下,吡喹酮对血吸虫皮层的损害是可逆的。感染小鼠 1 次灌服吡喹酮 500mg/kg 后 1 天,虫的受损皮层开始恢复,3 天后则接近正常。但若每天灌服一次吡喹酮 500mg/kg,连服 2 天,则虫的皮层呈持续损害(Mehlhorn 等,1981)。在另一试验中,感染小鼠用吡喹酮的亚治疗量 200mg/kg 皮下注射后 15min,雄虫背侧皮层肿胀,并有泡状物形成,而雌虫的变化则较轻。30～60min 后,雌虫皮层的空泡变化和肿胀增多,但 4～24h 后,部分虫的皮层损害有明显减轻,而部分虫的皮层则仍有明显的损害变化(Shaw 等,1983b)。

前已述及,吡喹酮可引起血吸虫强直性挛缩和皮层损害,但这两种作用间的关系如何,以及是否抗血吸虫药物均有这些作用是值得探讨的。故有些学者曾用上述药物进行体外观察。结果表明,吡喹酮(10^{-6}～10^{-4} mol/L)和 R011-3128(10^{-5} mol/L)可引起血虫肌层强直性挛缩和皮层超微结构损害,但若于加药前血吸虫先用 Mg^{2+}(30mmol/L)的培养液培养则此两种作用均减轻。未见上述两种药物的立体异构体有挛缩虫体和损害虫皮层的作用。其他抗血吸虫药物如硝硫氰胺(10^{-4} mol/L)和吡噻硫酮(10^{-5} mol/L)用于体外培养时亦未见挛缩虫肌和损害皮层。但在无抗血吸虫的化合物中,有些可引起虫体收缩和皮层变化,而有些则无此作用。此外,细胞松弛素 B,而不是秋水仙碱可引起虫的皮层破坏,但不影响虫的张力。由此可见,在药物抗血吸虫作用或使血吸虫肌肉收缩与损害虫的皮层作用间并不存在简单相关关系(Bricker 等,1983)。

目前,吡喹酮是惟一可用于治疗感染人体的 5 种血吸虫病的药物,因此,长期反复应用吡喹酮治疗，是否会诱导血吸虫对吡喹酮产生抗药性受到普遍的关注。在埃及，有的曼氏血吸虫病患者经常规剂量的吡喹酮多次治疗而未愈。因此又从这些患者和对吡喹酮敏感的患者获得曼氏血吸虫分离株进行进一步的观察。结果，感染敏感株（1株）和不敏感株（2株）血吸虫的小鼠于用吡喹酮治疗时，ED_{50}分别为104mg/kg，246mg/kg和680mg/kg，这些分离株的血吸虫雄虫在体外经吡喹酮$1\mu m$（$0.312\mu g/ml$）作用10~40min后用扫描电镜观察时，敏感株的雄虫有典型的由吡喹酮引起的皮层结节肿胀、破溃、结节上的棘稀疏、脱落和结节间皮层的皱缩和破溃等，而不敏感株的雄虫则视其对吡喹酮不敏感的程度，其皮层的损害变化较敏感株的缓慢，皮层的损害亦较轻，甚或大部分的皮层结节仍保持完整，且在损害的程度与上述吡喹酮的ED_{50}测定结果相一致（William等，2001）。

(2) 透射电镜观察：在体外，曼氏血吸虫经吡喹酮$1\sim100\mu g/ml$作用5min后，在皮层的基底膜及管道系统可见到$1\sim2\mu m$的大空泡，内含不同密度的细粒物质；15~30min后皮层细胞的胞质层出现空泡变化和管道肿胀，并有充满不同密度的胞质囊泡向外突出，且雄虫的变化较雌虫为重；培养60min后，皮层合体细胞的胞质层发生破溃，并可见有含胞质或细胞碎片的囊泡，皮层细胞的有核胞体肿胀，而肌层下的实质组织亦出现空泡变化（Becker等，1980）。感染小鼠一次灌服吡喹酮500mg/kg，每天1次，连服2天，虫的皮层有广泛的空泡变化，宿主的白细胞，特别是嗜酸性粒细胞可由皮层受损处侵入虫体内（Mehlhorn等，1981）。感染小鼠一次皮下注射吡喹酮200mg/kg后15min，雌虫的皮层和皮层下组织即出现局灶性或广泛的空泡变化，雄虫在其背侧和结节间的一些皮层有许多不规则的和不致密的膜性小体，或有小泡状物形成，并在结节的皮层中查见空泡。皮层的泡状物有3种类型，其中2种由单一致密的皮层细胞质或细胞质与膜性物质所构成，另一种则完全由膜包被的小泡所组成。给药后6~24h，雌虫因皮层褶嵴肿胀、融合而呈平坦带状，皮下肌层和实质组织有损害和部分肌纤维丧失，而在已分化的卵黄细胞中出现溶酶体样小体。雄虫则背侧皮层有明显损害，或因完全破溃而使皮层下组织显露，或出现螺纹膜结构或大的螺纹样结构，肌层亦有广泛的肿胀和破坏，而皮层下的实质组织因糖原丧失而使空泡增多（Shaw和Erasmus，1983b）。

对雌虫生殖系统的进一步观察结果表明（Shaw和Erasmus，1988），感染小鼠一次皮下注射吡喹酮200mg/kg后1天，卵黄腺即有明显变化，卵黄小叶为成熟的和一些异常与死亡的4期卵黄细胞所组成，且在部分1期未分化的卵黄细胞中出现溶酶体样结构。给药后2天，卵黄腺含有大量异常的4期和死亡的卵黄细胞；给药后4天，卵黄等腺叶几乎为4期卵黄细胞所组成，其中许多细胞含有大量脂滴；给药后8天，卵黄腺叶含有大量融合的卵黄滴、线粒体和残留物，并在卵膜内查见含有致密的融合卵黄滴物质和由许多脂滴包围的残留物质的异常卵黄细胞。在上述时间内，卵巢的超微结构变化主要是，先出现异常和死亡的卵细胞，卵母细胞有空泡变化，或卵巢的许多细胞变成圆形，并为细胞间的间隔所分隔，损害重者则见有大量细胞死亡，以及由于死亡细胞的溶解所引起的细胞间隙增大。给药后8天，在卵巢上皮细胞中查见溶酶体样物质，而在成熟的卵母细胞中可见有异常的空泡，内含部分胞质。给药后20天，在存活雌虫的卵巢中尚查见有少数异常的细胞，卵巢上皮细胞仍有溶酶体样物质。至给药后60天，卵巢的超微结构与未治疗对照雌虫的相仿。值得注意的是，治疗前已发育成熟，而治疗后未与雄虫合抱的存活雌虫，其生殖系统呈退化状态，不能重新发育成熟，即最初的生殖系统变化是由于吡喹酮的损害所致，而其后的长期退行性变则是由于无雄虫刺激的结果。

3. 埃及血吸虫

迄今仅见一摘要报道有关吡喹酮对埃及血吸虫超微结构的影响，认为感染埃及血吸虫成虫的仓鼠一次皮下注射吡喹酮150mg/kg后，即迅速引起虫皮层的广泛变化，包括皮层的空泡变化、肿胀和剥离，而在皮层细胞质中则形成不规则的致密膜样螺纹。其后，皮层下的肌层和实质组织，以及肠管肌层亦出现明显空泡变化和破坏。大多数雌虫卵黄细胞滴示有变性和破坏，并出现死亡的卵黄细胞（Leitch和Probert，1983）。

（四）左旋和右旋吡喹

目前临床应用的吡喹酮系由等量左旋（L-）和右旋（D-）吡喹酮所组成的消旋吡喹酮（Andrews等，1983）。此种消旋吡喹酮不仅在毒性和代谢上有所不同，而且在疗效方面亦有明显差异（Xiao和Fu，1991）。临床与动物试验证明（Liu等，1986，1988；Xiao等，1989，1998；Xiao和Catto，1999），L-吡喹酮为抗日本血吸虫的有效成分；而D-吡喹酮则无明显疗效。但吡喹酮旋光对映体抗曼氏血吸虫的作用，则不同实验室报道的结果有所不一致。有的认为仅L-吡喹酮对曼氏血吸虫有效（Xiao和Catto，1989；Xiao等，1999），而有的则认为曼氏血吸虫对L-吡喹酮不敏感，仅D-吡喹酮有效（Tanaka等，1989）。因此一些实验室又用电镜观察了吡喹酮旋光对映体对血吸虫超微结构的影响。

在最先开展扫描和透射电镜观察时，感染日本血吸虫和曼氏血吸虫的小鼠一次灌服吡喹酮、L-吡喹酮或D-吡喹酮500mg/kg。结果，日本血吸虫雄虫经吡喹酮作用后有皮层褶嵴肿胀、空泡变化和坏死剥落及皮层下的环肌显露；血吸虫雄虫的皮层亦有广泛的损害、剥落和感觉器的破坏。未见此3种化合物所引起的血吸虫损害有明显差异，但吡喹酮和L-吡喹酮可引起雄虫睾丸的空泡变化和精母细胞退化，以及雌虫卵巢的卵母细胞功能紊乱和死亡，卵母细胞间的空隙增大和卵黄细胞的退行性变化，即卵黄细胞的粗面内质网肿胀和电子密度增加及卵黄球的空泡变化和集聚等。D-吡喹酮对雌虫的生殖系统无明显影响。吡喹酮、L-吡喹酮和D-吡喹酮对曼氏血吸虫雄虫亦可引起上述的皮层变化，但对雌虫的皮层损害则较轻。吡喹酮和D-吡喹酮尚可引起曼氏血吸虫雄虫和雌虫生殖器官的广泛退行性变化，但未见L-吡喹酮有相似的作用（Irie等，1989）。

在另一实验室的观察中，感染曼氏血吸虫的小鼠分别用吡喹酮300mg/kg或L-吡喹酮150mg/kg灌服治疗，并于治疗后4h及24h取虫作扫描电镜观察时，雌、雄虫的皮层均查见严重的肿胀、褶嵴融合、空泡变化、皮层结节上的棘短缩，以及皮层破溃和剥落等。但用D-吡喹酮150mg/kg治疗则未见雌、雄虫有明显的皮层损害。若将D-吡喹酮的剂量增至600mg/kg，则给药后4h查见的雌、雄虫皮层损害与上述相仿，但损害程度较轻，而给药后24h则有的皮层损害已有明显修复（Xiao等，2000b）。

此外，感染日本血吸虫的小鼠1次灌服L-吡喹酮150mg/kg后1~24h，雌、雄的体表有广泛和明显损害，主要是皮层褶嵴的严重肿胀、融合、糜烂、剥落和宿主白细胞的附着，而盘状感觉器则有肿胀、变形和破溃。上述感染小鼠用D-吡喹酮150mg/kg灌服治疗，虫的皮层损害轻微，若剂量增至600mg/kg，则虫的皮层损害类似于L-吡喹酮150mg/kg所引起的，但变化程度亦较轻。根据上述结果，认为两种吡喹酮对映体的抗血吸虫作用存在着量方面的差异，这可能是由于在所用的D-吡喹酮中尚含有<2%的L-吡喹酮（Xiao和Shen，1995b）。

二、蒿甲醚

蒿甲醚是青蒿素的一个衍生物，已广泛用于疟疾治疗。早在 20 世纪 80 年代初，动物试验就发现蒿甲醚具有抗日本血吸虫，特别是抗血吸虫童虫的作用（乐文菊等，1982）。在"八五"和"九五"期间，根据我国血防工作对预防药物的实际需要，经过深入研究蒿甲醚对不同发育期血吸虫的作用，将其发展成为一个预防血吸虫病的药物（Xiao 等，2000）。其后，通过国际协作，在动物试验的基础上，进行现场人群预防观察，证明蒿甲醚亦具有预防曼氏血吸虫和埃及血吸虫的作用（Utzinger 等，2000；N'Goran 等，2003）。目前，关于蒿甲醚抗血吸虫的确切机制尚不清楚，但在其抗血吸虫生化代谢和对血吸虫超微结构的影响方面积累了一些资料，本章拟就后者作一概述，并以图版（X-1～X-35）阐明其形态的损害。

（一）日本血吸虫

在最初开展蒿甲醚对血吸虫超微结构影响的观察时，采用较小剂量的 2 天疗法，即小鼠于感染血吸虫尾蚴后 7 天（d7）或 35 天（d35）灌服蒿甲醚 200mg/kg，每天 1 次，连服 2 天，并于首剂后 8h 及 24h 和第 2 剂后的 1～28 天的不同时间内取虫作扫描电镜和透射电镜观察。

1. d7 童虫

d7 童虫经首剂蒿甲醚作用 8h 后，用扫描电镜观察（Xiao 等，1996a），所有童虫均有轻度或中度肿胀，体棘和节段性环槽几乎消失，24h 后则出现整个虫体皮层褶嵴肿胀。第 2 剂蒿甲醚给予后 1～3 天，部分虫有广泛和严重的褶嵴肿胀和融合，导致部分虫的体表平滑，以及体棘、感觉器结构和节段性环槽的消失。给药后 14～28 天，残留虫的体表已明显恢复，发育增大。

d7 童虫经 2 剂蒿甲醚作用 24h 后，用透射电镜观察（Xiao 等，1996b），一些虫的皮层变薄，基质的分泌体减少，或皮层基质出现许多空泡、基底膜消失及感觉器结构退化，肌层明显肿胀和局灶性溶解，合体细胞有核的收缩和变形，染色质减少及核膜的局灶性破溃；在皮层细胞的核周胞质中可见有髓鞘样结构，溶酶体样小体和有轻度肿胀或退化的线粒体，而实质组织亦有肿胀和局灶性溶解。给药后 3 天，皮层基质杆状分泌体减少，皮层下线粒体肿胀和肌层部分溶解。受损重者的皮层基质溶解，杆状颗粒体消失和线粒体严重肿胀。治疗后 7 天，皮层感觉器结构内的糖原颗粒溶解和消失，并有变性的线粒体残留，或出现许多膜样结构和膜样包涵体。给药后 14 天，皮层近基底膜的大空泡或皮层下肌层的破坏和部分溶解仍可查见。给药后 28 天，大多数残留的雌、雄虫的超微结构无明显异常，并有明显的发育，但少数虫的皮层和皮层下组织仍查见广泛的空泡变化、肿胀和局灶性溶解。

2. 成虫

成虫经 1 剂蒿甲醚作用 8h 后，用扫描电镜观察（Xiao 等，1996a），少数雄虫即有皮层褶嵴肿胀、融合和盘状感觉器肿大，2h 后，皮层损害进一步扩展，皮层褶嵴出现小空泡、糜烂和剥落，皮层下组织显露。雌虫的皮层损害较雄虫为重，普遍有皮层褶嵴的肿胀和融合，并有局灶性的皮层剥落。第 2 剂蒿甲醚给药后 24h，虫的皮层损害进一步扩展和增重，一些虫的体表局灶性糜烂和剥落，并有宿主白细胞附着和严重的皮层褶嵴肿胀与融合。给药后3~7天，雄虫体表未见有进一步的损害，而雌虫的皮层则有广泛的糜烂和剥落、空泡形成、融合或皱缩。2~4周后，大多数残留的雌、雄虫体表已有明显恢复。

经2剂蒿甲醚作用1天后，透射电镜观察，雌虫的皮层损害较雄虫重，主要是近基底膜的皮层基质溶解，形成大小不等的空泡，以及杆状、盘状和圆形分泌体的减少或消失；感觉器结构有退化和有膜结合的囊样致密体出现，皮层下的肌层有轻度或中度肿胀，并伴有局灶性溶解；皮层细胞的胞核退化和核膜变形，以及皮层下的实质组织因实质细胞质的广泛溶解而形成许多空泡，并有脂滴和溶酶体样小体出现。此时，卵黄细胞核的核仁亦有空泡变化和核周质的粗面内质网的核糖体减少。给药后3天，雌、雄虫的皮层变薄而平滑、分泌体减少、基质模糊和细胞质突起融合，甚或皮层的外质膜破溃。雄虫的感觉器结构亦有严重破坏，仅残留一些糖原颗粒和退化的线粒体。此时，肠上皮细胞出现的变化是胞核的染色质及粗面内质网的核糖体减少，而雌虫的卵黄细胞则出现胞质部分溶解、粗面内质网减少、脂滴形成和一些卵黄滴的溶解，卵黄球缩小或破溃。给药后7天，近基底膜的皮层基质有许多空泡，而受损重的雌虫则有肌层、合体细胞和实质组织的肿胀、退化、空泡变化、溶解以及感觉器结构内的糖原颗粒几乎消失。雌虫卵黄细胞的变化主要是胞核模糊、粗面内质网减少、卵黄滴模糊或完全溶解。此时，肠壁上皮细胞的胞核退化、粗面内质网减少和出现许多大小不等的包涵体，而肠微绒毛则变短和稀疏。治疗后14~28天，部分存活的雄虫超微结构已有明显恢复，但有些感觉器结构内仍见有大的空泡和变性的线粒体。此时部分雌虫已死亡，而部分存活的雌虫有的则仍有严重的超微结构损害，主要是皮层细胞质突起的融合、分泌体减少和基底膜消失。给药后14天，一些雌虫的卵黄细胞已恢复正常，但有的仍有核染色质减少、核膜消失、核仁缩小和粗面内质网消失等。至给药后28天，大部分雌虫的卵黄细胞已恢复正常（Xiao等，1996b）。

（二）曼氏血吸虫

能感染人体的3种主要吸虫，即日本血吸虫、曼氏血吸虫和埃及血吸虫，从童虫发育至成虫所需的时间不尽相同，其中以日本血吸虫的28天为最短，而以埃及血吸虫的63~65天为最长。曼氏血吸虫所需的发育时间较日本血吸虫长1周为35天。由于它们从童虫发育至成虫所需的时间不同，因此对蒿甲醚最敏感的童虫虫龄亦不相同。日本血吸虫对蒿甲醚最敏感的童虫虫龄为7天，曼氏虫血吸虫的为21天，而埃及血吸虫的则在28天以上，因此，在观察蒿甲醚对曼氏血吸虫童虫超微结构的影响时，选择了d21童虫作为观察对象。在此试验中，小鼠丁感染曼氏血吸虫尾蚴后21天和42天分别1次灌服蒿甲醚400mg/kg，并于给药后不同时间剖检取虫，用扫描电镜和透射电镜进行观察。

1. d21童虫（Xiao等，2000c，2002b）

给药后24h即见雌、雄童虫普遍有广泛的皮层损害，主要是皮层褶嵴的轻度或中度肿胀和融合，未见感觉器明显变化。但严重受损的雄性童虫的口吸盘及口、腹吸盘间的皮层有广泛的肿胀和皮层剥落，皮层下组织显露，而整个背侧皮层亦明显肿胀、融合和空泡形成或有一些大的空泡破溃。但在受损的皮层褶嵴间偶可查见正常的皮层和感觉器结构。除口吸盘外，腹吸盘亦明显受损，主要是吸盘的不规则收缩、褶嵴肿胀和融合、局灶性破溃、糜烂和空泡形成。雌性童虫受损的特点是虫的整个皮层肿胀及糜烂，体表破溃和有小空泡形成，并有宿主白细胞附着于皮层受损处。给药3天后，所有受检虫均有严重的皮层损害，包括皮层广泛的肿胀、融合、空泡形成和剥落。此时，受损严重的童虫因崩裂解体而丧失部分虫体,或吸盘变形,并因皮层褶嵴的肿胀和融合而形成团块状。而有的童虫,在其前端或中段的腹侧皮层有广泛的糜烂、剥落和空泡形成,甚或整个虫体为成簇的宿主白细胞包被,或整个受损的虫体体表为宿主白细胞所覆盖,其间夹有大量大小不等的空泡。给药后7天,大部分受损童虫已在肝内被炎性细胞所浸润包围,仅少数童虫可被灌注采集。这些虫的形态,大部分仍异常,有的呈节段性肿胀,或虫的前端向背侧弯曲。此时,有的童虫口、腹吸盘仍有严重的损害,包括皮层肿胀和剥落,或吸盘内侧面的结构破溃等,但大多数童虫可查见有正常的皮层,残留的皮损害已减轻,仅少数童虫仍有局灶性的空泡形成或宿主白细胞附着于受损的口吸盘或虫体前端的皮层上。

上述曼氏血吸虫d21童虫经蒿甲醚作用8h后,用透射电镜观察,即见虫的皮层有不同程度的损害,主要是细胞质突起的外质膜模糊和皮层基质的杆状和圆形分泌体的减少,以及由于局灶性基质溶解所形成的大、小不等和含残余体的空泡,甚或基底膜消失。此时,皮层上的感觉器结构明显扩大,内部结构模糊,而皮层的肌束和实质组织因局灶性溶解而形成许多空泡,未见皮层细胞核有明显损害,但核周细胞质中的一些线粒体溶解或线粒体的嵴明显减少。此外,肠上皮细胞的粗面内质网明显减少,伸入肠腔的微绒毛明显缩短和减少。24h后,一些感觉器变性或内部结构溶解,形成空泡,而皮层细胞核则有变性或坏死。此时,最严重的损害是部分皮层和皮层下肌层的丧失,皮层细胞的双层核膜受损和粗面内质网膨胀,核周胞浆质亦有溶解和变性。治疗后3天,皮层基质中查见髓鞘样结构和膜性包涵体。损害重者肌束和实质组织有局灶性溶解,皮层细胞的胞质中出现膜性包涵体和成堆的杆状体,局部细胞膜破溃。此外,肠上皮细胞的核仁缩小,核的异染色质增加,粗面内质网减少,线粒体萎缩及微绒毛消失。给药后7天,除皮层空泡变化外,一些皮层结节和感觉器模糊,皮层细胞核周胞质溶解,或有大小不等的膜性空泡及粗面内质网减少等。给药后14天,皮层仍有损害,除上述外,皮层下的实质组织有广泛溶解和皮层细胞的破坏。但有的童虫切片显示细胞质突起和肌纤维有明显的恢复,但皮层细胞仍查见损害。此时,有些虫的肠上皮细胞亦有明显恢复,粗面内质网增加和微绒毛接近正常,有的与对照组相仿。

2. 成虫(Xiao等,2000d,2002c)

血吸虫雄虫经蒿甲醚400mg/kg作用24h后,用扫描电镜观察最明显变化是虫的背侧和腹侧的皮层结节受损,主要是结节缩小、结节上的棘变平和棘的数量减少。受损重的结节变得平坦或有破溃,而其周围的皮层褶嵴则未见有异常,亦未见感觉器的明显变化。雌虫的变化是皮层褶嵴的局灶性肿胀、融合,或有破溃与剥落。除上述体表外,一些雌、雄虫的吸盘亦有损害。给药后3天,虫的皮层损害进一步加重,雄虫背侧和腹面的结节除缩小外,其上的棘变短,并在结节表面查见因局部凹陷而形成的"洞"和含有一纤毛的感觉器。但有的雄虫因皮层明显肿胀,而使其上结节沉陷,并在结节间出现许多小的空泡。此时,受损重者可查见皮层有局灶性糜烂、破溃和剥落,且感觉器亦有明显损害或破坏。通常未见有宿主白细胞附着于皮层受损处,但在个别雄虫毁形的口吸盘上有成簇的宿主白细胞附着于吸盘的边沿和内面。在此时间内,雌虫的皮层损害为明显肿胀、紧密联结和融合,或有局灶性的糜烂与表浅或较深的剥落,并使皮层下组织显露。此外,少数受损严重的雌虫,可查见宿主白细胞附着于虫体前、后部位受损的皮层或口吸盘上,或有严重的皮层剥落与破溃。给药7天后,有些雌、雄虫已有正常的皮层,或仅有局灶性的轻度皮层变化，而有的虫则仍查见较严重的皮层损害，即有些雄虫的受损皮层结节已有明显恢复，结节上的棘明显增多，但结节间的皮层褶嵴仍肿胀，或相互融合，这些变化常见于抱雌沟内的皮层。在此时间内，受检的雌虫仍有明显的皮层变化，且有宿主白细胞附着于受损的皮层上。

曼氏血吸虫成虫经蒿甲醚 400mg/kg 作用 8h 后用透射电镜观察，雄虫最先出现的变化是皮层远端细胞质突起的局灶性肿胀、基质稀疏和空泡形成；或膨大的远端细胞质突起相互融合形成大的空泡，而在皮层结节中，其基质和棘出现溶解，并伴有结节内的空泡变化和糖原颗粒减少。雌虫的皮层变化主要是皮层的空泡变化、基质和皮层下肌纤维的局灶性溶解，而皮层细胞则出现髓鞘样小体和粗面内质网消失。此时，成虫体表感觉器结构内的糖原颗粒减少、线粒体溶解和小空泡形成；肠上皮细胞则有粗面内质网肿胀、线粒体溶解、空泡形成和出现膜样包涵小体，以及微绒毛缩短。此外，雌虫的卵黄细胞有粗面内质网减少、脂滴增加和卵黄滴中有局灶性的卵黄球融合。给药后 24h，雄虫的皮层结节、基质和感觉器有广泛溶解，皮层的基底膜消失，或细胞质突起的外质膜膨大形成空泡。此时，皮层下肌纤维和实质组织有局灶性或广泛溶解，皮层细胞的核染色质增加，而粗面内质网和线粒体则减少或消失。雌虫皮层的变化与雄虫相仿，但在肠上皮细胞中查见大小不等的含残余体空泡，以及伸入肠腔的微绒毛消失，此外，在雌虫中尚查见卵黄细胞间的实质组织溶解，一些细胞的胞核破溃或消失，胞质内则出现许多脂滴、空泡、膜样包涵小体和髓鞘样结构，而卵黄滴内的卵黄球有融合现象。给药后 3 天，雄虫的皮层、肌层和实质组织仍有明显变化，感觉器及其表膜因受损而形成空泡。雌虫的皮层基质广泛溶解，并与皮层下溶解的肌层融合在一起。在此时间内，皮层细胞，肠上皮细胞和卵黄细胞的变化与上述相仿。给药后 7 天，一些雌、雄虫的皮层及皮层下的肌层与实质组织仍有明显的损害和广泛的溶解，一些肠上皮细胞和卵黄细胞仍有变化，但在有些虫的切片中查见正常的皮层和皮层下组织结构，提示部分受损害的虫已有明显恢复。给药后 14 天，有些雌、雄虫的受损严重的皮层已脱落，有些虫的损害仅限于局灶性的皮层、肌层和实质组织溶解，而有些虫则有完整的皮层、肌纤维、感觉器和皮层结节。至于肠上皮细胞，有的仍可查见胞质内的粗面内质网肿大，部分线粒体退化或消失，以及出现许多膜样空泡，但伸入肠腔的微绒毛已有明显恢复；卵黄细胞有的仍有明显变化，即细胞间的实质组织溶解或细胞破溃，有卵黄滴释出，以及在胞质出现髓鞘样结构。

（三）埃及血吸虫

埃及血吸虫从童虫发育至成虫所需时间最长，为 63～65 天。由于虫源困难，尚未能测定不同发育期的埃及血吸虫对蒿甲醚的敏感性，亦未进行用透射电镜观察蒿甲醚对童虫超微结构的影响。但根据光学显微镜的检测，蒿甲醚对 d28 童虫具有很好的杀死作用（Yang 等，2001），而且在延长蒿甲醚间隔给药时间亦获得很好的预防效果（Xiao 等，2000e）。因此，在本节的叙述中，补充了应用光学显微镜观察童虫的结果。

1. d28 童虫

仓鼠于感染埃及血吸虫尾蚴后 28 天一次灌服蒿甲醚 300mg/kg，并于给药后的不同时间取虫作扫描电镜观察（Xiao 等，2001）。结果，d28 童虫经蒿甲醚作用 24h 后，受检的雌、雄童虫均有局灶性或广泛的皮层肿胀和空泡变化，但邻近皮层损害部位或在有损害的皮层之间可查见正常的皮层。在此时间内，最明显的变化是感觉器的肿胀和糜烂，且其表面常有破溃，或在感觉器分布较多的皮层部位，由于肿大的感觉器崩解，使受损处皮层呈"空洞"状。此外，尚有童虫的体表褶嵴有广泛的肿胀、融合、空泡形成和剥落。给药后3天，受检虫体变化较轻者为皮层局灶性肿胀和小空泡形成，重者则为雄虫后部抱雌沟处的受损皮层有局灶性破溃，或虫体有强烈收缩，虫的皮层有广泛肿胀、融合、空泡变化糜烂、破溃和剥落。给药后7天，从肝脏灌注出的受检童虫中，大部分仅见有轻度皮层变化，主要是局灶性皮层肿胀、空泡变化和剥落，以及感觉器肿胀。

上述感染仓鼠于用蒿甲醚治疗后24h取肝脏用光学显微镜观察（Yang等，2001），93%受检虫切片有变性，包括皮层肿胀、炎细胞附着于受损皮层、受损肠管破溃和以淋巴细胞为主的炎细胞浸润等。给药后3天，童虫受损程度加重，主要是皮层严重肿胀、内部结构模糊和肠管破溃，有大量色素颗粒释放至虫的实质组织中，并查见死亡童虫。给药后7天，死亡的童虫数增加，发展为早期或晚期的死虫肉芽肿，但仍有12%的童虫切片显示正常的组织结构，提示存活的童虫有的已恢复正常。观察结果表明，蒿甲醚对埃及血吸虫童虫有明显的杀死作用。

2. 成虫（肖树华等，未发表资料）

埃及血吸虫取自感染埃及血吸虫尾蚴达70天和一次灌服蒿甲醚400mg/kg的小鼠。给药后24h，用扫描电镜观察，雄虫体表即见有广泛变化，主要是背、腹侧皮层褶嵴肿胀、融合，并有局灶性或范围较广泛的糜烂、浅表剥落和大小不等的空泡形成。此时，皮层上的一些结节，有的已崩溃，其上的棘稀少和排列凌乱，或肿大的结节因表面无棘而平滑，而结节的四周则有破裂和轻度糜烂。但有的可见到较大的空泡自感觉器或结节中伸出，有的已破溃。除皮层外，雄虫口吸盘四周的皮层亦有明显肿胀和融合，而抱雌沟两侧的皮层则有广泛的肿胀、融合和空泡变化。雌虫体表皮层的损害，大多见于感觉器周围，主要是感觉器有不同程度的肿大、破溃，形成"空洞"状外观，而邻近的皮层褶嵴则有糜烂和剥落，皮层下组织显露。给药后3天，雌、雄虫的口、腹吸盘四周的皮层褶嵴明显肿胀和融合，有广泛的糜烂与剥落。除吸盘本身外，口、腹吸盘间的腹面和背面的体表亦见有广泛的肿胀、融合或广泛的剥落。此时，雄虫背、腹侧皮层的损害与给药后24h的相近，皮层上的结节普遍肿大或有空泡形成，结节间的皮层褶嵴糜烂和空泡变化亦常见，但在损害的皮层间常夹有正常的皮层褶嵴。雌虫皮层的变化以较广泛的肿胀和融合为特征，有局灶性糜烂和浅表剥落，感觉器的肿大和破溃亦明显。给药后7～14天，有的雄虫皮层损害已明显恢复，表现为结节缩小，结节表面的棘增多，结节间的皮层褶嵴未见异常。但有的雄虫皮层仍有明显的肿胀结节，有的已经破溃，或皮层褶嵴有局灶性肿胀、融合与剥落。雌虫体表的变化与雄虫相仿，有的雌虫体表已有明显恢复。

小鼠体内的埃及血吸虫成虫经蒿甲醚400mg/kg作用24h后，用透射电镜观察，雌、雄虫的细胞质突起明显肿胀，基质溶解和稀疏，基质内的杆状和盘状分泌体明显减少，有膜性囊样结构和空泡形成。由于皮层明显肿胀，体棘沉没于肿胀的细胞质突起中。在有的虫体切片中，损害的皮层大部分已脱离，残留的棘突出于体表；感觉器内的结构有溶解，残留少量糖原颗粒和变性的线粒体，结构内壁的双层膜结构模糊不清，而结构的局部表面皮层因受损而向外突出，形成含有基质的小空泡。此时，皮层的基底膜有的已消失，皮层下的纵肌和环肌有轻度肿胀或局灶性溶解，而皮层下的实质组织因广泛溶解，使实质组织的间隙增大，有髓鞘样结构出现。除上述受损皮层外，尚查见有正常的皮层结构。在此时间内,有的肠上皮细胞核的异染色质增多,核周间隙增宽,胞质内的粗面内质网减少,线粒体变性,出现髓鞘样结构,而伸入肠腔的微绒毛则明显减少。此时,雌虫的卵黄细胞出现大量空泡,粗面内质网和线粒体明显减少,局部粗面内质网呈层状排列,核糖体颗粒脱落,而卵黄滴内的卵黄球有的已融合,呈大小不规则形状。给药后3天,一些虫的皮层变薄,基质内的杆状颗粒和多层泡消失,出现盘状颗粒和多层泡包涵体,感觉器内的双层膜结构局部消失,线粒体和糖原颗粒减少,皮层结节内的结构部分溶解,或其皮层上的棘明显减少,而一些感觉器的双层膜结构已完全消失。此时,一些皮层下的肌层和实质组织有明显的局灶性溶解和线粒体变性。在有的虫体皮层切片中,体表皮层未见有明显异常,但皮层下的肌层和实质组织则有明显的肿胀和溶解及线粒体变性。此时,雌虫卵黄腺的变化,除上述外,有的卵黄滴已相互融合,卵黄球有的已融合成较大的块状,残留许多细小的碎片。给药后7天,虫的皮层损害重者出现部分溶解和脱落,皮层下肌层和实质组织有广泛溶解,而有的皮层虽有明显恢复,杆状和盘状颗粒明显增多,但基质仍稀疏,近基底膜可见许多空泡,肌层亦有不同程度的局灶性溶解,因实质组织的广泛溶解,皮层下实质组织间隙增宽。此时,有的肠上皮细胞核间隙部分扩张,胞质内出现膜性包涵体,核糖体亦明显增多,但微绒毛仍明显减少和短小;而有的肠上皮细胞的粗面内质网扩张,核间隙增宽,且微绒毛增多和伸长。此时,雌虫卵黄细胞的粗面内质网和线粒体仍明显减少,卵黄滴膜消失而相互融合,且有部分卵黄细胞膜缺失。停药后14天,部分虫切片有正常的皮层结构,皮层上的结节和感觉器亦有明显恢复,但有的皮层则变薄,皮棘之间基质溶解而形成空泡;有的则在皮层基底膜出现一排较大的空泡,或有感觉器破坏、线粒体浓缩和内部结构溶解,而皮层基质内则出现大量絮状膜性包涵体和基底膜消失,皮层下的肌层和实质组织亦有广泛溶解。此时,肠上皮细胞仍有不同程度变化,除上述外,重者胞质内的粗面内质网消失、线粒体变性,胞质溶解和核间隙增宽,而微绒毛则几乎消失。在卵黄细胞中,卵黄滴膜局部缺失、线粒体肿胀、胞质溶解和粗面内质网减少,并查见死亡的卵黄细胞。

三、其他抗血吸虫药物

(一) 硝硫氰胺

硝硫氰胺是20世纪70年代中期发展的一个广谱抗蠕虫药物,对血吸虫、丝虫、钩虫、蛔虫和姜片虫等均有效。我国学者曾合成此药,并试用于临床治疗日本血吸虫病,具有一定的疗效(赵慰先等,1996)。但由于硝硫氰胺对肝脏毒性较大,可引起神经系统反应,故现已不用。

感染曼氏血吸虫成虫的小鼠一次灌服硝硫氰胺的亚治疗剂量2.5mg/kg或4mg/kg后1～5天,雄虫表体受损最重的部位为腹吸盘后的背部皮层。主要是皮层肿胀、皱缩、糜烂和剥落;感觉器肿胀、破溃,致其下组织显露,而在口、腹吸盘之间的受损皮层上则常见有宿主的白细胞附着。雌虫的明显损害是体表的皮孔增大,体表褶嵴收缩和感觉器破溃及受损皮层有宿主白细胞附着。停药后,存活雌、雄虫的受损体表恢复缓慢,停药后62天,仅部分虫的体表损害完全消失,至给药后102天,尚未见所有虫的受损皮层恢复正常(Voge和Bueding,1980)。

关于硝硫氰胺对埃及血吸虫超微结构的影响,曾自感染埃及血吸虫尾蚴达14周,并用不同剂量的硝硫氰胺混悬剂或细粉制剂一次灌服治疗后的仓鼠取虫,作扫描电镜和透射电镜观察（Letich 和 Probert，1984）。结果表明，硝硫氰胺的水混悬剂的剂量为 300mg/kg 时，才能对埃及血吸虫成虫的超微结构引起类似于硝硫氰胺细粉制剂 2.5mg/kg 所引起的损害。在所用的不同制剂和剂量下，埃及血吸虫雌、雄虫最早出现的和独特的损害是皮层的空泡变化，重者覆盖体表结节的皮层膨大成为内含絮状物的空泡。与此同时，皮层和感觉器肿胀明显，而雌虫的皮孔亦见增大。给药后 24h，可见大的空泡凸出体表，其内含有不同的皮层包涵体、圆形包涵体和膜性螺纹。硝硫氰胺对感觉器的损害明显，给药后 60～120h，一些感觉器已完全破溃，但仍见有感觉纤毛。用透射电镜观察，感觉器内的糖原颗粒和其他细胞器已消失。给药后 24h，虫的线粒体受损，有的嵴破溃而缩小，有的呈电子透明，嵴仅隐约可见。给药后 24～60h，皮层基质可见有膜性螺纹和电子致密的坏死结构。在这些膜性结构内尚可查见变性的皮层细胞质和均一的物质。给药后 60～120h，一些体表皮层出现糜烂和破溃，尤其是在有棘的皮层结节部位可见有整块的皮层剥落，使皮层下组织显露，而雌虫的皮层剥落亦使虫的一些部位显露，并有宿主白细胞附着。除皮层外，肠上皮细胞和卵黄细胞亦出现类似皮层超微结构的损害，主要是肠上皮细胞质的空泡变化和膜性螺纹的形成，而在一些成熟的卵黄细胞中可查见卵黄滴内有融合颗粒和膜性螺纹，并偶可见到坏死的卵黄细胞。

为了观察硝硫氰胺对日本血吸虫超微结构的影响，感染日本血吸虫成虫的小鼠每天灌服硝硫氰胺 24mg/kg，连服 3 天，并于末次给药后 24h 取虫作透射电镜观察，证明日本血吸虫经硝硫氰胺作用后，虫的皮层破坏明显，轻者细胞质突起变平、变形或相互融合，盘状颗粒和多膜层小泡减少；重者则皮层结构破坏并为大小不等的泡状结构所取代，甚或破溃脱落，而皮层细胞质和细胞核亦有一些退行性变化。在所用剂量下，未见对虫的肌层有明显影响，但肌纤维中的线粒体有的出现髓鞘样变性（余慧贞等，1983）。在另一试验中感染小鼠用硝硫氰胺 20mg/kg 治疗后亦显示雌、雄虫的体表及卵黄细胞有不同类型的明显变化（Irie 等，1983）。

（二）奥沙尼喹（羟氨喹）

奥沙尼喹也是 20 世纪 70 年代发展的一个抗血吸虫药物。该药仅对曼氏血吸虫病有效，对埃及血吸虫病和日本血吸虫病均无效。不同地理株的曼氏血吸虫对奥沙尼喹的敏感性有很大的差异，因此用于治疗曼氏血吸虫病的剂量亦因地域不同而差别明显，如南美和加勒比海岛屿，成人口服单剂 15mg/kg 即可，而南非和津巴布韦则需在 2～3 天内给服总剂量达 60mg/kg（杨藻宸等，2000）。由于奥沙尼喹价格较昂贵，且其治疗可用价格便宜的吡喹酮取代，故现已少用。

为了观察奥沙尼喹的作用，小鼠于感染曼氏血吸虫尾蚴达 70 天后 1 次口服该药 50mg/kg，并于治疗后 1～60 天的不同时间内取虫作透射电镜观察（Popiel 和 Erasmus，1984）。结果，所有受检雄虫均查见由药物所引起的损害，而最早的变化是于给药后 4～6 天在皮层上出现不同的髓鞘样结构，其广泛积聚可引起局部皮层肿胀，并以给药后 5～7 天的背侧皮层最为普遍，但抱雌沟处的皮层的损害较迟缓。髓鞘样结构亦出现于泡状物的皮层细胞质中，其中有的因空泡破裂而释出。给药后 5 天，肠上皮细胞即有损害，查见溶酶体样空泡和大的脂滴，重者尚见有粗面内质网扩张和残余体物质。同时在雄虫的皮层受损后即见从皮层至肠管间的细胞外间隙增宽，最初可容纳分隔的细胞和肌束，至给药后 12 天则发展为广阔的细胞外间隙，致使皮层下的肌束和环绕肠上皮细胞肌束的明显缩小和有不规则外形。治疗后19天自肝内检获的雄虫皮层剥落，残留基底膜，并有宿主细胞附着，而在其下的组织中则查见嗜酸性粒细胞。治疗后14～35天，约25%自肝内灌注出的雌虫的皮层损害与雄虫相似。雌虫经奥沙尼喹作用后，虫体明显缩小，生殖器官明显退化。在给药后的最初几天，卵黄细胞仍正常。给药后6天，除未分化的卵黄细胞外，分化的卵黄细胞严重受损，卵黄滴融合和脂滴增加，并有大的空泡和髓鞘样结构。卵巢的基底上皮层细胞于治疗后14天出现异常，电子致密的纤维物质积聚。给药后35天，卵巢明显萎缩，并查见卵原细胞和卵囊，与未成熟或单性雌虫的相仿。在第一次给药后60天再给予一剂奥沙尼喹，则治疗后14天和28天，未见残留雌虫的卵巢、卵黄腺和其他组织有进一步的变化。奥沙尼喹的剂量为100mg/kg时，虫的超微结构亦有相似的变化（Kohn 等，1979）。

（三）二巯基丁二酸锑钠、海蒽酮、硫蒽酮、尼立达唑（硝唑醚）和氨苯氧烷

在吡喹酮和奥沙尼喹问世前，一些锑剂曾用于临床治疗血吸虫病，至20世纪30～60年代又有一些非锑剂类药物，如硫蒽酮、海蒽酮、氨苯氧烷、尼立达唑和硝基呋喃类药物先后出现，曾用于或试用于临床治疗，但由于疗效差或毒性大和疗程长均已不用（杨藻宸等，2000）。在这些药物的研制过程中，有的曾用于观察对血吸虫超微结构的影响。

感染曼氏血吸虫尾蚴达60～103天的小鼠每天由腹腔注射1剂二巯基丁二酸锑钠30～40mg/kg，连给12天。若一次给药后3天或3次给药后24h取雄虫作扫描电镜观察（Otubanjo，1981），虫的皮层均有严重损害，有许多大的螺纹和空泡形成，而近基底膜则见有许多小的含颗粒物质的空泡，以及皮层下实质组织的脂滴增加。未见皮层的包涵体有明显变化，且背侧和抱雌沟处皮层的损害亦相仿。此时，雄虫睾丸的主要变化是含有线粒体和内质网的精母细胞的变性，表现为线粒体嵴的消失和线粒体肿大，而内质网则肿胀和电子致密。此时精子发生未受明显抑制，但生殖管腔明显增大并含有大量圆形颗粒碎片和正在死亡的生发细胞。用二巯基丁二酸锑钠连续治疗6天后，雄虫皮层的破坏和崩解更为明显，而睾丸的变化则以许多空泡的出现和有一个高的皱褶基底膜为特征。此时，一些睾丸的容积明显减少而难以辨认，而有的则增大，并在精囊和输精管内查见大量生殖细胞。经二巯基丁二酸锑钠连续治疗12天后，虫的皮层严重破坏，有些已大片从皮层下肌层剥落，残留皮层只有少量致密的包涵体、线粒体、棘和结节，且皮层变薄和平坦。此时，睾丸支持细胞和其他生精组织逐渐减少和消失。上述小鼠于用二巯基丁二酸锑钠治疗后10天，雄虫的皮层高度和褶皱与对照虫相仿，但皮层基质稀疏和电子明亮，并有丰富的皮层小体，但肌层仍有非胞质的空隙。停药后22天则皮层完全恢复正常。睾丸于停药后，在支持细胞中出现许多电子致密空泡和分泌小体，并查见精原细胞、精母细胞和精细胞，睾丸容积亦有明显恢复，但治疗后22天，受损的睾丸尚未完全恢复正常。

除雄虫睾丸外，二巯基丁二酸锑钠对雌虫卵黄细胞超微结构的影响亦进行了观察（Erasmus，1975）。曼氏血吸虫雌虫的卵黄细胞发育可分为4期，即第1期（S1），位于卵黄小叶边缘，有较大的核和核仁，有电子透明的细胞质和分散成簇的核糖体，出现高尔基复合体；第2期（S2），细胞质内有大量糖原、核糖复合体和卵黄滴，查见大量分散成簇的核糖体和长绳状的未扩张的粗面内质网，但与S1相反，很难查见高尔基复合体；第3期（S3），细胞质内的粗面内质网和高尔基体复合物均甚丰富，含有大小差别悬殊的卵黄球和紧密的卵黄滴。此时，核糖体复合物消失，线粒体散布在粗面内质网中；第4期

(S4)，细胞核含有分散的异染色质斑块及大的核仁，且核孔清晰。感染小鼠一次腹腔注射二巯基丁二酸锑钠 300~400mg/kg 后，对 S1 卵黄细胞毫无影响，对 S4 卵黄细胞的作用亦小，仅见卵黄球、卵黄滴和核糖复合体有轻微变化，但 S2 和 S3 卵黄细胞则有不同的变化，即卵黄滴空泡变化、脂滴形成和一些线粒体嵴间基质的破溃等。感染小鼠一次腹腔注射二巯基丁二酸锑钠小剂量 30~40mg/kg 后 3h 取虫观察，S1 卵黄细胞似未受影响，而在 S2 和 S3 卵黄细胞中，有些出现含膜的空泡，且大部分 S3 卵黄细胞查见成熟前的脂滴，以及细胞质内呈电子黑暗区。至于 S4 卵黄细胞，则可见脂肪含量增加，且核糖复合体特别丰富，在一个细胞内可见到 2~3 个大的和致密的复合体。小剂量二巯基丁二酸锑钠 1 剂给药后 24h 卵黄细胞仅有轻度变化，可查见各期的卵黄细胞，最明显的变化是细胞间隙增加和有些 S4 卵黄细胞的细胞质崩裂和蛋白滴破溃，同时 S3 卵黄细胞已无脂滴，表明已恢复正常。若感染小鼠每天注射 1 剂上述小剂量的二巯基丁二酸锑钠，连给 3~12 天，则卵黄细胞出现严重的变化，卵黄小叶的细胞群逐渐发生变化，导致 S2 和 S3 卵黄细胞的完全消失，而 S1 卵黄细胞则持续存在，且在末剂给药后 2 天和 22 天查见这些细胞保留再生的能力，并发育至 S2 和 S3。S4 卵黄细胞虽在整个治疗期间存在，但其超微结构有明显变化，如卵黄球破溃，脂滴和核糖复合体明显增加、细胞质出现膜性螺纹结构。这些变化随着治疗次数的增加而增重，导致 S4 卵黄细胞的死亡和崩解。此外，在细胞和亚细胞水平用 X 线分析锑在卵黄小叶中的分布结果表明，卵黄细胞内的锑含量与二巯基丁二酸锑钠给药次数密切相关，在少于 5 剂治疗的虫体标本中不易测出。而且分子锑均未能在 S1、S2 和 S3 卵黄细胞中测得，仅在 S4 卵黄细胞中查见，主要分布在核糖复合体及卵黄滴中。根据上述结果，认为在卵黄细胞中 Cytosegresome 起着促使锑剂贮留的作用。

此外，用等量人血清和 Earle 盐平衡溶液配制的培养液培养曼氏血吸虫合抱雌、雄虫 4~6 天，对虫的超微结构无明显影响。故又用体外培养方法观察了二巯基丁二酸锑钠对雌虫的作用，当药物的浓度为 $30\mu m/ml$ 时，所有雌虫于 7~20h 内被杀死，但在低药物浓度 $10\mu g/ml$ 培养 1~3h，则药物选择性地作用于成熟的卵黄细胞，表现为内质网的嵴明显膨胀，细胞核膜扩大和脂肪滴增加。培养 6~24h 后，未见虫的皮层有明显变化。虫的实质组织于培养 3h 后未见异常，但卵细胞有变性（Shaw 和 Erasmus，1977）。

在进一步比较观察二巯基丁二酸锑钠、硫蒽酮和海蒽酮对曼氏血吸虫卵黄腺的不同发育期卵黄细胞的作用时，前者主要是损害成熟的和具有蛋白合成功能的卵黄细胞，而未分化和无合成功能的卵黄细胞（S1）则无形态学变化，并在停药后数日内迅速发育，使卵黄小叶充有正常不同发育期的卵黄细胞。硫蒽酮和海蒽酮则主要是抑制未分化的卵黄细胞的分裂，从而使它们自卵黄小叶逐渐消失，但从这些未分裂的卵黄细胞发展的不同发育期和成熟的卵黄细胞在卵黄小叶积聚，并最终被损害，卵黄小叶的细胞由大量成熟卵黄细胞所组成。在用海蒽酮治疗时，由于干扰了神经肌肉系统，卵黄小叶保持有不同发育期卵黄细胞并未能进入卵黄腺管。3 种药物引起卵黄细胞的死亡均与细胞的空泡变化、髓鞘样结构的出现、卵黄滴的破坏、脂肪增加和胞质的密度增加有关，而细胞死亡的区别则取决于所用的药物（Erasmus 和 Popiel，1980）。除上述药物外，尼立达唑亦曾用于观察对曼氏血吸虫雌虫卵黄腺的影响，认为该药可引起雌虫卵黄腺组织的进行性变性，其作用特征是减少未分化的 S1 卵黄细胞的形成和成熟的 S4 卵黄细胞的积聚（Popiel 和 Erasmus，1981）。

1,7-双（对氨基苯氧基）庚烷（153C51）是 20 世纪 60 年代发展的一个抗血吸虫药物，曾观察感染小鼠一次口服该药 400mg/kg 后 3~24h，其体内曼氏血吸虫雄虫体表有超微结构的变化，在虫肝移前，其背侧皮层即有病理变化，主要是在皮层积聚许多具有残余溶酶体为特征的膜性包涵体及一种溶酶体酶，而酸性磷酸酶的分布亦发生变化。这些变化是由于皮层的酶活力受到抑制或耗竭，继而促使细胞体内酶的再合成和输出所致。皮层溶酶体水解能力的消失，是残余溶酶体聚集的主要原因。经药物作用的血吸虫用间接免疫荧光抗检测，其皮层仍保持宿主红细胞膜抗原伪装，故在虫体皮层产生病理变化过程中，免疫学因素似不重要（Watts 等，1979）。

四、结语

扫描电镜和透射电镜观察的结果表明，一些抗血吸虫药物，如吡喹酮、蒿甲醚、奥沙尼喹、硝硫氰胺和二巯基丁二酸锑钠等均可引起血吸虫的体表皮层、皮层下组织、肠上皮细胞和雌虫卵黄细胞等的广泛变化。其中最突出和最重要的是皮层，包括其上的感觉器和结节（曼氏血吸虫和埃及血吸虫）在内的损害。不同类型的抗血吸虫药物均可引起形态类似的皮层超微结构变化，其中最普遍的是皮层褶嵴、感觉器和结节的肿胀、融合和形成大小不等的空泡突出于体表，继而破溃、糜烂与剥落，特别是一些肿大和变形的感觉器因崩解而使受损体表呈"空洞"状。在皮层基质内，可见有因基质的溶解而形成空泡变化，基质中的分泌体减少或消失，并有溶酶体样或髓鞘样结构出现等。由于血吸虫的皮层是虫与宿主紧密接触和表面积大的一个重要界面，具有与糖、氨基酸和核酸前体物质转运有关的酶，在血吸虫的营养吸收过程中，包括简单扩散、易化或介导扩散及主动转运等起着重要的作用（Hockley，1973；毛守白等，1990a）。另一方面，在血吸虫的体表皮层上具有各种各样的宿主决定簇，用以伪装血吸虫的表位或表面抗原，使其丧失抗原性。同时，宿主决定簇的伪装也封闭了感染宿主的细胞或抗体对免疫原的识别能力，从而可逃避宿主免疫系统的攻击，形成其在宿体内长期存活的伴随免疫状态（毛守白等，1990b）。现已证明，血吸虫表面的宿主决定簇有红细胞抗原、小鼠主要组织相容性复合物基因产物和宿主免疫球蛋白等。由此可见血吸虫的皮层除营养物质摄入外，还起着重要的防御机能。故其一旦受损引起广泛剥落，因其体表抗原显露，则可受到宿主免疫系统的攻击。此外，血吸虫皮层基质中的多层膜性小体和杆状颗粒等分泌体，在皮层外膜的更新和转换中（Wilson 和 Barnes，1977；周述龙，1981），以及在受损皮层的修复中可能起着重要的作用。虽然一些抗血吸虫药物均可引起血吸虫皮层类似的超微结构变化，但药物的作用机制可能不尽相同，如吡喹酮对血吸虫皮层的损害极其迅速，奥沙尼喹较为缓慢，而蒿甲醚则居中。从疗效来看，前两种药物的减虫率高，而蒿甲醚则较低。再就同一药物而言，蒿甲醚引起血吸虫童虫和成虫体表皮层的损害类型相仿，但蒿甲醚对童虫的疗效则明显高于对成虫的，提示虫的皮层损害尚难以作为评价药物疗效的惟一依据。在血吸虫的皮层上还广泛分布着不同形态的感觉器，而皮层结节则仅分布于曼氏血吸虫和埃及血吸虫的皮层上，且这两种结构的外表均由皮层所组成。扫描电镜观察结果表明，这些结构往往是一些抗血吸虫药物最先作用的部位，受损亦严重，但治疗后，存活虫的受损感觉器和结节的修复迅速，故其受损在药物作用的意义上尚不清楚。

除血吸虫的皮层外，皮层下的肌层、实质组织、肠上皮细胞和雌虫的卵黄细胞等也是一些抗血吸虫药物易于损害的部位。其中，在实质组织中的皮层细胞，即合体细胞的受损在药物的作用中具有重要意义。这是因为虫的皮层是由许多皮层细胞质向外伸出，在体表处相互融合成为覆盖整个虫体体表的皮层，同时，皮层细胞还源源不断地供给多层膜性小体和杆状颗粒等分泌体，以维持皮层的更新和稳定。经药物作用后，若皮层细胞体广泛受损、坏死，则受损皮层不能或难以修复，反之，存活虫的皮层可以逐渐得到修复，而由皮层细胞提供的分泌体的数量及时间则可能制约皮层修复的速率。在宿主体内，血吸虫自宿主吸收营养物质的界面除皮层外，尚有肠管，而且每一界面可能对吸收的物质具有选择性。目前一致认为，血吸虫的肠管主要是消化摄食的宿主红细胞，通过胞饮作用获取大分子肽类物质（毛守白等，1990a）。一些抗血吸虫药物，如蒿甲醚、吡喹酮和奥沙尼喹等均可引起肠上皮细胞损害。在用光学显微镜观察蒿甲醚对 d28 的埃及血吸虫童虫作用时，曾见到经蒿甲醚作用后，虫的肠管明显扩张和破溃，肠管中被消化的血红蛋白代谢物血红素颗粒被释放至虫的全身组织中（Yang 等，2001）。此种血红素颗粒的释放在蒿甲醚抗血吸虫作用中的意义有待于进一步阐明。

对于血吸虫雌虫，其卵黄细胞受损是抗血吸虫药物的作用之一，由于卵黄细胞是虫卵形成的一个重要成分，其受损害必然影响虫卵的形成。但不同药物对卵黄细胞的作用亦有所不同，如二巯基丁二酸锑钠主要是损害成熟的和具有合成功能的卵黄细胞，而未分化和无合成功能的卵黄细胞则未受损害；硫蒽酮和海蒽酮则主要抑制未分化的卵黄细胞，使它从卵黄小叶中逐渐消失。不过这些作用都是可逆的，停药后存活雌虫的卵黄腺皆可恢复正常，但对于无雄虫合抱的存活雌虫，卵黄腺则持续处于退化状态。

从以上所述可见，近年来通过电子显微镜技术的应用，对抗血吸虫药物作用的组织形态学研究，已从传统的细胞水平进入亚分子水平，积累和丰富了有关抗血吸虫药物对血吸虫作用的资料。但从现有的资料来看，观察大多限于超微结构的形态学的变化。由于药物的作用机制是包括药物与虫、药物与宿主及宿主与虫之间相互作用的复杂过程，故在用电子显微镜观察的同时结合细胞化学和细胞免疫学，有可能从更深的层次探讨药物的作用机制。

参 考 文 献

毛守白主编：血吸虫生物学与血吸虫病的防治．第 1 版．北京：人民卫生出版社，1990a：177-184．

毛守白主编：血吸虫生物学与血吸虫病的防治．第 1 版．北京：人民卫生出版社，1990b：370-377．

尤纪清，梅静艳，肖树华．吡喹酮与蒿甲醚合并治疗小鼠血吸虫病的效果观察．中国寄生虫病防治杂志，1994 7：50～51．

乐文菊，尤纪清，杨元清等．蒿甲醚治疗动物血吸虫病的实验研究．药学学报，1982 17：187～193．

余慧贞，鲁敏，赵惠斌等．硝硫氰胺对日本血吸虫作用电子显微镜观察．药学学报，1983 18：169～173．

邵葆若，肖树华，湛崇清等．吡喹酮治疗日本血吸虫病的实验研究．中华医学杂志，1980 60：133～136．

肖树华，邵葆若，徐月琴等．吡喹酮对日本血吸虫的作用方式．中国药理学报，1980

1：51～55.

肖树华，薛海筹，郭惠芳等．感染小鼠用吡喹酮治疗后其体内血吸虫体表抗原的显露．上海免疫学杂志，1981a 1：9～15.

肖树华，杨元清，舒永生等．酮对日本血吸虫皮层、合体细胞、卵黄细胞和肌纤超微结构的影响．动物学报，1981b 27：305～309.

肖树华，戴志祥，张荣泉等．吡喹酮对日本血吸虫皮层损害的扫描电镜观察．药学学报，1982 17：498～501.

肖树华，杨元清，杨惠中等．吡喹酮引起日本血吸虫体表皮层损害和宿主白细胞侵入虫体的观察．药学学报，1983 18：241～246.

肖树华．吡喹酮抗血吸虫作用机制的研究．寄生虫学与寄生虫病杂志，1984a 2：196～198.

肖树华，孙惠良，焦佩英．不同条件下吡喹酮对日本血吸虫雄虫摄入钙的影响．药学学报，1984b 19：727～731.

肖树华，尤纪清，张荣泉．吡喹酮对不同发育期血吸虫皮肤层损害的扫描电镜观察．药学学报，1985a 20：577～583.

肖树华，乐文菊，梅静艳．吡喹酮预防小鼠感染日本血吸虫蚴的分析．药学学报，1985b 20：641～646.

肖树华，朱善山，孙惠良等．吡喹酮对日本血吸虫雄虫的 Ca^{2+}，Mg^{2+}，K^+ 与 Na^+ 的含量及 $^{45}Ca^{2+}$ 在虫体内分布的影响．药学学报，1985c 20：815～820.

肖树华，郭惠芳，戴志祥等．钙、镁离子和温度对吡喹酮损害日本血吸虫雄虫皮层的影响．中国药理学报，1985d 6：59～63.

肖树华，杨元清，杨惠中等．[^3H] 吡喹酮在不同发育期血吸虫体内的分布．药学学报，1986a 21：377～381.

肖树华，郭惠芳，薛海筹等．在免疫血清内中性白细胞对吡喹酮损害的日本血吸虫体表的附着．中国药理学报，1986b 7：165～170.

肖树华，裘丽姝，吴公贲等．用吡喹酮治疗家兔血吸虫病对宿主免疫水平与疗效的关系．药学学报，1986c 21：725～730.

肖树华，乐文菊，梅静艳．侵入小鼠皮肤不同虫龄的日本血吸虫童虫对吡喹酮的敏感性及虫的一些体表特性的观察，中国药理学报，1987a 8：261～266.

肖树华，乐文菊，梅静艳等．吡喹酮预防小鼠感染日本血吸虫尾蚴的作用．中国药理学报，1987b 8：358～362.

肖树华，乐文菊，梅静艳．吡喹酮在体外对中性白细胞附着与杀死血吸虫童虫的观察．中国药理学报，1987c 8：547～551.

肖树华，薛海筹，乐文菊等．日本血吸虫尾蚴经吡喹酮作用后转变为童虫的观察．寄生虫学与寄生虫病杂志，1987d 5：133～135.

肖树华，杨元清，张荣泉等．吡喹酮对侵入小鼠皮肤内的血吸虫童虫的作用．中国寄生虫学与寄生虫病杂志，1988a 6：63.

肖树华，杨元清，沈炳贵等．吡喹酮对日本血吸虫尾蚴和钻入小鼠皮肤童虫超微结构的影响．中国药理学报，1988b 9：360～363.

杨士静，李宛，苏信生．吡喹酮对日本血吸虫表皮作用的扫描电镜观察．中国寄生虫学与寄生虫病杂志，1985 3：178～180．

杨元清，杨惠中，肖树华等．吡喹酮对日本血吸虫及动物宿主肝脏作用的组织学观察．中国医学科学院学报，1979 1：7～12．

杨藻宸主编．药理学和药物治疗学．第1版．北京：人民卫生出版社，2000：1721～1734．

周述龙．日本血吸虫的超微结构．国外医学寄生虫病分册，1981 3：104～110．

赵慰先，高淑芬主编．实用血吸虫病学（第一版）．北京：人民卫生出版社，1996：83～88．

Andrews P，Thomas H，Pohlke R et al．Praziquantel．Medicinal Research Reviews，1983 3：147-200．

Andrews P．Praziquantel mechanism of anti-schistosomal activity．Pharmac．Ther．1985 29：129-156．

Becker B，Mehlhorn H，Andrews P et al．Light and electron microscopic studies on the effect of praziquantel on *Schistosoma mansoni*，*Dicrocoelium dendriticum*，and *Fasciola hepatica*（Trematodea）in vitro．Z．Parasitenkd，1980 63：113-128．

Bricker C S，Pax R A，Bennett J L．Microelectrode studies of the tegument and subtegumental compartments of male *Schistosoma mansoni*：anatomical location of sources of electrical potentials．Parasitology，1982 85：149-161．

Bricker C S，Depenbusch J W，Bennett J L et al，The relationship between tegumental disruption and muscle contraction in *Schistosoma mansoni* exposed to various compounds．Z．Parasitenkd，1983 69：61-71．

Coles CG．The effect of praziquantel on *Schistosoma mansoni*．Helminthology，1979 53：31-33．

Erasmus D A．*Schistosoma mansoni*：Development of the vitelline cell，its role in drug sequestration，and changes induced by Astiban，Exp．Parasitol，1975 38：240-256．

Erasmus D A，Popiel I．*Schistosoma mansoni*：Drug induced changes in the cell population of the vitelline gland．Exp．Parasitol，1980 50：171-187．

Fetterer R H，Bennett J L．Chlonazepam and praziquantel：mode of antischistosomal action，Fed．Proc，1978 37：604．

Fetterer R H，Pax R A，Bennett J L．Praziquantel，potassium and 2，4-dinirophenol：Analysis of their action on the musculature of *Schistosoma mansoni*．Euro．J．Pharmacol，1980 64：31-38．

Gonnert R Andrews P．Prasziquantel，a new broad-specturm antischistosomal agent．Z．Parasitenkd 1977 52：129-150．

Hockley D J．Ultrastructure of Schistosoma．Adv．Parasitol，1973 11：233-305．

Howells R E，Ramalho F J，Gazzinelli G et al．*Schistosoma mansoni*：mechanism of cercoarial tail-loss and its significance to host penetration．Exp．Parasitol，1974 36：373．

Irie Y，Yasuraoka K．Morphological alteration of *Schistosoma japonicum* associated with the administration of amoscanate．Jpn．J．Exp．Med，1983 52：139-148．

Irie Y, Utsunomiya H, Tanaka M, et al. *Schistosoma japonicum* and *S. mansoni*: Ultrastructural damage in the tegument and reproductive organs after treatment with levo- and dextro-praziquantel. Am. J. Trop. Med. Hyg, 1989 41: 204-211.

Kohn A, Serapiao C J, Katz N. Oxamniquine action on *Schistosoma mansoni* in experimentally infected mice. Rev. Inst. Med. Trop. Sao Paulo, 1979 21: 217-227.

Leitch B, Probert A J. Effect of praziquantel on the ultrastructure of *Schistosoma haematobium*. Parasitology, 1983 87: lviii.

Letich B, Probert A J. *Schistosoma haematobium*: Amoscanate and adult worm ultrastructure. Exp. Parasitol, 1984 58: 278-289.

Li S, Wu L, Liu Z et al. Studies on prophylactic effect of artesunate on schistosomiasis japonica. Chin. Med. J, 1996 109: 848-853.

Liu Y H, Qian M X, Wang X G et al. Comparative efficacy of praziquantel and its optic isomers in expeprimental therapy of schistosomiasis japonica in rabbits. Chin. Med. J, 1986 99: 935-940.

Liu Y H Wang X G, Qian M X et al. A comparative trial of single dose treatment with praziquantel and levopraziquantel in human schistosomiasis japonica. Jpn. J. Parasitol, 1988 37: 331-334.

Mehlhorn H, Becker B, Andrews P et al. In vivo and in vitro experiments on the effects of praziquantel on *Schistosoma mansoni*. Arzneim-Forsch/Drug. Res, 1981 31: 544-554.

N'Goran E K, Utzinger J, Gnaka H N et al. Randomized, double-blind, placebo-controlled trial of oral artemether for the prevention of patent *Schistosoma haematobium* infections. Am. J. Trop. Med. Hyg, 2003 68: 24-32.

Otubanjo O A. *Schistosoma mansoni*: Astiban-induced damage to tegument and the male reproductive system. Exp. Parasitol, 1981 52: 161-170.

Pax R, Bennett J L, Fetterer R. A benzodiazepine derivative and praziquantel: Effects on musculature of *Schistosoma mansoni* and *Schistosoma japonicum*. Naunyn-Schmideberg's Arch Pharmacol, 1978 304: 309-315.

Popiel I Erasmus D A. *Schistosoma mansoni*: Niridazole-induced damage to the vitelline gland, Exp. Parasitol, 1981 52: 35-48.

Popiel I, Erasmus D A. *Schistosoma mansoni*: Ultrastructure of adult from mice treated with examniquine. Exp. Parasitol, 1984 58: 254-262.

Sabah A A, Fletcher C, Doenhoff M J. *Schistosoma mansoni*: Chemotherapy of infections of different ages. , Exp. Parasitol 1986 61: 294-303.

Shaw J R, Erasmus D A. *Schistosoma mansoni*: Differential cell death associated with in vitro culture and treatment with A stiban (Roche). Parasitology, 1977 75: 101-109.

Shaw M K, Erasmus D A. *Schistosoma mansoni*: The effects of a subcurative dose of praziquantel on the ultrastructure of worms in vivo. Z. Parasitenkd, 1983b 69: 73-90.

Shaw M K, Erasmus D A. *Schistosoma mansoni*: Dose-related tegumental surface changes after in vivo treatment with praziquantel. Z. Parasitenkd, 1983a 69: 643-653.

Shaw M K, Erasmus D A. *Schistosoma mansoni*: Praziquantel-induced changes to the female reproductive system. Exp. Parasitol, 1988 65: 31-42.

Stirewalt M A. *Schistosoma mansoni*: Cercariae to schistosomule. In: Dawes B ed. Advances in Parasitology; vol 12. London: Academic Press, 1974: 115-182.

Tanaka M, Ohmae H, Utsunomiya H. A comparison of the antischistosomal effect of levo-and dextro-praziquantel on *Schistosoma japonicum* and *S. mansoni* in mice. Am. J. Trop. Med. Hyg, 1989 41: 189-203.

Utzinger J, N'Goran E K, N'Dri A. Oral artemether for prevention of *Schistosoma mansoni* infection: randomized controlled trial. Lancet, 2000a 355: 1320-1325.

Utzinger J, Xiao S H, Keiser J. Current progress in the development and use of artemether for chemoprophylaxis of major human schistosome parasites. Current Med. Chem, 2000b 8: 1841-1860.

Utzinger J, Xiao S H, N'Goran E K. The potential of artemether for the control of schistosomiasis. International Parasitol, 2001 31: 1549-1562.

Voge M, Bueding E. *Schistosoma mansoni*: Tegumental surface alterations induced by subcurative doses of the schistosomicide amoscanate. Exp. Parasitol, 1980 50: 251-259.

Watts S D M, Orpin A, MacCormick C. Lysosomes and tegument pathology in the chemotherapy of schistosomiasis with 1, 7-*bis* (*p*-aminophenoxy) heptane (153C51). Parasitology, 1979 78: 287-294.

Webbe G, James C. A comparison of the susceptibility to praziquantel of *Schistosoma haematobium*, *S. japonicum*, *S. mansoni*, *S. intercalatum*, and *S. mattheei* in hamsters. Z. Parasitenkd, 1977 52: 169-177.

William S, Botros S, Ismail M et al. Praziquantel-induced tegumental damage in vitro is diminished in schistosomes derived from praziquantel-resistant infections. Parasitology, 122 Pt, 2001 1: 63-66.

Wilson R A, Barnes P E. The formation and turnover of the membranocalyx on the tegument of *Schistosoma mansoni*. Parasitology, 1977 74: 61-71.

Xiao S H, Friedman P A, Catto B A et al. Praziquantel-induced vesicle formation in the tegument of male *Schistosoma mansoni* is calcium dependent. J. Parasitol, 1984a 70: 177-179.

Xiao S H, Shao B R, Yu, Y G. Preliminary studies on the mode of action of pyquiton against *Schistosoma japonicum*. Chin. Med. J., 1984b 97: 839-848.

Xiao S H, Catto B A, Webster L T Jr. Effects of praziquantel on different stages of *Schistosoma mansoni* in vitro and in vivo, J. Inf. Dis, 1985 151: 1130-1137.

Xiao S H, Yue W J, Yang Y Q et al. Susceptibility of *Schistosoma japonicum* of different developmental stages to praziquantel. Chin. Med. J, 1987 100: 759-768.

Xiao S H, Catto B A. Comparative in vitro and in vivo activity of racemic praziquantel and its levorotated isomer on *Schistosoma mansoni*. J. Inf. Dis, 1989 159: 589-592.

Xiao S H, Fu S. Recent laboratory investigations by Chinese workers on antischistosomal activities of praziquantel. Chin. Med. J., 1991 104: 599-606.

Xiao S H, Shen B G. Scanning electron microscope observation on tegumental damage of 21-d-old *Schistosoma japonicum* induced by praziquantel. Acta Pharmacol. Sin. 1995a 16: 273-275.

Xiao S H, Shen B G. Scanning electron microscope observation on tegumental alteration of *Schistosoma japonicum* induced by levo-and dextro-praziquantel. Chin. J. Parasitol Parasitic Dis, 1995b 13: 46-50.

Xiao S H, Shen B G, Horner J et al. Tegument changes of *Schistosoma japoicum* and *Schistosoma mansoni* in mice treated with artemether. Acta Pharmacol. Sin, 1996a 17: 535-537.

Xiao S H, Shen B G, Catto B A. Effect of artemether on ultrastructure of *Schistosoma japonicum*. Chin. J. Parasitol. Parasitic Dis, 1996b 14: 181-187.

Xiao S H, You J Q, Mei J Y et al. In vitro and in vivo effect of levopraziquantel, dextropraziquantel versus racemic praziquantel on different developmental stages of *Schistosoma japonicum*. Chin. J. Parasitol. Parasitic Dis, 1998 16: 335-341.

Xiao S H, Chollet J, Booth M et al. Therapeutic effect of praziquantel enanthiomers in mice infected with *Schistosoma mansoni*. Trans. Roy. Soc. Trop. Med. Hyg, 1999 93: 324-325.

Xiao S H, Booth M, Tanner M. The prophylactic effects of artemether against *Schistosoma japonicum* infections. Parasitol. Today, 2000a 16: 122-126.

Xiao S H, Shen B G, Chollet J et al. Tegumental changes in adult *Schistosoma mansoni* harbored in mice treated with praziquantel enantiomers, Acta Tropica, 2000b 76: 107-117.

Xiao S H, Shen B G, Chollet J et al. Tegumental changes in 21-day-old *Schistosoma mansoni* harboured in mice treated with artemether. Acta Tropica, 2000c 75: 341-348.

Xiao S H, Shen B G, Chollet J et al. Tegumental changes in adult *Schistosoma mansoni* harbored in mice treated with artemether. J. Parasitology, 86: 1125-1132.

Xiao S H, Utzinger J, Chollet J et al. Effect of artemether against *Schistosoma haematobium* in experimentally infected hamsters. Int. J. Parasitol, 2000 30: 1001-1006.

Xiao S H, Shen B G, Chollet J et al. Tegumental alterations in juvenile *Schistosoma haematobium* harboured in hamsters following artemethet treatment. Parasitol. Int, 2001 50: 175-183.

Xiao S H, Tanner M, N'Goran E K et al. Recent investigations of artemether, a novel agent for the prevention of *Schistosomiasis japonica*, *mansoni* and *haematobia*. Acta Tropica, 2002 82: 175-181.

Xiao S H, Shen B G, Utzinger J et al. Transmission electron microscopic observations on ultrastructural damage in juvenile *Schistosoma mansoni* caused by artemether. Acta Tropica, 2002 81: 53-61.

Xiao S H, Shen B G, Utzinger J et al. Ultrasturctural alterations in adult *Schistosoma mansoni* caused by artemether. Mem. Inst. Oswaldo Cruz, Rio. de J, 2002 97: 717-724.

Yang Y Q, Xiao S H, Tanner M et al. Histopathological changes in juvenile *Schistosoma haematobium* harboured in hamsters treated with artemether. Acta Tropica, 2001 79: 135-141.

图版说明 Plate Explanation

图版 X-1～X-6

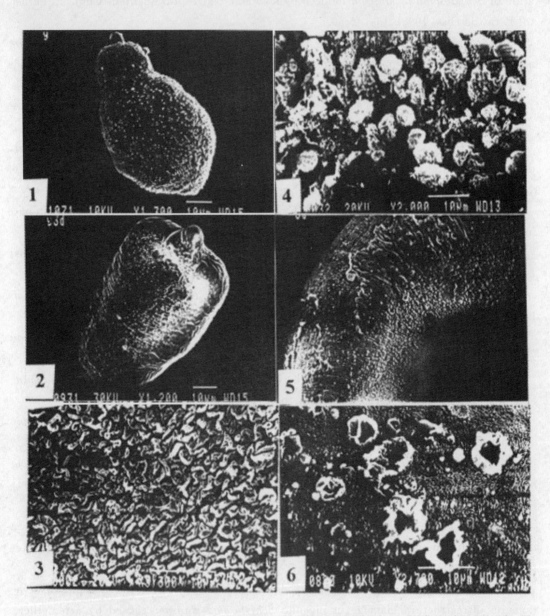

图版 X-1～X-6. 感染小鼠每日口服蒿甲醚 200mg/kg, 连服 2 天, 对日本血吸虫 d7 童虫和 d35 成虫作用的扫描电镜观察。图版 X-1, d7 童虫, 对照, ×1430; 图版 X-2, d7 童虫, 治疗后 2 天 ×1320; 图版 X-3, d35 雄虫, 对照×3630; 图版 X-4, d35 雌虫, 治疗后 1 天 ×2200; 图版 X-5, d35 雌虫, 治疗后 3 天, ×440; 图 X-6, d35 雌虫, 治疗后 14 天, ×5400。

FigX-1～X-6, Scanning electron microscopic observation on d7 and d35 *Schistosoma japonicum* harbored in mice treated orally with artemether at a daily dose of 200mg/kg for 2 days. Fig X-1, d7 schistosomule, control; FigX-2, d7 schistosomule, treatment with artemether for 2 days; Fig X-3, d35 adult ♂ worm, control; Fig X-4, d35 adult ♀ worm, 1 day after initial dose; Fig X-5, d35 adult ♀ worm, 3 days post-treatment; Fig X-6, d35 adult ♀ worm, 14 days post-treatment.

第十章 抗血吸虫药物对血吸虫超微结构的影响

图版 X-7～X-8

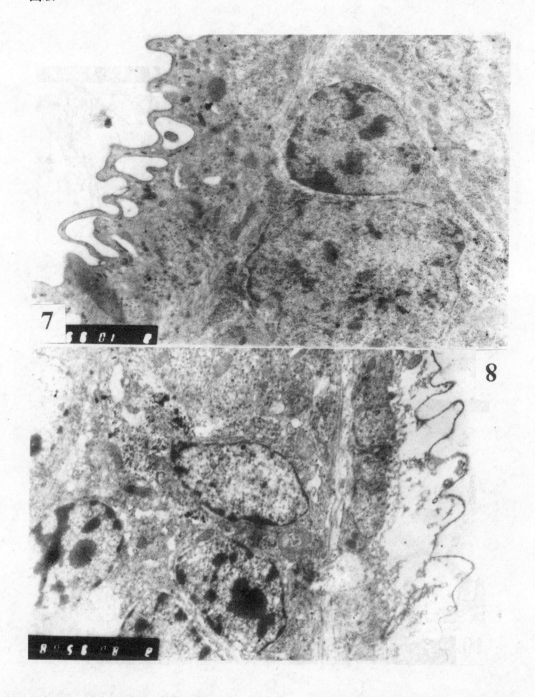

图版 X-7～X-11，感染小鼠每天口服蒿甲醚 200 mg/kg，连服 2 天，对日本血吸虫 d7 童虫和 d35 成虫作用的透射电镜观察。图版 X-7，d7 童虫对照 ×13000；图版 X-8，d7 童虫，治疗后 3 天，示皮层基质溶解，杆状分泌体消失和线粒体严重肿胀 ×10400。

Fig X-7～X-11, Transmission electron microscopic observation on d7 and d35 *Schistosoma japonicum* harbored in mice treated orally with artemether at a daily dose of 200 mg/kg for 2 days. Fig X-7, d7 schistosomule, control; Fig X-8, d7 schistosomule, 3 days post-treatment, showing lysis of matrix, disappearance of rod secrete bodies and severe swelling of mitochondria ×10 400.

图版 X-9～X-11

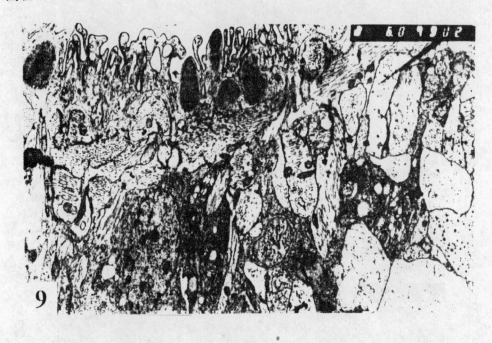

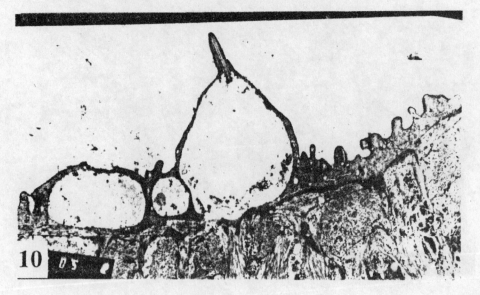

第十章 抗血吸虫药物对血吸虫超微结构的影响

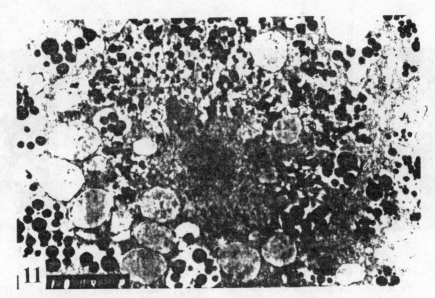

图版 X-9，d35♂虫对照 ×7800；图版 X-10，d35♂虫，治疗后1天，示皮层平坦，杆状分泌体减少，大空泡形成和感觉器结构退行性变化 ×6500；图版 X-11，d35♀虫，治疗后7天，卵黄细胞核仁模糊、粗面内质网减少，一些卵黄滴破溃和出现较多的脂滴 ×7800.

Fig X-9, d35 adult ♂ worm, control; Fig X-10, d35 adult ♂ worm, 1 day post-treatment, showing smooth of tegument, decrease in rod secrete bodies, formation of large vacuoles and degeneration of sensory structure ×6 500; Fig X-11, d35 adult ♀ worm, 7 days post-treatment, showing decrease in granular endoplasmic reticulum and indistinction of nucleus in vitelline cell, collapse of some vitelline droplets and emergence of more lipid droplets.

图版 X-12～X-17

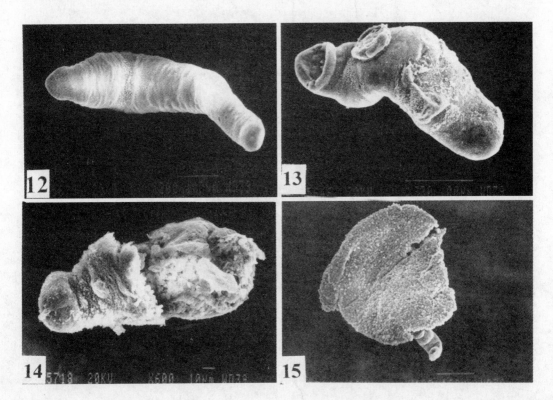

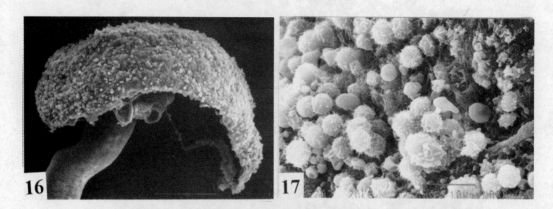

图版 X-12～X-17，感染小鼠 1 次口服蒿甲醚 400mg/kg 后对曼氏血吸虫 d21 童虫扫描电镜观察。图版 X-12，♂ 虫对照×200；图版 X-13，♂ 虫，给药后 24h，童虫腹面皮层广泛剥落×330；图版 X-14，♂ 虫，给药后 3 天，虫体破溃×600；图版 X-15，♀ 虫，给药后 3 天，虫体为宿主白细胞所包被×100；图版 X-16，♂ 虫，给药后 3 天，虫的体表为白细胞和空泡所覆盖×300；图版 X-17，同图版 X-16，局部放大×2 500。

Fig X-12～X-17, Scanning electron miscroscopic observation on d21 *Schistosoma mansoni* harbored in mice treated with artemether at a single oral dose of 400 mg/kg. Fig X-12, ♂ worm, control; Fig X-13, ♂ worm, 1 day post-treatment, showing extensive peeling in abdominal surface; Fig X-14, ♂ worm, 3 days post-treatment, showing collapse of worm body; Fig X-15, ♀ worm. 3 days post-treatment, showing the worm surrounded by host leukocytes; Fig X-16, ♂ worm, 3 days post-treatment, showing the whole worm surface covered with host leukocytes and vesicles×300; Fig X-17, ♂ worm, higher magnificantion of Fig X-16.

图版 X-18～X-19

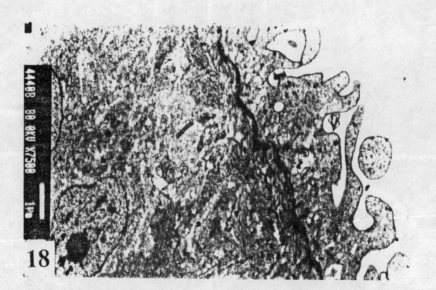

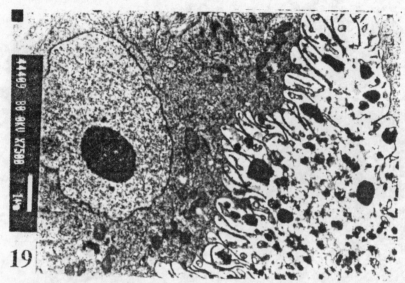

图版 X-18~X-23，感染小鼠1次口服蒿甲醚 400 mg/kg 后对曼氏血吸虫 d21 成虫作用的透射电镜观察。
图版 X-18，对照虫的皮层×7500；图版 X-19，对照虫的肠上皮细胞×7 500。
FigX-18~X-23, Transmission electron miscroscopic observation on d21 *Schistosoma mansoni* harbored in mice treated with artemether at a single oral dose of 400 mg/kg. Fig X-18, Normal tegument; Fig X-19, Normal gut epithelial cell.

图版 X-20~X-23

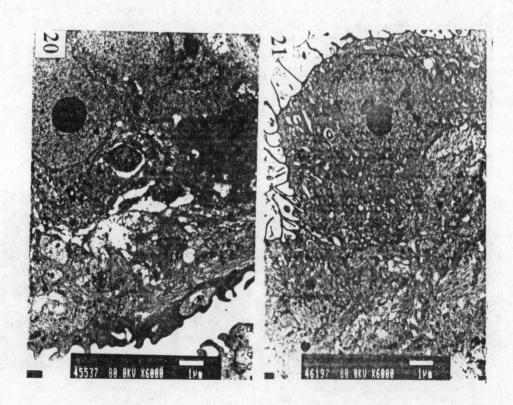

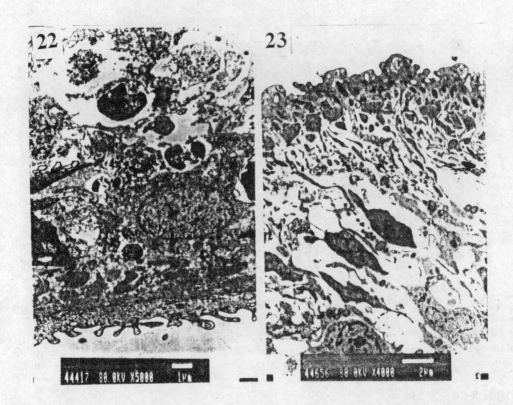

图版 X-20，给药后 24h，示皮层有局灶性基质溶解、空泡形成和基底膜消失；皮层下实质组织局灶性溶解和有空泡形成 ×6000；图版 X-21，给药后 24h，示肠上皮细胞的线粒体溶解、粗面内质网减少和微绒毛稀疏×6000；图版 X-22，给药后 72h，皮层有髓鞘结构，皮层下实质组织广泛溶解，伴有细胞变性和坏死×5000；图版 X-23，给药后 14 天，皮层结节内部结构破坏和实质组织严重肿胀×4 000。

Fig X-20, 24 h post-treatment, showing focal lysis of matrix, formation of vesicles, and disappearance of basement membrane in tegument, and focal lysis and formation of vesicles under subtegument; Fig X-21, 24h post-treatment, showing gastrodermis with lysis of mitochondria, decrease in granular endoplasmic reticulum and sparse microvilli; Fig X-22, 3 days post-treatment, showing tegument with myelin-like and subtegumental parenchymal tissue with extensive lysis, accompanied by degeneration and necrosis of cells; Fig X-23, 14 days post-treatment, showing disruptive internal structures in tegumental tubercles and severe swelling in parenchymal tissues.

图版 X-24～X-29

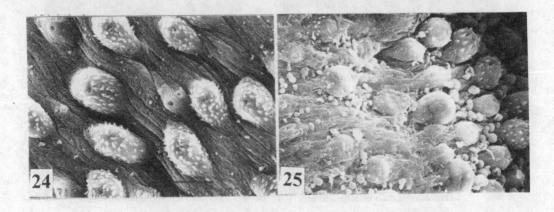

第十章 抗血吸虫药物对血吸虫超微结构的影响

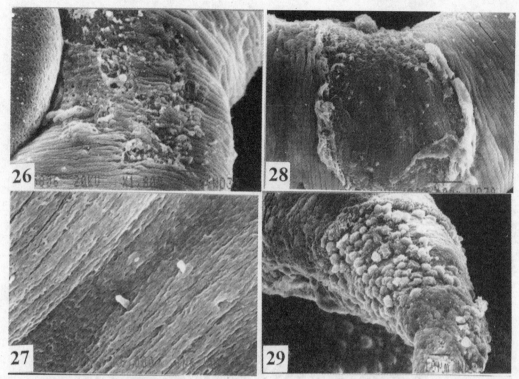

图版 X-24～X-29，感染小鼠1次口服蒿甲醚400 mg/kg后对曼氏血吸虫d42成虫作用的扫描电镜观察。图版 X-24，♂虫对照 ×2000；图版 X-25，♂虫，给药后24h，示皮层结节表面平滑和结节周围有空泡形成 ×2000；图版 X-26，♂虫，给药后24h，皮层破溃 ×1800；图版 X-27，♀虫对照 ×2000；图版 X-28，♀虫，给药后3天，示皮层剥落 ×1 400；图版 X-29，♀虫，给药后3天，虫的前端受损处有宿主的白细胞粘附 ×1 000。

Fig X-24～X-29, Scanning electron miscroscopic observation on d42 *Schistosoma mansoni* harbored in mice treated with artemether at a single oral dose of 400 mg/kg. Fig X-24, ♂ worm, control; Fig X-25, ♂ worm, 24h post-treatment, showing smooth surface of tubercles and vesicles on the tegument; Fig X-26, ♂ worm, 24h post-treatment, showing collapse of tegument; Fig X-27, ♀ worm, control; Fig X-28, ♀ worm, 3 days post-treatment, showing peeling of tegument; Fig X-29, ♀ worm, 3 days post-treatment, showing adherence of host leukocytes to anterior portion of the worm.

图版 X-30～X-32

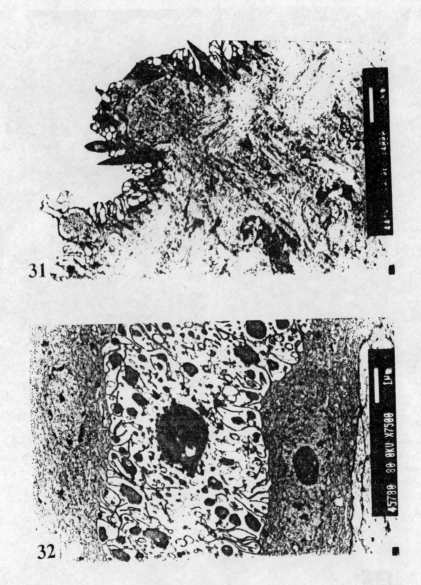

图版 X-30~X-35，感染小鼠1次口服蒿甲醚400mg/kg后对曼氏血吸虫d49成虫作用的透射电镜观察。图版 X-30，♂虫对照 ×5000；图版 X-31，♂虫，给药后8h，皮层上的结节变性，感觉器内糖原颗粒减少和有小空泡形成 ×4 000；图版 X-32，♂虫对照，肠上皮细胞 ×7 500。

Fig X-30~X-35, Transmission electron miscroscopic observation on d42 *Schistosoma mansoni* harbored in mice treated with artemether at a single oral dose of 400mg/kg. Fig X-30, ♂ worm, normal tegument; Fig X-31,♂ worm, 8 h post-treatment, showing degeneration of tubercle and decrease in glycogen granules and formation of small vesicles on the sensory structure on the tegument; Fig X-32,♂ worm, normal gut epithelial cell.

图版 X-33～X-35

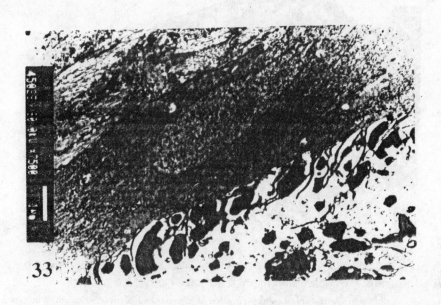

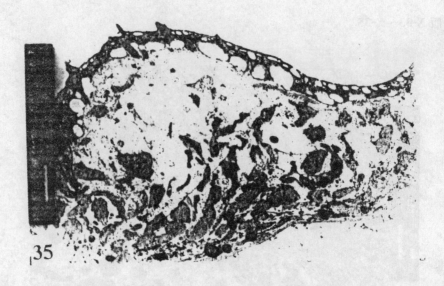

图版 X-33，♂虫，给药后72h，肠上皮细胞内质网膨胀 ×7 500；图版 X-34，♀虫，给药后24h，变性卵黄细胞的间充组织溶解 ×7 500；图版 X-35，♂虫，给药后7天，皮层下实质组织有广泛溶解 ×4 000。

Fig X-33, ♂ worm, 3 days post-treatment, showing expansion of granular endoplasmic reticulum in gut epithelial cell; Fig X-34, ♀ worm, 24h post-treatment, showing lysis of interstitial tissues distributed among the degenerated vitelline cells; Fig X-35, ♂ worm, 7 days post-treatment, showing extensive lysis of parenchymal tissues in subtegument.

第十一章 日本血吸虫病超微病理

阮幼冰 郑美蓉

血吸虫病的病理学基础本质上是虫卵及其产物在宿主体内引起的急性和慢性炎性病变,在病理形态上表现为肉芽肿性炎症。血吸虫的不同发育阶段即尾蚴、童虫、成虫和虫卵对机体均能产生机械性损伤,但更为重要的是血吸虫在其不同发育阶段所含的各种抗原成分,特别是虫卵抗原成分所引起的体液免疫或细胞免疫反应而导致的各种组织的免疫性损伤,对机体造成的危害最大,其中虫卵在肝、肠组织内沉积所引起的组织病变是血吸虫病最主要的病变,沉积的虫卵可分为未成熟卵和成熟卵,未成熟虫卵因毛蚴不成熟、无毒性分泌物,因而不能引起明显的病变,仅形成一种不典型的虫卵结节,成熟虫卵含有成熟毛蚴,其钻腺分泌物内含有抗原物质,因而能引起特征性病变。

一、血吸虫引起的肝脏组织病变

1. 肉芽肿的形成

虫卵顺静脉血流到达肝脏,停留于门静脉小分支内,在汇管区等相应部位引起急性虫卵结节形成。血吸虫虫卵肉芽肿的病理学特征是巨噬细胞、中性粒细胞、淋巴细胞、嗜酸性粒细胞、成纤维细胞等多种细胞的聚集,继之发生虫卵的钙化及虫卵周围组织的纤维化。

血吸虫感染的早期,肝脏病变不明显,光学显微镜下,肝实质细胞仅有散在的点状或灶状坏死伴炎性细胞浸润,电镜下观察,肝实质细胞超微结构基本正常,仅有内质网的轻度扩张,最显著的改变是肝窦扩大,窦内细胞明显增多,其中主要是淋巴细胞、浆细胞、嗜酸性粒细胞、中性粒细胞,还有肥大细胞,Kupffer细胞亦增多(徐玉会、武忠弼,1990)(图版Ⅺ-1)。窦内淋巴细胞往往成群聚集,细胞表面较光滑,也有少数细胞表面可见少量微绒毛突起,胞浆相对较少,胞内细胞器十分简单,细胞核多呈不规则形,有小的切迹。浆细胞常表现活跃的分泌功能,胞浆内内质网十分发达,排列成层,内质网池显著扩张,池中充满絮状物质,高尔基体亦较发达,其四周可见电子密度不等的分泌颗粒,嗜酸性粒细胞较成熟,核呈分叶状,胞浆颗粒内含有典型的结晶。肥大细胞胞浆内亦含有许多颗粒,颗粒较嗜酸性粒细胞胞浆颗粒略小,且无嗜酸性粒细胞胞浆颗粒中的典型结晶结构,但在高倍镜放大下观察,肥大细胞胞浆颗粒亦呈一种特殊样形态,这种形态结构与在其他疾病的组织中所见肥大细胞颗粒不甚相同(阮幼冰、官阳、武忠弼,2001)。对于血吸虫感染肝窦内所见肥大细胞胞浆颗粒特殊结构的意义目前尚不清楚。

血吸虫感染早期的门管区,小叶间静脉内或门管区周边肝窦内见有个别未成熟虫卵,此时,卵周反应较轻,随肝内可出现大量急性虫卵肉芽肿和出现肉芽肿面积和直径达最高峰时期,自此之后,肉芽肿急骤下降。在虫卵出现之前,此期的肉芽肿由内向外,可清楚地辨认出数层结构:①中心虫卵,此时虫卵已多为成熟虫卵;②中央坏死灶,电镜下观察，从其坏死细胞碎片辨认，坏死灶内多由坏死的淋巴细胞，其次是嗜酸性粒细胞和一些其他的细胞成分组成；③巨噬细胞层，巨噬细胞内含有无数泡状结构，使细胞呈泡沫状，电镜下观察泡沫细胞胞浆内泡状结构外多有膜包绕，泡沫细胞外还可见有一些中性粒细胞（图版Ⅺ-2），此层的典型类上皮细胞甚少；④以梭形细胞为主的细胞层，细胞排列杂乱，除梭形细胞外还夹杂有少量巨噬细胞和嗜酸性粒细胞；⑤最外层的炎性浸润层，主要为密集的淋巴细胞、浆细胞和少量巨噬细胞。电镜下观察，类上皮细胞为多边形，细胞核多卵圆形，核仁明显，胞浆较丰富，胞浆内细胞器如内质网十分发达，高尔基体也很明显（图版Ⅺ-3），并以虫卵为中心向外呈放射状排列。此外，还有少量的异物性巨细胞，病灶周围往往有淋巴细胞浸润和少量增生的肉芽组织，形成与结核结节组织图像相似的肉芽肿，常称为假结核结节（pseudotubercle）。随着病程发展，肉芽肿内淋巴细胞和嗜酸性粒细胞减少，纤维细胞数量却不断增多，并围绕上皮细胞呈同心圆排列，病程进入晚期，肉芽肿体积减少，类上皮细胞层次亦减少，梭形细胞层增厚，外层炎性浸润层更为明显，梭形细胞层内的成纤维细胞显示活跃的功能状态，细胞体积呈细长条形，胞内细胞器亦较丰富（徐玉会、武忠弼，1990）。成纤维细胞直接在卵周产生胶原纤维沉积，卵周细胞主要为梭形细胞层内的成熟成纤维细胞以及夹杂着日趋致密的胶原纤维（图版Ⅺ-4），此时，部分肉芽肿已完全纤维化，其中的虫卵坏死并钙化，这种虫卵碎片或钙化的死卵可在组织内长期保存，成为病理学家对血吸虫病作出诊断的依据。

  肉芽肿病变发生发展过程中，其各类细胞成分在病变演变的不同阶段各自发挥着不同的作用，其中淋巴细胞、嗜酸性粒细胞在整个病程中均占重要地位，数量也最多。根据淋巴细胞超微形态和免疫特征显示大多为T淋巴细胞和少量B淋巴细胞，虫卵抗原或者具有与之相同抗原决定簇的某种尾蚴，童虫或成虫抗原首先使T和B淋巴细胞致敏，这种致敏过程可能还需要巨噬细胞的抗原表达作用，当成熟虫卵沉积于组织中时，T效应细胞中的记忆细胞被激活而发生母细胞化和产生大量淋巴因子，其中的巨噬细胞游走抑制因子使巨噬细胞在肉芽肿内积聚并使其吞噬破坏虫卵的能力增强，而再次接触抗原的B淋巴细胞转变为浆细胞并产生大量抗体，过剩的抗体在肉芽肿内与虫卵抗原结合为免疫复合物，后者激活补体并趋化中性粒细胞积聚。嗜酸性粒细胞在肉芽肿病变中的作用亦可能与免疫有关，有证据表明：它们可以改变抗原结构以利于巨噬细胞的整合，肥大细胞在血吸虫肉芽肿病变中的意义，文献报道很少，但由于肥大细胞在许多其他炎症及纤维化病变中所起的作用已有许多报道，因此，可以认为，肉芽肿形成早期阶段，肥大细胞参与免疫反应，而病变后期则与纤维化的形成有关，巨噬细胞是最早与虫卵接触的细胞之一，由巨噬细胞演变成类上皮细胞，在虫卵肉芽肿坏死吸收之后，类上皮细胞增加为多层，病程进一步发展，巨噬细胞逐渐减少，以至最后完全消失。类上皮细胞的超微结构显示它们有活跃的分泌功能，但由于其胞浆内很少见到次级溶酶体，因此推测很少有吞噬功能，它们包绕虫卵的意义可能一方面与抗原接触，并表达给淋巴细胞，调节免疫反应，另一方面也可分泌成纤维细胞趋化因子导致纤维化的发生。浆细胞的存在与其分泌抗体介导的免疫反应在病变发生发展中起重要作用，由星状细胞演变来的成纤维细胞在病变后期不断增多，该种细胞对肉芽肿的纤维化形成起主要作用。中性粒细胞在病变中较为少见，它们的功能显然是起清洁作用，通过吞噬坏死变性细胞而促进病变的修复（徐玉会、武忠弼，1990）。

  肉芽肿病变形成机制一般认为是机体细胞免疫反应的结果，属于迟发性变态反应

(DTH)，机体对虫卵引起的细胞免疫反应有利于宿主抑制虫卵释放有毒物质的扩散，干扰童虫在感染机体的移行。活的虫卵沉积到组织后，作为释放抗原的"仓库"持续地释放抗原，诱导肉芽肿形成，灭活虫卵对虫卵肉芽肿的形成具有致敏作用，成熟虫卵匀浆及超速离心后的上清液具有类似效果，这种具有致敏作用的虫卵匀浆上清液即称为可溶性虫卵抗原（soluble egg antigen，SEA），被认为是引起血吸虫虫卵肉芽肿的主要抗原，除上述虫卵SEA对肉芽肿具致敏作用外，尾蚴、童虫和成虫抗原如膜相关抗原（MAA）、肠相关抗原（GAA）与SEA之间存在共同抗原，因此，在自然感染的人或动物，这些抗原在成虫排卵之前就使宿主对虫卵抗原致敏，因此在虫卵肉芽肿的免疫发病中亦起重要作用。

沉积在组织中的虫卵主要引起T辅助细胞中的Th2亚群的反应,Th2细胞因子在肉芽肿免疫反应中起重要作用(Grzych JM,Pearce E,Cheever A et al.1991;Chensue SW,Terebuh PU,Warmington KS et al,1992)，其中，Th2细胞产生的白细胞介素4（interleukin4,IL-4）参与肉芽肿的形成及调节，有实验表明：SEA诱导脾细胞IL-4mRNA的动态变化与肝脏肉芽肿的形成、发展及调节过程密切相关，即在血吸虫成虫排卵前,SEA不能诱导IL-4mRNA的转录，当肝脏肉芽肿开始出现时，此时用RT-PCR法可检测到IL-4mRNA的特异条带，当肉芽肿炎症反应达高峰时,SEA诱导的IL-4mRNA转录水平同时增高，随后，肉芽肿体积逐渐缩小,IL-4mRNA特异条带也同时消失，该研究结果显示出IL-4mRNA表达水平的变化与血吸虫肉芽肿形成、发展、调节过程呈平行关系(胡永秀,薛燕平,田小军等,1997)。亦有研究报道：感染日本血吸虫病的小鼠，肝脏是Th2因子免疫应答的主要器官,IL-4,IL-5,IL-10呈同步平行变化，但以IL-4升高最为明显(Eeng L,Lishuli,Cai S et al.1999),用抗IL-4单克隆抗体处理时，则IL-4、IL-5、IL-10均同时降低(Cheever AW,William ME,Wynn TA,et al.1994)，而用SEA能诱导IL-4的合成和促进Th2聚集并释放IL-5和IL-10(Wabl SM Frazrer-Jessem M,Jinn WW et al.1997),因此，这些研究进一步证实了IL-4与IL-5及IL-10等淋巴因子间的关系，以及IL-4在肉芽肿的形成及调节过程中所起的重要作用。由于IL-4是一种典型的具有免疫调节功能的淋巴因子，它能广泛作用于多种细胞，如T细胞、B细胞、巨噬细胞、肥大细胞及造血细胞等,IL-4促进B细胞增殖及IgE和IgG的分泌，诱导II类组织相容性抗原（class II，MHC）的表达，而后者直接与抗原呈递细胞（APC）所呈递的抗原有关,IL-4还可以刺激T细胞和肥大细胞生长，选择性促使嗜酸性粒细胞聚集（Mosmann, TR, Sad S, 1996）,IL-4的上述免疫学特性在实验性血吸虫性肉芽肿的形成过程中也都得到证实。

2. 血吸虫性肝纤维化形态特征及形成机制

虫卵随门静脉血流抵达肝内汇管区门静脉末梢分支内，虫卵引起的病变主要在汇管区，早期为集中于汇管区分布的急性虫卵结节形成，随着病程的发展，进入慢性阶段，此时沉积于肝组织内的虫卵周围形成假结核结节，继而纤维化，使门静脉分支周围有大量纤维组织增生，肝脏质地因之变硬，体积缩小，形成血吸虫性肝硬化。切面观，见门静脉分支周围有明显的纤维组织增生，呈树枝状分布，故有干线型肝硬化之称。由于血吸虫性肝硬化的病变集中于汇管区，大量增生的纤维组织压迫、阻塞肝内门静脉分支，致肝内门静脉回流受阻，导致门静脉高压。在整个病变过程中，肝小叶的结构完好，肝细胞无明显的变性和坏死，更不会形成假小叶，因此血吸虫性肝硬化不是真正的肝硬化而是肝的纤维化(Wiest PN,WU G,Zhang S,et al.1992;陈华盛,陈佳,杨业翔,1992)。血吸虫性肝纤维化肝内的主要胶原成分为Ⅰ型、Ⅲ型和Ⅴ型胶原,近来亦见有关于血吸虫病肝纤维化过程中Ⅵ型胶原的表达变化研究报道,正常人及动物肝脏中,Ⅵ型胶原数量很少,主要分布于中央静脉周围和汇管区血管壁,血吸虫感染最早期,Ⅵ型胶原沉积较少,继后则开始有明显增加,并可达最高峰,以后略有下降,但仍维持在较高水平,Ⅵ型胶原呈网状分布于汇管区、虫卵肉芽肿内及其周围。Ⅵ型胶原不直接形成原纤维,而是以胶原纤维丝形式存在于组织中(Loreal O,Clement B,Schuppan D. et al,1992;Crzych JM,Pearc E,Cheever A et al. 1991)。

有关血吸虫性肝纤维化的机制有许多研究报道,认为机体感染血吸虫后,虫卵在肝脏沉积并释放可溶性抗原刺激巨噬细胞释放一系列细胞因子如 TNF-α、TGF-β、IL-1 等,激活 Kupffer 细胞(KC)、星状细胞(HSC),使前胶原的 RNA 表达增加,促进胶原与非胶原细胞外间质层粘连蛋白(LN)、纤维连接蛋白(FN)及血清透明质酸(HA)等的合成及分泌。成纤维细胞不断地增生,产生大量胶原纤维并沉积于肝脏,沿肝内门脉小分支形成特征性的血吸虫性干线型肝纤维化(Xu YH,Jane Macedonia,Alan Sher,et al. 1991;贺永久,刘徽,罗端,1966;刘宗传,2001)。

TNF-α 由 Kupffer 细胞产生,它是调节免疫与炎症反应,参与肝纤维化形成的重要细胞因子(蔡卫民,张立煌,刘荣华等,1993),血清 TNF-α 水平在一定程度上反映出血吸虫病患者肝纤维化程度。TGF-β 作为一个前炎症因子,在急性血吸虫病向慢性期过渡的过程中发挥了重要的调节作用,同时它在血吸虫病肝纤维化过程中也是一种十分重要的致纤维化因子(Jacobs W,Karmar SS,Bogers J,et al,1998;周承,张丽娟,胡宗荣等,1993),它启始星状细胞活化并促进肝细胞外基质合成,抑制胶原酶和基质酶的合成及激活,使细胞外基质降解减少从而大量沉积。

纤维连接蛋白(FN)和层粘连蛋白(LN)是肝组织内细胞外基质中两种主要的非胶原糖蛋白,FN 主要存在于疏松结缔组织中和某些部位的基底膜内,LN 则主要参与基底膜的构成和细胞的分化,在血吸虫感染的最早期,FN 即可见于肝内炎性渗出灶内,呈网格状穿插入炎性细胞之间,当中央有大片坏死的虫卵结节出现后,FN 则主要分布于虫卵肉芽肿周边(图版Ⅺ-5),随着虫卵肉芽肿的明显分层,FN 逐渐局限于类上皮细胞层与梭形细胞层之间,此后,随着类上皮细胞逐渐变薄,此层 FN 则逐渐减少,门管区小静脉周边的炎性渗出灶内亦可见到网格状分布的 FN。随着病程的发展,门管区静脉壁出现纤维性增厚,FN 则逐渐减少。FN 在肉芽肿形成前出现于肝实质炎性渗出灶内,可能对增强巨噬细胞吞噬功能,降解坏死物质并引导上皮的修复以及趋化成纤维细胞和星状细胞聚集在肉芽肿组织周围等方面均起到一定的作用。在肉芽肿形成之后,特别是肉芽肿分层之后,FN 主要位于类上皮细胞与梭形细胞层之间和梭形细胞层内,可能继续趋化成纤维细胞和承担基质支架作用以促进胶原纤维的沉积,病变后期,梭形细胞层外的 FN 增多,这一现象显然与肉芽肿的进一步纤维化有关。

二、血吸虫引起的其他脏器变化

日本血吸虫成虫主要定居于门脉系统内产卵,因而虫卵引起的病变以该系统流经的脏器如肝及肠两处最为明显和严重。虫卵亦可沉积于门脉系统以外的脏器而造成异位损害,但较为少见,在临床上具有重要意义的是肺及脑,因为它们能引起明显的症状或导致严重的后果。

(一) 血吸虫引起的肠道组织变化

1. 肠道血吸虫病的病理变化

成虫主要寄居于肠系膜下静脉及痔静脉，因而虫卵病变以直肠、乙状结肠和降结肠最为严重，但回肠亦不少见。病变愈往下而愈严重的规律性，并不因感染轻重而有所改变，严重者，十二指肠和邻近的胃壁亦可有大量虫卵沉积。

虫卵以沉积于肠道黏膜下层的为最多，这是由于该层的血管较为丰富，以及组织疏松之故。严重病例的肠壁各层及肠系膜内均可查见虫卵沉积。早期肠道组织学的变化有嗜酸性脓肿，假结核结节及纤维性虫卵结节较多，有时嗜酸性脓肿缺如而出现一般性脓肿，即在组织内新鲜虫卵的周围有大量中性粒细胞浸润。这种病例极为罕见，是预后不良的组织学表现。晚期肠壁由于虫卵反复沉积而引起肠壁严重纤维化，导致肠壁显著增厚，组织学上以纤维性虫卵结节居多，嗜酸性脓肿极少，肉芽肿炎症显著减轻，而主要是广泛纤维化的形成，在新鲜虫卵的周围只见零星的炎细胞浸润。至于晚期虫卵周围细胞反应较轻的原因，可能与宿主免疫调节，即内生脱敏作用（endogenous desensitization）有关。这种内生脱敏作用的发生主要由 $Lytl^{-2}+T$ 细胞的介导所引起，与抗可溶性虫卵抗原的抗体（IgG_1）以及抗个体基因型抗体的参与有关（毛守白主编，1990）。晚期的肠壁黏膜，亦可因营养不良而发生萎缩，亦可因糜烂而形成溃疡，有的由于黏膜腺体的明显增生而形成息肉，有时在息肉的中心部位可见到散在的虫卵分布，当肌层内有大量虫卵沉积时，在浆膜面可形成坚实的结节突起，触之有砂粒感，具有重要的临床意义，可作为诊断血吸虫病的根据。严重的病例，除肠壁外，相应部位的肠系膜及其淋巴结与腹膜后组织亦可累及。

至于肠系膜静脉内的虫卵如何进入肠壁内沉积的问题，目前认为有两种方式：一种是直接沉积，即成虫先从肠系膜静脉移行至肠壁的细支内，然后在肠壁内产卵；另一种是虫卵逆血流沉积，即成虫还可在肠外静脉内产卵，虫卵逆血流而至肠壁内沉积。

在小静脉内的虫卵，常可引起管壁的病变，如在毛蚴成熟期虫卵，则可引起组织坏死及嗜酸性脓肿形成；若系尚未成熟虫卵，则有的可观察到血管内皮细胞肿大而逐渐变为类上皮细胞或直接形成巨噬细胞的过程。

2. 肠道血吸虫病与肠癌的关系

自金森氏1898年首先报告日本血吸虫病并发大肠癌、胃癌、肝癌以来（万雅各、朱汉照，1984），国内外学者对血吸虫病与恶性肿瘤尤其是肠癌之间的相关性进行了不懈的探索，流行病学资料表明：血吸虫病流行区的大肠癌发病率远较非流行区为高；流行区大肠癌的发病率与死亡率均居恶性肿瘤的首位；临床资料显示，肠道血吸虫病并发人肠癌与单纯性大肠癌亦有所不同（见表11-1）。

表 11-1

	肠血吸虫病并发大肠癌	单纯性大肠癌
发病年龄	37.6～40.4	44.4～46.3
患者性别	男：女　4:1	男：女　2:1
病变部位	以乙状结肠降结肠和横结肠多见	主要分布于直肠

病理形态学上有学者认为炎性息肉和虫卵息肉是肠血吸虫病发生大肠癌的前提，肠癌

的分布与大量虫卵沉积的部位基本一致。而且肠血吸虫病合并大肠癌时,发生淋巴结区域性转移的机会较少,这可能与肠壁黏膜下层纤维组织的大量增生而不利于癌细胞经淋巴管转移有关。林梅绥(1995)对147例大肠癌的分析得出,肠血吸虫病并发的大肠癌主要为腺癌,与单纯性大肠癌比较,以黏液腺癌和印戒细胞癌为主,组织学分型表明肠血吸虫虫卵沉积的程度与肠癌有关,而且虫卵在肠黏膜的沉积越多越明显。据此可以认为日本血吸虫病的肠道病变与肠癌的发生之间存在一定的因果关系。

一般认为:血吸虫病引起大肠癌的机理在于反复感染血吸虫,血吸虫虫卵长期沉积在肠黏膜中,造成反复黏膜溃疡、修复以及慢性炎症,引起黏膜腺体增生,息肉及肉芽肿形成,并在腺癌的基础上发生癌变。近年的研究发现(蔡红娇、杨镇、裘法祖,1997):在血吸虫病直肠肉芽肿内,虫卵周围的腺上皮中原癌基因 ras 表达阳性,从而证实血吸虫虫卵沉积在直肠壁可以释放某种毒性物质,激活 ras 基因,诱发肠癌。ras 基因是一种不受细胞类型和分化阶段限制的原癌基因,正常情况下不表达,ras 基因表达被认为在细胞恶变过程中起着引发作用,当 ras 癌基因活化时,则可导致细胞向恶性转变,是肿瘤发生的"启动基因",因而可以认为,肠道血吸虫病并发大肠癌不仅与血吸虫虫卵长期沉积刺激有关,同时与原癌基因的激活密切关联,在原癌基因激活的基础上,细胞恶性转化为肠癌。

(二) 血吸虫引起肺、脑的异位损害

1. 血吸虫引起肺的异位损害

肺血吸虫病是少见的血吸虫病异位损害,关于血吸虫病引起的肺部病变问题,经过大量动物实验及临床病理观察,目前一致认为无论是早期或晚期,虫卵肉芽肿都是造成肺组织损害的主要原因。病变与肝及肠内的病变基本一致,镜下所见多为嗜酸性脓肿和假结核结节,虫卵引起的假结核结节病变,其中的炎细胞较少,因而结构较疏松,有时可见水肿,当有多核巨细胞形成时,则多数属异物型巨细胞,类上皮细胞数较少,但淋巴细胞则较多。晚期病例的肺部病变甚轻,肉眼不易查见,大多在镜下才能发现有少量纤维性虫卵结节的形成,其中虫卵多已钙化。当虫卵引起的肺部病变严重时,均能继发肺原性心脏病,有时在肺血吸虫病的基础上并发肺癌(张锦贤、芦树森、陶正义,1989)。

关于肺部虫卵的来源:一种认为成虫可在肺内就地产卵,另一种是门脉内的虫卵可经不同循环途径到达肺内沉积:①在晚期血吸虫病,由于肝硬变,门脉内的虫卵可经开放的门-腔静脉侧支循环进入肺内;②在血吸虫病感染的急性期或早期,肝明显充血、肿大,而且门静脉内刚产的单细胞期虫卵,体积较小,常可通过扩大肝窦而经小叶中央静脉、肝静脉及下腔静脉入肺小动脉内沉积,因而肺的病变较重,这可能是肺部虫卵的主要来源。

2. 血吸虫引起脑的异位损害

脑型血吸虫病是血吸虫病的一种较为常见的异位病变,多见于青壮年男性。国内统计脑型血吸虫病在血吸虫病患者中的发生率为 $1.74\% \sim 4.29\%$。其临床表现和影像学特征常使临床误诊为脑瘤而施行手术。其病理特点为嗜酸性脓肿或假结核结节形成,伴有明显的以小动脉炎为主的血管炎变化(吴礼顺,1983)。

脑型血吸虫病有急性与慢性两种类型。急性型表现为发热,嗜酸细胞增高、嗜睡,大小便失禁,瘫痪及神经反射增强;慢性型则表现为癫痫发作,尤以局限性癫痫多见,此外还有感觉异常,瘫痪或渐进性颅内压增高。引起急性的主要原因是毒素或脑水肿,血吸虫病的脑水肿,若累及整个大脑半球时,常可是病人致死的主要原因。慢性型的发生则与虫卵肉芽肿压迫或侵犯脑组织有关。

随动脉血流进入脑内的虫卵,大多沉积于中脑动脉分配的属区,以大脑枕叶、顶叶及额叶较为常见,但以顶叶受累的机会最多。小脑的病变可单独或与大脑同时发生。组织变化主要由虫卵引起。虫卵引起的脑部病变,以感染早期较为多见,这是由于肺部虫卵较多,血管多有充血,扩大,虫卵通过肺循环而进入脑部的机会较多。虫卵引起的脑部损害,在早期以嗜酸性脓肿较为多见,有些病灶周围脑组织有软化、水肿和胶质细胞增生,但以渗出性病变较为显著,表现为明显水肿及大量炎细胞浸润;亦可因虫卵阻塞小动脉而发生周围脑组织的缺血性坏死,病变附近的小血管大部分呈管壁纤维素样坏死,脉管周围炎性变化。在晚期,则以假结核结节及纤维性虫卵结节为主,病变周围的脑组织常见退行性性变。与肝及肠内的情况不同,在虫卵引起的脑组织坏死区内常无恰-莱氏结晶出现。

引起脑型血吸虫病的发病机制主要有两种学说:①虫卵沉积学说认为:脑型血吸虫病是由于虫卵在脑组织中沉积所致。但虫卵来自何处?经何途径入脑?则尚有争论。有人曾在脑动脉中找到虫卵栓子。间接沉积学说者肯定成虫寄生在门静脉系统内,虫卵通过体循环血流而沉积于脑。直接沉积学说者认为脑组织中的虫卵直接来自寄生在颅内血窦中的成虫。但迄今尚无脑内发现成虫的报告。②中毒过敏反应学说认为:急性脑型血吸虫病的脑部病变是一种反应性血循环功能障碍,即寄生在门静脉系统内的成虫和虫卵分泌的毒素、代谢产物、坏死组织等作用于中枢神经系统所导致的中枢神经系统的一种中毒或过敏反应。脑部不一定有虫卵沉积。目前多数研究者用虫卵沉积解释慢性脑型血吸虫病,而用中毒或过敏反应解释急性脑型血吸虫病。很可能在不同的病人和不同的病程阶段以一种机制为主,但在同一病人身上两种机制可能同时存在(吴礼顺,1983;杨秀萍,钱世珍,1997;毛祖逖,2001)。

参 考 文 献

万雅各,朱汉熙. 血吸虫病与恶性肿瘤. 江西医药,1984(5):39~41

毛守白主编. 血吸虫生物学与血吸虫病的防治. 人民卫生出版社,北京:1990:336~339

毛祖逖. 脑型血吸虫病 5 例报告. 现代诊断与治疗,2001 12(4):225~226

张锦贤. 芦树森,陶正义. 经纤维支气管镜诊断肺慢性血吸虫病 6 例报告. 中华结核和呼吸杂志,1989 12(4):232~233

吴礼顺. 脑型血吸虫病——14 例临床分型. 中华神经精神科杂志,1983 16(1):5~7

刘宗传. 日本血吸虫病肝纤维化诊断研究进展. 中国血吸虫病防治杂志,2001 13(6):383~385

周承,张丽娟,胡中荣等. 日本血吸虫病小鼠肝纤维化过程中转化生长因子 β_1 mRNA 的表达及意义. 中华医学杂志,1999 79(10):788~789

陈华盛,陈佳,扬业翔. 肝活检对晚期血吸虫病诊断的价值. 中国血吸虫病防治杂志,1992 4(6):377~380

林梅绥. 血吸虫病性大肠癌的组织学分型与虫卵的关系——147 例大肠癌的分析. 肿瘤,1995 15(4):332~333

贺永久,刘微,罗端. TNF-α 与日本血吸虫卵肉芽肿及肝纤维化关系的初步研究.

中国寄生虫病防治杂志，1996 9 (4)：247～277

胡永秀，薛燕萍，田小军等．小鼠急性日本血吸虫病肝脏肉芽肿动态及脾细胞 IL-4mRNA 水平的相应变化．中国人兽共患病杂志，1997 13 (2)：10～12

施光峰，徐启玥，翁心华等．日本血吸虫病小鼠肝纤维化过程中Ⅵ型胶原的表达变化．中国寄生虫学与寄生虫病杂志，1999 17 (5)：298～301

徐玉会，武忠弼．日本血吸虫卵肉芽肿形成中细胞成分及相互关系的动态观察．同济医科大学报，1990 19 (5)：300～304

蔡卫民，张立煌，刘荣华等．肿瘤坏死因子与日本血吸虫病肝纤维化关系的动态观察．上海医学，1993 16 (4)：212～215

蔡红娇，杨镇，裘法祖．血吸虫病兔直肠壁 ras 癌基因的免疫组化观察．中华实验外科杂志，1997 14 (6)：367～368

Cheever AW, William ME, Wynn TA et al. Anti-IL-4 treatment of Schistosoma mansoni-infected mice inhibits development of T cells and non-B, non-T cells expressing TH2 cytokines while decreasing egg-induced hepatic fibrosis. J. Immunol. , 1994 153：753-759

Chensue SW, Terebuh PO, Warming ton KS et al. Role of IL-4 and IFN-r in *Schistosoma mansoni* egg-induced hypersensitivity granuloma formation. J. Immunol. 1992 148：900-906

Eeng Linglan, Lishuli, Cai shuging et al. Study on the Levels of IL-4、IL-5 and IL-10 in liver spleen and colon of mice infected schistosomiasis japonica. J. of Modern Clinical Medical Bioengineering, 1999, 5 (1)：6-9

Grzych JM, Pearce E, Cheever A et al. Egg deposition is the major stimulus for the production of Th2 cytokines in murine schistosomiasis mansoni. J. Immunol 1991 146：1322-1327

Jacobs W, Kamar SS, Bogers J et el. Transforming growth factor-beta, basement membrane components and heparin sulphate proteoglycans in experimental hepatic schistomiasis mansoni. Cell Tissue Res, 1998 292：101-106

Loreal O, Clement B, Schuppan D et al. Distribution and cellular origin of collagen development of cirrhosis. Gastroenterology, 1992 102：980-987

Mosmann TR, Sad S. The expanding universe of T-cell subsets：Th1, Th2 and more. Immunology Today, 1996 17：138-146

Wahl SM, Frazrer-Jessen M, Jin WW et al. Cytokine regulation of schistosome-indueed granuloma and fibrosis. Kidney Int, 1997 51：1370-1375

Wiest PN, Wu G, Zhang S et al. Morbidity due to schistosomiasis japonica in People's Republic of China. Tran. R. Soe. Trop. Med. Hyp, 1992 86 (1)：47-50

Xu YH, Jane Macedonia, Alan sher et al. Dynamic Analysis of splenic Th1 and Th2 lymphocyte functions in mice infected with schistosoma japonicum. Infection and immunity, 1991 59 (9)：2934-2940

图版说明　　Plate Explanation

图版 XI-1～XI-5

1. 示肝窦扩大，窦内为嗜酸性粒细胞。(TEM，×6 000)

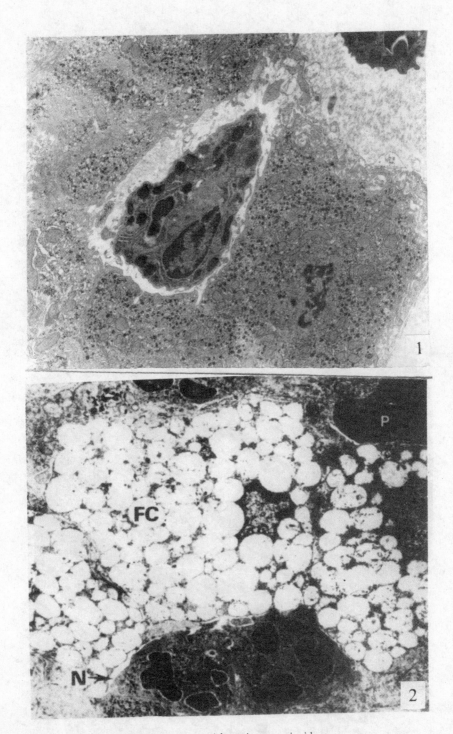

The enlarged schistosomiasis hepatic sinus with eosinocytes inside.
2. 示泡沫细胞（FC）由中性粒细胞（N）围绕。(TEM，×8 000)
The foam cell (Fc) are surrounded by neutrocyte (N).

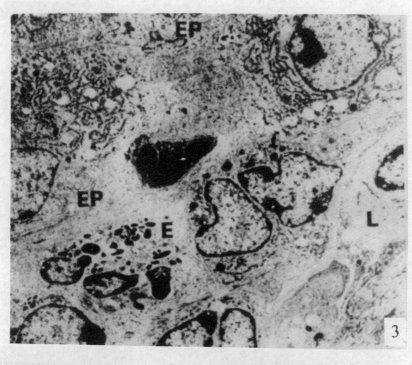

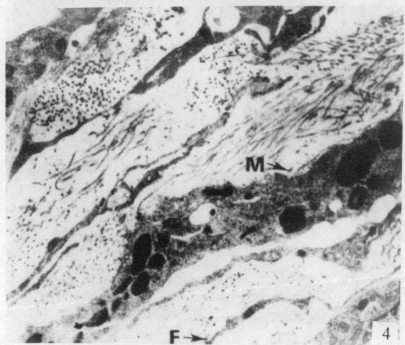

3. 示中央区类上皮细胞（EP）及其外围的淋巴细胞（L）和嗜酸性粒细胞（E）。（TEM，×8 000）
The epidermal cell (EP) in the central region with peripheral lymphocytes (L) and eosinocytes (E).
4. 示梭形细胞层内成纤维细胞（F）和巨噬细胞（M）。（TEM，×12 500）
The spindle cell layer with fibroblasts (F) and macrophagocytes (M).

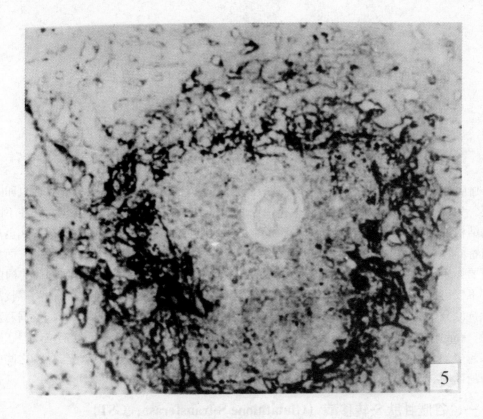

5. 光镜下观,免疫组化染色显示,FN 分布于虫卵肉芽肿周边。(×250),Light microscope, Histo-immuno-stain, FN located peripherally the eosinophils.

第十二章 血吸虫超微结构与免疫

蒋明森 赵琴平 董惠芬

血吸虫生活史复杂,从尾蚴侵入皮肤在人体内寄生开始,经历童虫、成虫、虫卵三个阶段。为了适应宿主的内环境得以生存,虫体的超微结构随之发生相应变化,这些不断变化的结构给血吸虫免疫机制的研究增添了难度。血吸虫各期虫体既具有共同抗原,也具有各自特异性抗原,它们在血吸虫的免疫诊断、免疫病理或诱导宿主的保护性免疫方面均具有重要作用。血吸虫免疫机制复杂,相关知识尚不完全清楚。对于血吸虫超微结构的研究,不仅可揭示虫体发育的形态学变化,亦可对各期抗原进行免疫定位,从而为寻找高保护性抗原分子提供形态学依据,并为研究血吸虫与宿主之间免疫反应提供直接依据和新的途径。在超微结构水平上对血吸虫免疫进行研究,迄今多囿于抗原分子的定位,但正受到越来越多学者的关注。下面仅就几例抗原分子予以介绍,以期对超微结构与免疫之间的关系有所阐明。

一、谷胱甘肽 S-转移酶(Glutathione S-transferase,GST)

自从曼氏血吸虫 28kU GST 第一次得到分离和鉴定后(Balloul JM,Pierce RJ,Graych JM et al,1985),该蛋白受到越来越多的关注,天然和重组的 Sm28GST 在众多动物模型中均可诱导保护性免疫,被认为是最早发现且最有潜力的一个疫苗候选分子(Balloul JM,Grzych JM,Pierce,RJ et al,1987;Boulanger D,Reid GD,Sturrock RF et al,1991;Grezel D,Capron M,Grzych JM et al.1993)。对于 Sm28 GST 在曼氏血吸虫中的分布情况,Taylor 等(1988)通过免疫电镜观察到体被、体被下层细胞、原肾管细胞中均含有 Sm28 GST;Holy 等(1989)通过免疫荧光仅在实质组织中检测到 Sm28 GST;Porchet 等用免疫组化方法在生殖系统中检测到 Sm28 GST。

基于对 Sm28 GST 分布的观察方法和所得结果多样,Liu 等(1996)在免疫组化和超微结构水平上同时对曼氏血吸虫 GST 的分布进行了深入研究,两种检测方式的结果基本一致。免疫组化结果显示,在雄虫和雌虫的实质组织和背瘤中均有广泛分布,雄虫中反应比雌虫更明显;生殖系统中 GST 的分布在雌、雄虫中不同,在雄虫睾丸细胞中散在分布,胞核比胞浆中含量更为丰富,雌虫中,阳性细胞的数量和密度从卵巢的前端至中端逐渐减少乃至消失,卵膜中虫卵中央的卵细胞和卵膜上皮反应呈阳性,但卵黄腺反应却较弱或为阴性,子宫中亦未检测到阳性反应产物。免疫电镜中 GST 在体被中的分布呈多样性,紧贴体被基底膜的体被下层亦检测到 GST 的存在,实质组织中有四种类型的细胞反应均为阳性;睾丸中不同分化阶段的支持细胞和精原细胞均表现出阳性,胞核的染色密度各不相同,胞浆中仅见较弱的阳性反应;GST 在卵巢中的分布与组化结果一致,卵黄腺中未分化的细胞胞核和胞浆均为阳性反应，随着细胞逐渐成熟，反应逐渐减弱；卵膜以及虫卵卵壳表面和卵壳中亦含有大量 GST，卵母细胞中的反应结果与组化一致，胞核较胞浆中的密度高。

体被中的 GST 多由虫体分泌运输而至，并随着血吸虫体被的脱落进入宿主体内（Taylor JB, Vidal A, Torpie G et al. 1988），为抗原与宿主免疫系统的直接接触提供了基础。童虫体表 GST 的暂时性表达亦可能通过 ADCC 机制发挥抗血吸虫作用。生殖系统中 GST 的表达与疫苗的抗生殖免疫、卵负荷减少有关（Boulanger D, Trottein F, Mauny F et al. 1994；Boulanger D, Warter A, Trottein F et al. 1995；Xu CB, Verwaerde C, Grzych JM et al. 1991；Xu CB, Verwaerde C, Gras-masse H et al. 1993）。成熟的卵母细胞含极少量的 GST，但在虫卵中的卵细胞中却有明显表达，提示 Sm28GST 可能与蛋白质的合成和增殖有关；同时，卵膜和卵壳中富含的 GST，亦提示 GST 参与虫卵的形成。在亚细胞水平上，GST 主要定位于胞核，胞浆中含量少，其他细胞器更少，此与人类 GST 的分布相同，哺乳动物胞核中的 GST 已被证实参与过氧化 DNA 的衰亡（Ketterer B, Tan H, Mayer DJ et al.）。

二、副肌球蛋白（Paramyosin）

副肌球蛋白是一种分子量为 97kU 的 α-螺旋蛋白分子，可引起曼氏血吸虫和日本血吸虫强烈的免疫应答，被认为是极具潜力的抗血吸虫疫苗候选分子。对其在超微结构上进行免疫定位有助于进一步了解保护性免疫的产生机制。Matsumoto 等（1988）的研究发现，曼氏血吸虫成虫体被基质中含量高。Gobert 等（Gobert GN, Stenzel DJ, Jones MK, et al. 1997）对日本血吸虫各个发育阶段的副肌球蛋白进行了免疫定位，发现尾蚴头部、尾部肌丝反应呈阳性；同时首次观察到尾蚴后钻腺中的分泌颗粒显示阳性，而头腺和前钻腺反应阴性。3d 肺期童虫的体被表面和基质中表现出微弱但很清晰的阳性反应产物；同时童虫的肌肉组织亦有低水平的表达。成虫肌层与口、腹吸盘的特殊肌区出现阳性反应，但在体被表面和体被基质中反应为阴性。

肌肉组织中的副肌球蛋白为肌肉的收缩提供了结构支持（Schmitz H, Ashton FT, Pepe FA, et al. 1997），这正是尾蚴能快速摆动的原因。Kojima 等证实（Kojima S, Niimura M, Kanazawa T. 1987）：日本血吸虫副肌球蛋白疫苗仅抗血吸虫童虫即早期感染阶段，童虫体表副肌球蛋白的存在，提示其可作为疫苗介导免疫攻击的靶分子，因为体被是血吸虫与宿主免疫系统直接持续接触的部位。Laclette 等的研究表明（Laclette, JP, Shoemaker CB, Richter D, et al. 1992），来源于包括曼氏血吸虫在内的许多无脊椎动物的副肌球蛋白可抑制体外的补体经典途径，因此认为，肺期童虫体表或由尾蚴后钻腺分泌排泄出来的副肌球蛋白亦可抑制宿主体内的补体经典途径，体被表面副肌球蛋白的存在可能与血吸虫免疫逃避机制有关。有关血吸虫副肌球蛋白调节补体经典途径的具体机制有待进一步研究。对尾蚴后钻腺内容物的生化研究及副肌球蛋白向体被表面运输机制的分析，将有助于进一步阐明副肌球蛋白促进血吸虫在宿主内的生存。

三、肌浆球蛋白（Myosin）

重组曼氏血吸虫 62kU 肌浆球蛋白疫苗 rIrV-5，在动物试验中可诱导高保护力（Scisson LM, Masterson CP, Tom TD et al. 1993; Scisson LM, Strand M. 1993)。但重组日本血吸虫相应物质 rSj62，却不能诱导出抗日本血吸虫的高保护力（Zhang Y, Taylor MG, Bickle QD. 1998）。rSj62 疫苗与 rSmIrV-5 疫苗导致结果不同的原因可能在于细菌中表达的 rSj62 抗原产物不能呈现关键的"保护性"肽段，因此人们开始考虑使用可在人体内表达的 DNA 疫苗。DNA 疫苗日益受到关注，注入的重组质粒可直接转染巨噬细胞和树突状细胞（Chattergoon MA, Robinson TM, Boyer JD et al. 1998），而且抗原的体内表达还可以呈现天然构造，诱导全面的体液和细胞免疫（Cardoso AL, Bilxenkrone-Moller M, Fayolle J et al. 1996）。

Zhang 等（Zhang Y, Taylor MG, Gregoriadis G et al. 2000）所重组的 VRSj62 DNA 疫苗，对其免疫原性和保护性重新进行了评估，并对其天然蛋白分子进行了免疫定位，此结果与前所述（Zhang Y, Taylor MG, Bickle QD 1998）一致。Sj62 DNA 疫苗可诱导出高水平的特异性 IgG 抗体，该抗体可识别日本血吸虫天然蛋白，免疫电镜定位于成虫肌层，曼氏血吸虫 62kU 肌浆球蛋白亦定位于肌肉组织，但是与早期的细菌重组 Sj62 疫苗一样，DNA 疫苗也未能诱导出高的保护力。rIrV-5 与 Sj62 DNA 疫苗所产生的不同的保护力的原因，除了所用实验动物种系、疫苗制备方法及蛋白的表达等区别外，致弱尾蚴疫苗对于日本血吸虫产生的保护力低于曼氏血吸虫（Zhang Y, Taylor MG, Wang H et al. 1999）的原因，也可能与 Sj62 与 Sm62 产生不同保护力有一定的联系（Zhang Y, Taylor MG, Gregoriadis G et al. 2000）。

四、9B-antigen

血吸虫疫苗的研究重点在于：找到能在感染早期诱导宿主产生免疫反应，从而减少虫荷和降低发病率的特异性抗原分子（Amon R, 1991）。生活史早期阶段的特异性抗原，比如致弱尾蚴的主要抗原分子 SmIrV1（Hawn TR, Strand M 1987; Strand M, Dalton JP, Tom TD 1987），以及可在虫体与宿主接触的界面，即体被上表达的抗原，例如 Sm23（Koster B, Strand M 1994; Reynolds SR, Shoemarker CB, Harn DA 1992）等，均被认为是具有潜力的疫苗候选分子。

血吸虫富含 9B-antigen，Tarrab-Hazadi 等的实验表明（Tarrab-Hazdai R, Levi-Schaffer F, Brenner V, et al. 1985），9B-antigen 为一种表面抗原，天然蛋白分子量为 450kU，可诱导抗血吸虫感染相当的保护力（～40%），主要表达于幼虫阶段，尾蚴和童虫，在一些重要的功能性器官中可检测到（Tarrab-Hazdai R, Schechtman D, Lowell G, et al. 1999）。使用单克隆抗体 152-66-9B 对 9B-antigen 进行超微结构水平的免疫定位，人工转化后 24h 活童虫的外表膜可见抗原抗体反应后形成的无定形聚集物，免疫荧光显微镜观察在 5d 肺期童虫体表亦呈阳性反应。同时在童虫体被基底膜、胞质小管膜、焰细胞中均有 9B-antigen，钻腺和微丝中亦有少量但很清晰的阳性反应产物。然而，用同样的方法在成虫中未检测到 9B-antigen。

9B-antigen 为期特异性表达抗原，肺期童虫在宿主体内持续较长时间，足以诱导引起宿主的免疫攻击反应。因此，肺期童虫抗原具有重要意义。实验观察到单克隆抗体 152-66-9B 可在体外培养童虫间发生偶联，由此推测，体内童虫体表丰富的 9B-antigen 就可通过其抗体影响虫体的生存，阻止发育成为成虫，从而发挥其保护性免疫力（Tarrab-Hazdai R，Schechtman D，Lowell et al. 1999)。抗原抗体复合物可损伤童虫体被，破坏其选择性渗透作用，同时体表褶皱形成的微绒毛可提高虫体的吸附面积，形成胞饮小囊以吸收一些重要的大分子和特殊物质，9B-antigen 在体表形成的抗原抗体复合物可能具有对这些功能的抑制作用。焰细胞具血吸虫代谢产物的分泌和排泄功能，其中富含的 9B-antigen 可能与维持血吸虫基本的生理过程有关，其具体机制尚需深入研究。

同时研究发现（Tarrab-Hazdai R，Levi-Schaffer F，Brenner V et al. 1985)，致弱尾蚴疫苗免疫鼠血清可高度特异性识别 9B-antigen，因而推测，9B-antigen 有可能为致弱尾蚴疫苗产生高保护力的抗原之一，此外，来源于曼氏血吸虫和埃及血吸虫的感染血清均可识别 9B-antigen，可见，9B-antigen 在血吸虫中具有高度保守性，这种保守性使其具有交叉保护作用。

五、动力蛋白轻链（Dynein light chains，DLC）

目前对 DLC 的功能知之甚少，仅知其属于动力蛋白的一类酶复合物，参与多种以微管为基础的运动。动力蛋白包括重链（heavy chains，HC)、中链（intermediate chains，IC)、轻中链（Light intermediate chains，LIC）和轻链（Light chains，LC）四种（Wiltman GB，Wilkerson CG，King SM，1994)。已在某些组织器官中检测到多种 DLC，并对它们进行了克隆和序列分析。曼氏血吸虫体被表膜可检测到 8kU DLC（Hoffmann KF，Strand M 1996)，20.8kU DLC（Hoffmann KF，Strand M 1997)，10kU DLC 是一种 T 细胞刺激物，经诱导可产生保护性免疫抗原。

Yang 等（Yang W，Jones MK，Fan J et al. 1999）克隆和编码了日本血吸虫一类 DLC 样多肽家庭，SjcDLC1-5，蛋白分子量为 10.5～12.3kU，分析了其分子和免疫学特征，并对 SjcDLC1 的蛋白表达产物进行了免疫定位，SjcDLC1 特异性定位于雌虫和雄虫的体被，体被下层细胞无 SjcDLC1；尾蚴体被中亦检测到 SjcDLC1，囊泡、体棘阳性反应明显。同时证实其来源于胞质并在其中发挥作用。

SjcDLC 在体被中的作用日益受到关注，特别是在特异性细胞器官的转运方面，组成膜状体和盘状体，在成虫表面形成体被膜结构。这种双层脂质结构是血吸虫特有结构，膜状体和盘状体通过胞质小管不断运输到外表面以维持体被和表膜的完整性。超微结构水平免疫学的研究，可深入了解细胞器官的物质转运、体被在血吸虫保护性免疫中的地位，以及 SjcDLC 作为疫苗或药物发展的可能性。

六、钙结合蛋白（Calcium binding protein，CaBP）

钙调蛋白是目前研究最多的一种 CaBP，具有调节酶活性，调控细胞周期、蛋白质排泄的重要功能，同时，参与细胞骨架的组成及运动（Means AR. 1998)，其通过结合钙，发生构象变化，从而保证蛋白质间通过疏水作用发生信号传递（da Silva AC，Reinach FC. 1991；Ikura M，Clore GM，Gronenborn AM，et al. 1992)。另一类 CaBP（例如小清蛋白，prevalbumin）不进行蛋白质间的信号传递，可能是作为细胞间钙的贮存库，参与维持细胞内钙离子的生理水平（da Silva AC，Reinach FC. 1991)。

血吸虫中含有 CaBP，Thompson 等（Thompson DP，Chen GZ，Sample AK et al. 1986）从曼氏血吸虫成虫提取出与钙调蛋白有相似特性的 19kU 蛋白分子，具有抗原性,并可活化牛心磷酸二酯酶。通过免疫电镜检测到曼氏血吸虫尾蚴、童虫、成虫及虫卵中均含有 20kUCaBP,其大部分位于肌肉组织,体被中含量少(Havercroft JC,Huggins MC,Dunne DW et al. 1990;Stewart TJ,Smith A,Havercroft JC 1992),目前尚不清楚其在调节肌肉收缩或钙离子贮存库中的作用。16kU CaBP(SmF16)主要位于虫卵,可作为血吸虫血清学诊断抗原(Moser D,Doenhoff MJ,Klinker MQ,1992)。

Ram 对 8kU 分子的尾蚴特异性 CaBP 进行了 cDNA 克隆及抗原性研究,对其在分子和亚分子水平进行定位,以期能深入了解其功能(Ram D,Grossman Z,Markovics A et al. 1989;Ram D,Romano B,Schechter I,1994)。Ram 使用 anti-CaBP 对不同发育阶段的曼氏血吸虫进行了 CaBP 的免疫定位,在尾蚴头腺的分泌颗粒和分泌液中可见浓染区,经化学方法转化后 3h、24h 的童虫,头腺内电子颗粒浓度逐渐减少至极低,同时在 3h 童虫头腺腺管中可见阳性分泌颗粒,而在体被下的透明薄层和肌纤维中无 CaBP 的特异性反应。尾蚴及 3h 童虫体被,体被下层细胞胞质和胞质小管中均含有丰富的 CaBP,表明 CaBP 由体被下层细胞转运至上方的体被,但在体被表面未检测出 CaBP;在 24h 童虫的相应部位未检测到 CaBP。焰细胞具有重要排泄功能,CaBP 在尾蚴和 3h 童虫的焰细胞中(包括基体、纤毛束、嵴及邻近的实质)含量丰富,在 24h 童虫焰细胞中含量明显减少,尽管焰细胞中含有丰富的 CaBP,但从电镜水平尚不能证明 CaBP 可被排泄到体外。尾蚴的体尾连接处亦富含 CaBP。CaBP 在血吸虫中的分布随着虫体的发育不断进行调整,在尾蚴和 3h 童虫的某些器官中含量丰富,24h 童虫中含量明显减少,成虫中则不含 CaBP,其与 Western-blot 结果一致,表明 CaBP 局限于生活史的某些阶段,其功能是暂时性的;其在尾蚴转变成童虫的过程中对体被等组织的修复和结构变化发挥了重要的作用,使其更能适应生存环境。

七、神经钙质(Calcineurin,CN)

环胞菌素 A(CsA)是一种免疫抑制药物,具有抗血吸虫作用,CsA 与 cyclophilin(CYPs)有高度的亲和力(Handschumacher RE,Harding MW,Rice J et al. 1984),血吸虫中富含 CYPs,CsA 与 CYPs 的复合物可抑制与钙或钙调蛋白结合存在的 CN 的丝氨酸/羟丁氨酸磷酸酶活性,从而抑制核转录因子的脱磷酸及阻止它们向核的转运,因此抑制白细胞介素合成,该机制形成了 CsA 免疫抑制效应的基础(Liu J,Farmer JD Jr,Lane WS et al. 1991)。但亦有学者认为,在使用不同的 CsA 类似物时,其杀血吸虫作用与 CN 的活性被抑制没有必然联系(Khattab A,Pica-Mattoccia L,Wenger R et al. 1999)。

CN 是一种蛋白磷酸酶 2B,为哺乳动物脑组织中一种主要的可溶性蛋白质,亦存在于许多其他组织中(Klee CB,Ren H,Wang X,1998),是由 60~70kU 的 CNA 和 19kU 的 CNB 组成的异二聚体。Mecozzi 等(Mecozzi B,Rossi A,Lazzareti P et al. 2000)对曼氏血吸虫 CN 的亚单位 CAN、CNB 进行分子克隆并对其进行了结构上的定位,与抗 SmCNA 血清反应后的童虫呈现 6~8 个阳性反应点;尾蚴的尾部靠近头尾关节连接处出现两个阳性反应点,这些部位恰好是尾蚴和童虫焰细胞的所在(Ebrahimzadeh A,Kraft M. 1971);成虫焰细胞及体被含有阳性反应点,而与抗 SmCNB 血清的反应,则缺乏特异的定位,可能的原因是 CNB 比 CAN 在血吸虫中的分布更广泛(Mecozzi B,Rossi A,Lazzareti P et al. 2000)。

对 CN 的免疫定位结果证实，CN 对于血吸虫的生存发挥了重要的作用。血吸虫有一结构完善的排泄系统，含有大量焰细胞，具有过滤功能，同时提供机械压力促使液体进入排泄系统管道，并通过排泄孔排出体外。Talla 等（Talla E, de Mendonca RL, Degand I et al. 1998）认为，CN 参与调整血吸虫离子平衡，可抑制曼氏血吸虫 Ca^{2+}-ATPase 活性。对血吸虫 CN 生理功能的进一步阐明，将对抗血吸虫研究提供新的途径。

八、致弱尾蚴（Irradiated cercariae）

大量试验表明，致弱尾蚴及其疫苗可诱导较高水平的抗血吸虫保护性免疫（Dean DA, 1983; Moloney NA, Bickle QD, Webbe G, 1985），相关的机制一直是研究的重点。有学者认为致弱尾蚴对于童虫表面抗原性（Simpson AJ, Hackett F, Walker T, et al. 1985）、超微结构（Mastin A, Bickle QD, Wilson RA, 1985），以及刺激人体单核细胞增殖的能力（Vieira LQ, Colley DQ, de Souza CPS et al, 1987）等方面影响不大。Wales 的试验表明（Wales A, Kusel JR, Jones JT, 1992），尾蚴照射后的 24h 内，蛋白质合成受到抑制；72h 时，其功能又恢复。关于致弱尾蚴与正常幼虫最明显的区别在于，在宿主体内迁移方式的不同，并被认为是产生保护力的重要原因（Mountford AP, Coulson PS, Wilson RA, 1988）。

致弱尾蚴可引起皮肤和肺淋巴结中 T 细胞更持久强烈的增殖反应（Constant SL, Wilson RA, 1992）；抗原刺激诱导的细胞因子，特别是 γ 干扰素和白细胞介素，可持续产生（Pemberton RM, Smythies LE, Monutford AP et al. 1991）；刺激肺组织中血吸虫特异性 $CD4^+$ T 细胞的聚集（Aitken P, Coulson PS, Wilson RA, 1988），增强肺部抗再感染的能力。致弱尾蚴引起强烈免疫反应的具体原因目前尚不完全清楚。Harrop 等（Harrop R, Wilson RA, 1993）在对血吸虫幼虫分泌排泄抗原的研究中发现，致弱后的血吸虫幼虫与正常幼虫的表面结构有明显的不同，并认为该现象是造成免疫反应不同的原因之一。正常尾蚴培养 8d 后的童虫具有与宿主体内 8d 童虫同样的结构，虫体延长，体表光滑，除了最前端和后端外，体棘消失；致弱尾蚴培养后的 8d 童虫体棘分布类似，但明显不同的是体部出现明显的皱缩，褶皱从培养后 5d 开始出现，6~7d 时最明显，从宿主体内回收的 8d 致弱童虫也表现有同样的褶皱。Harrop 等（1993）认为，适当剂量 γ 线照射（20krad），使虫体神经肌肉的协调发生延迟效应，虫体可从皮肤进入淋巴结和肺部，并延长停留时间，以释放更多量的抗原物质，从而引起强烈的免疫反应。

参考文献

Arnon R. Immuno-parasitological parameters in schistosomiasis-a perspective view of a vaccine-oriented immunochemis. Vaccine, 1991 9: 379-394

Aitken P, Coulson PS, Wilson RA. Pulmonary leucocytic responses are linked to the acquired immunity in mice vaccinated with irradiated cercariae of Schistosoma manson. J. Immunol, 1988 140: 3573-3579

Balloul JM, Pierce RJ, Graych JM et al. In vitro synthesis of a 28-kilodalton antigen present on the surface of the schistosomulum of Schistosoma mansoni. J. Mol. Biochem. Parasitol, 1985 17 (1): 105-114

Balloul JM, Grzych JM, Pierce RJ et al. A purified 28 000 dalton protein from *Schistosoma mansoni* adult worms protects rats and mice against experimental schistosomiasis, J. Immu nol, 1987 138 (10): 3448-3453

Boulanger D, Reid GD, Sturrock RF et al. Immunization of mice and baboons with the recombinant Sm28 GST affects both worm viability and fecundity after experimental infection with *Schistosoma mansoni*. J. Parasite Immunol, 1991 13 (5): 473-490

Boulanger D, Trottein F, Mauny F et al. Vaccination of goats against the trematode *Schistosoma bovis* with a recombinant homologous schistosome-derived glutathione S-transferase. J. Parasite Immunol, 1994 16 (8): 399-406

Boulanger D, Warter A, Trottein F et al. Vaccination of patas monkeys experimentally infected with *Schistosoma haematobium* using a recombinant glutathione S-transferase cloned from *S. mansoni*. J. Parasite Immunol, 1995 17 (7): 361-369

Cardoso AL, Bilxenkrone-Moller M, Fayolle J et al. Immunization with plasmid DNA encoding for the measles virus hemagglutinin and nucleoprotein leads to humoral and cell-mediated immunity. J. Virology, 1996 225 (2): 293-299

Chattergoon MA, Robinson TM, Boyer JD et al. Specific immune induction following DNA-based immunization through in vivo transfection and activation of macrophages antigen-presenting cells. J. Immunol, 1998 160 (12): 5705-5718

Constant SL, Wilson RA. In vivo lymphocyte responses in the draining lymph nodes of mice exposed to *Schistosoma mansoni*: Preferetial proliferation of T cells is central to the induction of protective immunity. J. Cell Immunol, 1992 139 (1): 145-161

da Silva AC, Reinach FC. Calcium binding induces conformational changes in muscle regulatory proteins. Trends Biochem. Sci, 1991 16 (2): 53-57

Dean DA. Schistosoma and related genera: Acquired resistance in mice. J Experimental Parasitology, 1983 55 (1): 1-104

Ebrahimzadeh A, Kraft M. Ultrastructural studies on the anatomy of the cercariae of *Schistosoma mansoni*. II. The excretory system. Z. Parasitenkd, 1971 36 (4): 265-290

Grezel D, Capron M, Grzych JM et al. Protective immunity induced in rat schistosomiasis by a single dose of the Sm28 GST recombinant antigen: effector mechanisms involving IgE and IgA antibodies. Eur. J. Immunol, 1993 23 (2): 454-460

Gobert GN, Stenzel DJ, Jones MK et al. *Schistosoma japonicum*: immunolocalization of paramyosin during development. Parasitology, 1997 114 (ptl): 45-52

Handschumacher RE, Harding MW, Rice J et al. Cyclophilin: a specific cytosolic binding protein for Cyclosporin A. Science, 1984 226 (4674): 544-547

Harrop R, Wilson RA. Irradiation of *Schistosoma mansoni* cercariae impairs neuromuscular function in developing schistosomula. J. Parasitol, 1993 79 (2): 286-289

Havercroft JC, Huggins MC, Dunne DW et al. Characterization of Sm20, a 20-kilodalton calcium-binding protein of *Schistosoma mansoni*. Mol. Biochem. Parasitol, 1990 38 (2): 211-220

Hawn TR, Strand M. Developmentally regulated localization and phosphorylation of SmIrV1, a *Schistosoma mansoni* antigen with similarity to calnexin. J. Biol. Chem, 1994 269 (31): 20083-20089

Hoffmann KF, Strand M. Molecular identification of a *Schistosoma mansoni* tegumental protein with similarity to cytoplasmic dynein light chains. J. Biol. Chem, 1996 271 (42): 26117-26123

Hoffmann KF, Strand M. Molecular characterization of a 20.8-kDa *Schistosoma mansoni* antigen sequence similarity to tegumental associated antigens and dynein light chains. J. Biol. Chem, 1997 272 (23): 14509-14515

Holy JM, O'Leary KA, Oaks JA et al. Immunocytochemical localization of the major glutathione S-transferase in adult *Schistosoma mansoni*. J. Parasitol, 1989 75 (2): 181-190

Ikura M, Clore GM, Gronenborn AM et al. Solution structure of a Calmodulin-target peptide complex by multidimensional NMR. Science, 1992 256 (5057): 632-638

Ketterer B, Tan H, Mayer DJ et al. Glutathine S-transferases: a possible role in the detoxification of DNA and lipid hydroperoxides [A]. In: Mantle TJ, Pickett CB, Hayes JD. Glutathione S-transferases and Carcinogenesis [M]. Taylor & Francis, London. 149-163

Khattab A, Pica-Mattoccia L, Wenger R et al. Assay of *Schistosoma mansoni* calcineurin phosphatase activity and assessment of its role in parasite survival. Mol. Biochem. Parasitol, 1999 99 (22): 269-273

Klee CB, Ren H, Wang X. Regulation of the calmodulin-stimulated protein phosphatase, calcineurin. J. Biol. Chem, 1998 273 (22): 13367-13370

Mecozzi B, Rossi A, Lazzaretti P et al. Molecular cloning of *Schistosoma mansoni* calcineurin subunits and immunolocalization to the excretory system. Mol. Biochem. Parasitol, 2000 110 (2): 333-343

Kojima S, Niimura M, Ka nazawa T. Production and properties of a mouse monoclonal IgE antibody to *Schistosoma japonicum*. J. Immunol, 1987 139 (6): 2044-2049

Koster B, Strand M. *Schistosoma mansoni*: Sm23 is transmembrane protein that also contains a glycosylphosphatidylinositol anchor. Arch. Biochem. Biophys, 1994 310 (1): 108-117

Laclette JP, Shoemaker CB, Richter D et al. Paramyosin inhibits complement C1. J. Immunol, 148 (1): 124-128

Lanar DE, Pearce EJ, James SL et al. Identification of paramyosin as a schistosome antigen recognized by intradermally vaccinated mice. Science, 1986 234 (4776): 593-596

Liu J, Farmer JD Jr, Lane WS et al. Calcineurin is a common target of cyclophilin-cyclosporin A and FKBPFK506 complexes. J. Cell, 1991 66 (4): 807-815

Liu JL, Fontaine J, Capron A et al. Ultrastructural localization of Sm28 GST protective antigen in *Schistosoma mansoni* adult worms. J. Parasitology. 1996 113 (pt4): 377-391

Matsumoto Y, Perry G, Levine RJ et al. Paramyosin and actin in schistosomal teguments. Nature, 1988 333 (6168): 76-78

Mastin A, Bickle QD, Wilson RA. An ultrastructural examination of irradiated, immunizing schistosomula of *Schistosoma mansoni* during their extended stay in the lungs. J. Parasitology, 1985 91 (pt1): 101-110

Means AR. Molecular mechanisms of action of calmodulin. Recent Prog. Horm. Res, 1988 44: 223-262

Mecozzi B, Rossi A, Lazzaretti P et al. Molecular cloning of *Schistosoma mansoni* calcineurin subunits and immunolocalization to the excretory system. Mol. Biochem. Parasitol, 110 (2): 333-343

Moloney NA, Bickle QD, Webbe G. The induction of specific immunity against *Schistosoma japonicum* by exposure of mice to ultraviolet attenuated cercariae. J. Parasitology, 1985 90 (pt2): 313-323

Moser D, Doenhoff MJ, Klinkert MQ. A stage-specific calcium-binding protein expressed in eggs of *Schistosoma mansoni*. Mol. Biochem. Parasitol, 1992 51 (2): 229-238

Mountford AP, Coulson PS, Wilson RA. Antigen localization and the induction of resistance in mice vaccinated with irradiated cercariae of *Schistosoma mansoni*. J. Parasitology, 1988 97 (pt1): 11-25

Pemberton RM, Smythies LE, Mountford AP et al. Patterns of cytokine production and proliferation by T lymphocytes differ in mice vaccinated or infected with *Schistosoma mansoni*. J. Immunology, 1991 73 (3): 327-333

Thompson DP, Chen GZ, Sample AK et al. Calmodulin: biochemical, physiological and morphological effects on *Schistosoma mansoni*. Am. J. Physiol, 1986 251 (6pt2): R1051-1058

Porchet E, Mcnair A, Caron A et al. Tissue expression of the *Schistosoma mansoni* 28KDa glutathione S-transferase. J. Parasitology, 1994 109 (pt5), 565-572

Ram D, Grossman Z, Markovics A et al. Rapid changes in the expression of a gene encoding a calcium-binding protein in *Schistosoma mansoni*. Mol. Biochem. Parasitol, 1989 34 (2): 167-176

Ram D, Romano B, Schechter I. Immunochemical studies on the cercarial-specific calcium binding protein of *Schistosoma mansoni*. Parasitology, 1994 108 (pt3): 289-300

Reynolds SR, Shoemarker CB, Harn DA. T and B cell epitope mapping of SM23, An integral membrane protein of *Schistosoma mansoni*. J. Immunol, 1992 149 (12): 3995-4001

Schmitz H, Ashton FT, Pepe FA et al. Substructures in the core of thick filament: arrangement and number in relation to the paramyosin content of insect flight muscles. Tissue and Cell, 1994 26: 83-100

Scisson LM, Masterson CP, Tom TD et al. Induction of protective immunity in mice using a 62-kU recombinant fragment of a *Schistosoma mansoni* surface antigen. J. Immunol, 1992 149 (11): 3612-3620

Scisson LM, Strand M. *Schistosoma mansoni*: induction of protective immunity in rats using recombinant fragment of a surface antigen. Exp. Parasitol, 1993 77: 492-494

Simpson AJ, Hackett F, Walker T et al. Antibody responses against schistosomulum surface antigens and protective immunity following immunization with highly irradiated cerceriae of *Schistosoma mansoni*. J. Parasite Immunol, 1985 7 (2): 133-152

Stewart TJ, Smith A, Havercroft JC. Analysis of the complete sequence of a muscle calcium-bining protein of *Schistosoma mansoni*. Parasitology, 1992 105 (pt3): 399-408

Strand M, Dalton JP, Tom TD. Characterization and cloning of *Schistosoma mansoni* immunogens recognized by protective antibodies. Acta Trop. Suppl, 1987 12: 75-82

Talla E, de Mendonca RL, Degand I et al. *Schistosoma mansoni* Ca^{2+}-ATPase SMA2 restores viability to yeast Ca^{2+}-ATPase-deficient strains and functions in calcineyrin-mediated Ca^{2+} tolerance. J. Biol, Chem, 1998 273 (43): 27831-27840

Tarrab-Hazdai R, Levi-Schaffer F, Brenner V et al. Protective monoclonal antibodies against *Schistosoma mansoni* antigen isolation, and suitability for active immunization. J. Immunol, 1985 135: 2772-2779

Tarrab-Hazdai R, Schechtman D, Lowell G et al. Proteosome delivery of a protective 9B-antigen against *Schistosoma mansoni*. Int J. Immunopharmacol, 1999 21 (3): 205-218

Taylor JB, Vidal A, Torpie G et al. The glutathione transferase activity and tissue distribution of a cloned M_r 28K protective antigen of *Schistosoma mansoni*. J. EMBO J, 1988 7 (2): 465-472

Terrier P, Townsend AJ, Coindre JM et al. An immunohistochemical study of Pi class glutathione S-teansferase expression in normal human tissue. Am. J. Pathol, 1990 (137): 845-853

Vieira LQ, Colley DQ, de Souza CPS et al. Stimulation of peripheral blood mononuclear cells from patients with schistosomiasis mansoni by living and fixed schistosomula, and schistosomular membrane extracts and vesicles. J. Am. Trop. Med. Hyg, 1987 36: 83-91

Wales A, Kusel JR, Jones JT. Inhibition of protein synthesis in irradiated larvae of *Schistosoma mansoni*. J. Parasite Immunol, 1992 14 (5): 513-530

Wiltman GB, Wilkerson CG, King SM. in: Hyams JS, Lloyd CW. Microtubules [M]. Wiley-Liss, New York: 1994 229-249

Xu CB, Verwaerde C, Gras-masse H et al. *Schistosoma mansoni* 28 kDa glutathione S-transferase and immunity against parasite fecundity and egg viability. Role of the amino- and carboxyl-terminal domains. J. Immunol, 1993 150 (3): 940-949

Xu CB, Verwaerde C, Grzych JM et al. A monoclonal antibody blocking the *Schistosoma mansoni* 28-kDa glutathione-transferase activity reduces female worm fecundity and egg viability. Eur. J. Immunol, 1991 21 (8): 1801-1807

Yang W, Jones MK, Fan J et al. Characterisation of a family of *Schistosoma japonicum* protein related to dynein light chains. J. Biochim. Biophys. Acta, 1999 1432 (1): 13-26

Zhang Y, Taylor MG, Bickle QD. *Schistosoma japonicum* myosin: cloning, expression and vaccination studies with the homologue of the *S. mansoni* myosin fragement IrV-5. J. Parasite Immunol, 1998 20 (12): 583-594

Zhang Y, Taylor MG, Gregoriadis G et al. Immunogenicity of plasmid DNA encoding the 62kDa fragment of *Schistosoma japonicum* myosin. J. Vaccine, 2000 18 (20): 2101-2109

Zhang Y, Taylor MG, Wang H et al. Vaccination of mice with γ-irradiated *Schistosoma japonicum* cercariae. J. Parasite Immunol, 1999 21 (2): 111-117

第十三章 血吸虫超微结构与生理生化

林建银

随着电镜技术的发展,血吸虫超微结构特征与其生理和生化关系的研究有了长足的进展。本章着重讨论血吸虫尾蚴至童虫转变过程的超微结构及其生理功能;血吸虫成虫与宿主界面的超微结构及其生理功能;血吸虫体被细胞化学和体被细胞骨架,揭示血吸虫超微结构特征对其周围微环境的适应性。

一、日本血吸虫尾蚴的超微结构及其生理功能

血吸虫尾蚴是感染人体的重要阶段。它的生活环境是十分复杂的,包括在中间宿主钉螺体内发育成熟,逸出后在水体中营短暂的自由生活,等待时机感染人或其他动物的过程,其间不论体表或内部形态均发生很大变化,以适应其生态环境,完成各种生理功能。

(一)糖萼(糖膜)的来源、性质和功能

关于血吸虫尾蚴糖萼的来源是有争议的。归纳起来大致有三种不同的看法:①由尾蚴体被本身产生;②由腺体产生;③由子胞蚴产生。林建银等(1987)的研究结果支持后者,证据是:①仅在尾蚴体部见极少量的典型尾蚴型包含体,而在尾部则未见到,然而在尾部体被仍见糖萼;②未逸出的尾蚴糖萼较逸出的尾蚴糖萼为厚;③在子胞蚴体内成熟的尾蚴具有糖萼,但在未成熟的尾蚴中则未观察到,这提示血吸虫尾蚴的糖萼可能是由子胞蚴产生的。

糖萼结构是易变的,难以用扫描电镜来证实,可能是因为没有用锇酸后固定,或者因为逸出的尾蚴聚集一起,致使糖萼广泛丢失之故。用常规方法染色,在透射电镜上亦不易观察到糖萼,而用单宁酸染色则易观察到,此外用钌红、过氧化物酶和补体或抗体染色,亦易观察到糖萼。显然,糖萼的化学成分可能为复杂的碳水化合物。

关于血吸虫尾蚴糖萼的生理功能,据曼氏血吸虫的研究结果,已有许多推测和证据:①可作为润滑剂,促使尾蚴从螺体内逸出;②可作为粘胶剂,使尾蚴互相粘合,以便在钻穿宿主时一起经相同途径侵入;③预防本身腺体分泌酶的溶解或仅单纯地起防水作用;④可经 C_3 旁路途径激活补体;⑤糖萼还具有免疫源性。林建银(1986)及王薇(1986)等的研究均表明,大陆品系的日本血吸虫尾蚴糖萼亦具有上述几种生理功能。

(二)肌肉组织的结构特征和分布及生理意义

大陆品系日本血吸虫尾蚴的体肌为无纹肌,尾蚴为有纹肌,其结构特点与分布则有利其侵袭终宿主皮肤,与其各种生理功能是相适应的。

在尾蚴尾部的肌肉组织中,梭形致密体垂直排列,组成横带,其生理意义可能与脊椎动物骨骼肌中的 Z 带相同,即当肌肉收缩时,使肌丝运动同步。在血吸虫尾蚴肌纤维中,虽然致密体并无相互结合形成连续的 Z 带,但这些致密体是肌丝的附着点,可完成相同的作用。在肌纤维的周围,致密体与肌纤维膜结合,说明肌纤维运动所产生的机械能可能通过此种方

式传递到细胞表面,并与肌细胞内有关的结缔组织共同完成此后虫体的连续运动。

在日本血吸虫尾蚴尾部的肌原纤维中含有大量的大线粒体,还有溶酶体,未观察到糖原,而体肌中则含结构简单的线粒体及大量糖原,可能因为血吸虫尾蚴尾部是暂时的结构,当尾蚴进入终宿主后尾部即脱掉,故无须贮存很多糖原,体肌中含大量糖原则为其刚进入宿主皮肤移行过程提供所需的化学能源。

日本血吸虫尾蚴腹吸盘肌纤维中含有脂滴和糖原,且肌纤维纵横交织呈放射状排列,有利其吸附作用;头器中肌肉组织强大有力并呈倒锥形,可控制其伸缩,有利于钻穿;肌组织还包绕头腺和钻腺,一方面支持腺体,另一方面加强腺体收缩,促进腺体分泌小球排出。

(三)腺体分泌小球的结构特征及其功能

日本血吸虫尾蚴有 3 种单细胞腺体,即头腺和前后钻腺均充满各种类型的分泌小球,其形态和大小各不相同,故相应的生理功能亦各异。

关于头腺分泌小球的生理功能尚难以肯定,推测它可能与尾蚴钻穿宿主皮肤时前端受损的体被的修补有关(Dorsey,1976),但观察发现,尾蚴 0.5、3 和 12 小时龄的皮肤型童虫的头腺仍然充满分泌颗粒(林建银,1986),因此头腺是否有修复损伤的体被的作用是有疑问的。相反,则提示该腺体对虫体在皮肤组织移行中可能起重要作用,此外是否还具有免疫原性质,尚需进一步研究。

钻腺的分泌小球与尾蚴钻穿宿主皮肤密切相关。在后钻腺,见两种类型的分泌小球。在基底部和腺管,它们的数量和形态是不同的,但它们的化学性质是相同的,均为糖蛋白(何毅勋等,1985)。在前钻腺亦见有两种类型的,但未见到周述龙等所述的 C 型分泌小球(周述龙,1988)。关于它们的化学性质已证明含钙和碱性蛋白以及镁(何毅勋等,1985;向选东等,1988)。由于方法学的限制,尚难以对这两种分泌小球的化学成分进行精确的分析。

(四)消化系统结构特征及其生理意义

食道和肠支的腔道都是扩张的,未见任何物质。肠上皮细胞除了少量的线粒体,未观察到内质网和高尔基复合体。这些均表明尾蚴没有任何摄食活动。显然,尾蚴在钻穿宿主过程中,能量提供为内源性的(林建银,1987;何毅勋等,1992)。

总之,大陆品系日本血吸虫尾蚴在新陈代谢上适应钻穿宿主高能量的需要;在形态上,反映了对水环境的高度适应以及在钻穿宿主皮肤过程中表现出密切的协同作用。

二、日本血吸虫皮肤型童虫超微结构及其生理功能

血吸虫皮肤型童虫的生物学特性是血吸虫病免疫和药物预防研究的理论依据,是评价体外培养效果所必需的。因此关于血吸虫皮肤型童虫生物学的研究较深入。何毅勋等(1983)研究了新转变童虫的某些生理学。林建银等(1985)报道了零天龄皮肤型童虫在体外的生长发育并用扫描电镜观察其体表的结构。林建银等(1986)应用透射电镜观察并比较 0.5、3 和 12 小时龄的日本血吸虫皮肤型童虫超微结构的特征,揭示了其超微结构特征与其生理功能的相适应性。

在不同时龄的皮肤型童虫中,某些超微结构呈动态变化,某些超微结构则未见明显的变化,并且与其生理功能有着明显的关系。

(一)体壁超微结构及其生理功能

日本血吸虫与曼氏血吸虫皮肤型童虫的体壁超微结构基本一致,但日本血吸虫 7 层外质膜的形成速度较慢(Hockley,1973;Cousin, et al.,1981)。尾蚴于感染后 0.5～12

小时期间，在宿主皮肤移行过程中，其体壁结构发生某些变化。即：①糖萼消失：0.5 小时龄皮肤型童虫尚见糖萼的残迹，而在 3 小时龄皮肤型童虫中则消失了。显然，尾蚴最迟于感染后 3 小时糖萼就完全消失了；②外质膜从 3～7 层逐渐变化；③在基质、肌层、体被下细胞以及胞质桥中均见大小两型多膜囊。这些结果表明，日本血吸虫皮肤型童虫的外质膜是逐渐形成完整的 7 层结构，以适应机体的内环境。体被下细胞、肌细胞质中的多膜囊通过胞质桥不断向体被移行，最后大型膜状囊直接结合到外质膜上去，逐渐形成完整的 7 层外质膜，其能量源自 β-糖原，因为无论是肌层还是体被下细胞均富含 β-糖原和线粒体。从超微结构水平来看，在尾蚴感染后 12 小时内，日本血吸虫皮肤型童虫的外质膜仍处于形成阶段，还不完善，易受免疫和药物的攻击，因此，对于预防措施是敏感的（林建银，1986）。

（二）钻腺超微结构及其生理功能

林建银等（1986）报道了 0.5 小时龄皮肤型童虫至 12 小时龄皮肤型童虫发育期间，钻腺内分泌颗粒从腺体基底部经腺管至体被逐渐排出，以后腺体基底部变小，分泌颗粒排空，最后崩溃，这种变化后钻腺先于前钻腺，而 12 小时龄童虫与 3 小时龄童虫的变化相同，并与唐仲璋等（1973），何毅勋等（1983）用组织化学技术的研究结果相仿，若与曼氏血吸虫比较（Cousin, Stirewalt and Dorsey, 1981），则日本血吸虫钻腺内分泌颗粒排出的速度较慢，这可能与感染尾蚴数量的多寡有关。何毅勋等（1984）报道，曼氏血吸虫钻腺内含物具有免疫源性。这提示宿主免疫力的差异，原因之一可能取决于感染的尾蚴数量不同，导致腺体内含物排空速度不同所致。

（三）消化道超微结构及其生理功能

虽然食道腔仍然是扩张的，但食道腺体位置及腺体分泌颗粒的分布均渐趋向食道腔，表明童虫为适应新的环境，在宿主红血球的刺激下，开始摄食活动。食道后端的腔内见微绒毛，提示该段食道已具有吸收营养的功能（林建银，1986）。

（四）头腺超微结构及其生理功能

无论在 0.5 小时龄，还是在 3 小时或 12 小时龄日本血吸虫皮肤型童虫中均仅见头腺的躯干部和基底部且充满分泌颗粒，这与在曼氏血吸虫中所见不同，其原因尚需进一步探讨（林建银，1986）。

（五）实质细胞超微结构及其生理功能

在 3 个不同时龄的日本血吸虫的皮肤型童虫中，实质细胞核大多为异染色质，极少数为常染色质。常染色质被认为是积极参与控制细胞特异性新陈代谢活动的（Cousin, et al.，1981）。从这点来看，皮肤型童虫的新陈代谢是不活跃的，处于半静止状态（林建银，1986）。

（六）渗透调节系统超微结构及其生理功能

在 3 个不同时龄的日本血吸虫皮肤型童虫中都只见集合管和焰细胞而未观察到排泄囊和初、次级集合管，再次证明皮肤型童虫是水敏感的，可能由于外质膜渗透力的改变，这些集合管不再有渗透调节的功能了。这与何毅勋等（1983）的研究结果一致。

综上所述，除了外质膜结构外，其他的超微结构在尾蚴感染宿主 3 小时后均未见明显的变化，说明感染后 3 小时，童虫基本适应宿主的内环境，但未开始发育，新陈代谢仅处在一个半静止状态。

三、日本血吸虫尾蚴至童虫期超微结构变化与生理适应的关系

日本血吸虫生活史包括尾蚴从中间宿主——钉螺逸出并在水体中营短暂的自由生活，而后寻找机会钻穿终宿主皮肤，开始其寄生生活，虫体为了生存，必须高度适应截然不同的两种环境，结果导致形态与生理包括生理学、生物学和超微结构的改变。

（一）体壁超微结构的变化

尾蚴至皮肤型童虫转变过程中，体壁的超微结构发生如下变化：①尾蚴钻穿宿主皮肤后3小时内糖萼消失。新转变的童虫在水中不能生存，因此，糖萼可能直接影响尾蚴膜的渗透力。同时，糖萼具抗原性和经旁路途径激活补体的能力，残余糖萼的消失可能与抗体包被和补体固定的减少有关，这似可解释正在发育的童虫对免疫攻击抗力增加的原因；②尾蚴钻穿宿主皮肤后12小时内，3层外质膜逐渐发育成完整的7层外质膜，这与膜状囊泡的合成有关。膜状囊泡从皮层下细胞和肌层经细胞质桥进入皮层，最后与外质膜结合形成完整的7层外质膜，新转变童虫的这种特征是适应寄生生活，与适应自由生活的尾蚴截然不同。

（二）腺体超微结构的变化

研究表明，尾蚴至童虫转变期间，钻腺首先由基底部分泌颗粒经腺管向体表逐渐排出，最后腺体崩溃，这些变化后钻腺先于前钻腺，头腺的超微结构未见明显改变，表明童虫在宿主皮肤移行过程中，头腺仍起重要作用。同时，在皮肤移行期间，头腺分泌颗粒可能是分泌抗原的来源。

（三）消化道超微结构的变化

尾蚴和皮肤型童虫的消化道都均匀扩张，表明消化系统是不活动性的，但在皮肤型童虫中，可见到食道分泌颗粒从腺体向食道壁移动，甚至有的进入食道腔，提示皮肤型童虫开始消化物质。同时亦表明转变期间，能量的提供是内源性的。

四、日本血吸虫成虫与宿主界面的超微结构特征及其生理功能

血吸虫成虫的体壁和肠道是其与终宿主内环境接触及生理交换部位，称虫体与宿主间的界面，对其正常超微结构的研究，将有助于阐明虫体与宿主的相互关系，对于血吸虫的生理生化及血吸虫病免疫病理学和治疗等研究的进一步发展极为重要。周述龙（1989）对日本血吸虫成虫与宿主界面的研究进展作了回顾，但其大多数资料集中于体表结构，而内部结构则主要参考曼氏血吸虫。林建银等（1991）应用透射电镜对大陆品系日本血吸虫成虫不同部位的体壁和肠道进行较详细的观察，比较其结构和生理功能的异同。

（一）体壁

日本血吸虫成虫体壁的超微结构从外至内分别由外质膜、基质、基质膜、间隙（指基膜）、肌层和体被下细胞及连接体被的胞质桥组成（Inatomi等，1970；杨士静，1988）。雌雄虫及同虫体不同部位体壁的超微结构特征总结于表13-1。总的来看，雄虫外质膜的外伸内陷程度较雌虫为甚，虫体不同部位体壁的超微结构亦有明显差别。口腔部外质膜高度外伸内陷，基质膜深度反折，相互交织成网状，基质内未见到包涵体，体被下细胞亦未见到分泌颗粒。显然，该处体被为新陈代谢不活跃的结构，仅起保护作用。颈部体壁基质和体被下细胞中均见许多分泌颗粒和线粒体，少量内质网和高尔基复合体，在雄虫中还观察到单纤毛半球型感觉乳突。抱雌沟体褶和体孔深而多，基质中分泌颗粒较多，体被下细

胞见溶酶体和脂滴，实质中尚未见到神经细胞，这些独特的结构可能与其担负着的特殊生理功能是相适应的（林建银，1991）。

表 13-1　　日本血吸虫成虫不同部位体壁超微结构特征

结构	雄虫			雌虫		
	口腔	颈部	抱雌沟	口腔	颈部	卵巢后部
体褶	多	少	多	多	少	少
体孔	深多	浅少	深多	深多	浅多	浅少
线粒体	无	少	少	无	少	少
分泌颗粒	无	大小两型	较多	无	大小两型	小型多大型少
感觉乳突	无	单纤毛半球型	神经细胞	无	无	无
体棘	无	未见	有	无	未见	有
间隙	有	有	无	有	无	有
肌层	厚（2层以上）	同左	薄（2层）	厚（2层以上）	薄（2层）	同左
体被下细胞	未见分泌颗粒	线粒体和分泌颗粒多，内质网、高尔基复合体	分泌颗粒多，线粒体、内质网和高尔基复合体少，尚见溶酶体和脂滴	同雄虫	线粒体、分泌颗粒多，高尔基复合体及内质网少	同左

（二）肠道

成虫肠道均由单层柱状上皮细胞和薄肌层组成，细胞界限不清，胞核间隔距离不等。柱状上皮细胞的基本结构如 Fujino 等（1979）所述。细胞表膜有突入肠腔的片层样结构，排列不规则，长短不一，有的分支在细胞表面再连接形成环状。片层样结构似乎没有孔，其表膜上有薄糖萼样微绒毛，细胞核大，核仁明显，胞质中有发育良好的粗面内质网、线粒体和分泌颗粒，有的还观察到高尔基复合体。在片层样结构之间常含有电子致密颗粒（血红蛋白），肠腔中见脂滴或细胞碎片，但不同肠段的超微结构却有所不同。

起始段：肠上皮细胞扁平，未见细胞质向腔面突起形成岬形，片层样结构较短，胞质中含有大量粗面内质网，少量分泌颗粒，脂滴；肠腔亦见到许多脂滴、细胞碎片、电子致密颗粒，显然该处肠段主要有消化血细胞的功能。

肠支（中段）：上皮细胞质向肠腔突起成岬形，使整个肠腔表面呈波浪式，突起与突起之间肠上皮细胞扁平。片层样结构较长且较复杂，其间充满电子致密颗粒，胞质内见发达的粗面内质网、线粒体和高尔基复合体，有时尚可见凹陷，这些结构表明该肠段具有消化、吸收及胞饮等复杂的生理功能。

盲端：伸向肠腔的岬形突起少而窄，片层样结构长，其间含有大量的电子致密颗粒，胞质中含大量粗面内质网，中等量线粒体，表明该段肠上皮仍具有吸收功能。

（三）体壁与肠道超微结构的比较

日本血吸虫成虫体壁与肠道均作为虫体吸收营养的界面，根据林建银等（1991）观察结果及 Inatomi（1970）和 Fujino（1979）的资料，可将日本血吸虫成虫体壁与肠道超微结构的异同点归纳于表 13-2，从表 13-2 中可见，体壁与肠道的结构虽都是合胞体，但其细胞器的分布和微细结构均有所不同，故其担负的生理功能亦有异同之处。总之，肠合胞体具有消化、吸收和胞饮等生理机能，而体壁则具吸收（主要为小分子葡萄糖）和保护功能。

表13-2　　　　　　　　　体壁和肠道超微结构的比较

结　构	体　壁	肠　道
表面积增加方式	体褶或体孔	片层样结构，岬形突起
糖萼	无	薄
外质膜	厚（7层）	薄（3层）
细胞基质	明显	不明显
体棘	有	无
线粒体	少、简单	多、发育良好
分泌颗粒	大、小两型，多	囊泡状，少
核	位于体被下	大、多
内质网	仅见于体被下细胞	多，发育良好
高尔基复合体	仅见于体被下细胞	仅见于肠支段
基质膜反折	短	长
间隙	较宽	较窄
肌层	厚（2层以上）	薄（2层）

五、血吸虫体被表膜细胞化学

（一）引言

近年来，血吸虫表膜生物化学的研究取得了很大进展。Stein和Lumsden（1973）已指明曼氏血吸虫成虫表膜可被胶体铁所染色。后来，Wilson and Barnes（1977）及McDiarmid和Podesta（1984）先后证实了这个结论。前者证明了阳离子化铁蛋白可选择性结合到表膜的脂双层，而后者表明钌红可结合到表膜的外层。Murrel等（1978）的进一步工作表明伴刀豆球蛋白A（ConA）和麦胚凝集素（WGA）能够结合到曼氏血吸虫成虫表膜，而荆豆凝集素（UEA1）和半乳糖结合植物血凝素（SBA）却不能结合。在一个相似的研究中，Simpson和Smithers（1980）发现ConA、RCA和WGA的结合力非常强。此外，Stein和Lumsden（1973）也指出ConA结合到固定虫体表膜的部位与胶体铁结合的部位一致。这些研究为膜结合的阳离子存在于表膜上的糖残基中提供了有力的证据。从植物血凝素研究可进一步推测，甘露糖、葡萄糖和半乳糖均为曼氏血吸虫成虫表膜的主要糖残基，也有少量的N-乙酰半乳糖胺（GalNAC）和唾液酸，但可能无或有极少岩藻糖。这一有力的证据提示这些糖残基是构成表膜糖蛋白和/或糖脂分子的一部分（Simpson和Smithers，1980）。Bennett和Seed（1977）通过植物血凝素亲和层析证明了大多数糖残基是糖蛋白的一部分并经胰蛋白酶处理后导致ConA结合降低53%。Caulfield等（1987）报告，曼氏血吸虫尾蚴表面上糖萼大多数含有碳水化合物和蛋白。Hayunga等（1982，1983，1986a、b）也发现，曼氏血吸虫成虫表膜的主要ConA结合物质也是糖蛋白。这些研究提示，应用植物血凝素结合检测的大多数糖残基也都是糖蛋白的碳水化合物成分。另外，生化研究已揭示，糖蛋白是血吸虫表膜的主要成分。Sobhon和Upathan（1990）对日本血吸虫体被表膜的细胞化学也进行了深入的研究。本节对血吸虫表膜荷电基团、表膜糖组分、体被糖蛋白进行较详细的描述和讨论。

（二）体被外膜荷电基团

1. 阳性胶体铁染色

阳性胶体铁染色对酸性糖蛋白上的阴性电荷基团是特异的。日本血吸虫和湄公河血吸虫尾蚴的整个糖萼可被阳性胶体铁深染色。在沉淀的黑色颗粒上的纤细丝状体是交错网状结构。0.5~1小时龄童虫中脱去糖萼的外膜的最外层仍然观察到染色，而且仍然围绕着囊泡、微绒毛和膜隆起的周围。在3~6小时龄童虫中，染色的量和密度大大减少且这些染色大多限于外膜的最外层及其附近的部位。高放大倍数镜下可见外膜的染色呈凹凸不平的纤细颗粒的外衣。在12小时龄童虫中，染色较6小时童虫更少，体被一般没有糖萼存在，染色仅固定于外膜的最外层。在雄虫中，在低放大倍数镜情况下，染色分布不均，大多在体被的背面和侧面。然而，在高放大倍数镜情况下，在体嵴的外膜可见明显的铁颗粒结合。在凹陷区，近体嵴的颈部的表膜上，染色还是相当强，随着向凹底逐渐降低，在凹陷的最低处通常不染色。抱雌沟的表膜也显示非常少甚至根本就不染色。

2. 阴性胶体铁染色

在日本血吸虫尾蚴，体被外膜的某些区域的糖萼可见染色，这可能是代表厚糖萼的最外层部分，糖萼的内面和表膜上本身几乎没有发现有染色。因此，糖萼边缘的致密颗粒的聚集和表膜之间有一个清楚的条带。同时染色并不整齐，且在某些区域一点也不染色。在0.5~12小时的童虫中，糖萼的染色浓度迅速降低，在外膜上是不染色的。成虫表膜根本不染色。

3. 钌红染色

钌红染色可用于检测负电荷，例如唾液酸的羧基团，同时这种染色也可能通过应用适当的孵育时间和浓度而预防结合到其他的负电荷基团，例如硫和磷基团（Shepard and Mitchell，1977）。在日本血吸虫尾蚴，整个厚的糖萼外衣均染色，但与阳性胶体铁染色相反，体被表膜也染色。染色糖萼有紧密编排的丝状体并带有非常纤细的黑色沉淀颗粒。在0.5小时和1小时的童虫中，钌红染色开始降低，这是由于微绒毛和膜边缘糖萼脱去，而表膜仍是强染色。体被的前端未染色，但是某些胞质内膜片层和接近外膜的膜状体也有轻微的染色。在3小时童虫中，糖萼的染色进一步降低，但表膜仍然是强染色。在囊泡和微绒毛的周围也有一些染色，胞质内膜片层和近外膜的膜状体也染色。在6小时和12小时童虫中，残余的糖萼染色稀疏。在成虫外膜染色情况与阳性胶体铁一样，嵴膜染色较深，趋向凹陷底部，染色强度逐渐降低。

从胶体铁和钌红染色结果表明：日本血吸虫尾蚴糖萼是高负电荷基团染色，转变成童虫后，糖萼染色程度，特别是在6~12小时的童虫中，明显降低，这可能主要由于糖萼从囊泡、微绒毛和膜边缘的表面脱去之故。曼氏血吸虫尾蚴糖萼主要由酸性和中性的脂多糖组成（Stein and Lumsden，1973；Stirewalt and Walters，1973；Kemp et al.，1973）。曼氏血吸虫童虫的糖萼也观察到胶体铁染色逐渐降低。

关于血吸虫表膜的负电荷的化学基团至今仍然没有肯定的鉴定结论。然而，根据曼氏和日本血吸虫的研究资料，认为它可能是酸性粘多糖和糖脂或糖蛋白。在适当的pH值（约1.8）下，阳性胶体铁染色可能选择性证明：酸性粘多糖或酸性糖蛋白含有硫、羧基和唾液酸残基。在pH值为6.0时，阳性胶体铁染色对氨基糖的氨基团是特异的。（Curren等，1965；Gasic等，1966）。同时，它也提示：钌红可用于检测负电荷基团，例如唾液酸的羧基团（Shepard and Mitchell，1977）以及残基的硫和磷基团（McDiarmid and Podesta，1984）。因此，尾蚴糖萼和童虫及成虫表膜的多数负电荷基团均可能归于羧基、磷和硫基团以及唾液酸。成虫凹陷和体嵴上膜的染色程度不尽相同，这可能是由于不同量的负电荷基团之故。凹陷上新合成的膜至今仍不见有这些负电荷基团残基,当沿着凹陷的面流动且最后至体嵴上的膜时,添加更多的负电荷基团。另一方面,在成虫的抱雌沟的侧面与背面相对未接触免疫攻击。因此,不需要负载有大量的负电荷基团的糖复合物。

(三) 体被糖组分

应用亲和素-生物素-过氧化物酶复合物染色方法(ABC)去研究日本血吸虫表膜的糖组分类型及其分布。伴刀豆球蛋白 A (ConA),麦胚凝集素(WGA),用于研究尾蚴、童虫和成虫的表膜糖蛋白,此外,半乳糖结合植物血凝素(RCA1,PNA,SBA)和荆豆凝集素(UEA)也用于研究成虫表膜糖组分。

1. 伴刀豆球蛋白 A (ConA)

在日本血吸虫中尾蚴与童虫和成虫比较,ConA 染色最深,其三层外质膜的整个糖萼象一层厚的致密产物,在高放大倍数镜下糖萼整个宽度的均匀染色看起来像串珠样的纤维。

在 0.5~3 小时的童虫中,ConA 染色较成虫深,在体被的表膜,有一层厚的均匀的染色。在体被的微绒毛和囊泡的周围也可见同样的染色,从这里开始以短的串珠状辐射。外膜本身染色较深,而表膜附近的胞质内膜片层和膜状体染色较弱。在 6~12 小时的童虫中 ConA 结合模式仍然是相同的,但直到糖萼完全脱去时,染色深度逐渐降低。相反表膜染色总是很深的。尾蚴转变为童虫后,ConA 结合力随着童虫龄的增大迅速降低,这可能归因于糖萼的脱去,最后,从 12 小时龄童虫至成虫期,ConA 结合到表膜的量是恒定的。与日本血吸虫尾蚴相反,曼氏血吸虫尾蚴结合 ConA 和 WGA 的能力较弱,而早期的曼氏血吸虫童虫结合这些植物凝集素的能力非常强,随着虫龄的增大,结合力也随之降低(Murrell 等,1978;Pearce 等,1986)。

用光镜和电镜观察日本和曼氏血吸虫成虫,ConA 结合模式是相似的。在成虫背侧面表膜有高的 ConA 结合,特别是嵴的顶端和两侧面的膜上,而在抱雌沟仅有轻微的 ConA 结合。在背侧面表膜、嵴膜和凹陷的颈部,染色较深并且一般是均匀的,随着趋向底部,染色逐渐降低,直至凹陷底部,染色呈颗粒状,甚至一点都不存在。在所有的对照组(无生物素标记的 ConA 组,寄生虫与 DAB+H_2O_2 或 ConA 加特异糖抑制)中均未观察到反应产物。这证实这种结合是由于 ConA 与位于成虫表膜糖受体相互作用的结果。同时,当成虫用 3‰ H_2O_2 预处理时(Beneriee 和 Pettit,1984),无论在体被和表膜均未观察到内源性过氧化物酶活性。已知 ConA 能特异地与 α-D-半乳糖、葡萄糖和葡糖胺残基结合(Lis 和 Sharon,1973)。在哺乳动物细胞中,这些糖残基在糖蛋白的单糖链中大部分充当"核心"或"内部"糖的作用。因此,在日本血吸虫的生活史各阶段中,这些糖残基均广泛分布于表膜的所有部分(除了小凹陷的底部和成虫抱雌沟外)。

2. 麦胚凝集素 (WGA)

在日本血吸虫尾蚴中,WGA 结合是十分强的,且与 ConA 结合的模式相似。糖萼染色很深,而表膜稍弱些。在 0.5~3 小时的童虫中,WGA 结合较成虫强,在微绒毛和囊泡(突出表膜部分)的外膜有一层深而厚的染色。在 6~12 小时龄童虫中,除了表膜强的染色总是均匀和深的之外,糖萼染色逐渐降低。

在成虫中,WGA 结合模式与 ConA 是相同的,虫体背面与侧面的结合是很强的,而抱雌沟显示弱染色。在虫体前端,染色仅限于嵴外膜,而小凹陷的膜则仅见较弱的染色。

在对照组的表膜未显示任何致密的产物。WGA 被认为是能够与糖蛋白的糖部分的 N-乙酰葡糖胺和末端 N-乙酰唾液酸残基结合（Lis 和 Sharon，1966）。因此，与 ConA 检测半乳糖和葡萄糖残基比较，这些糖残基在嵴的膜是大量存在的，而在小凹陷的膜则含量较少。

3. 结合半乳糖的植物血凝素（RCA1、PNA 和 SBA）

除了 ConA 和 WGA 外，半乳糖结合的植物血凝素：RCA1、PNA 和 SBA 也都能结合到血吸虫成虫的表膜。一般 RCA1 染色最深，PNA 中等，SBA 较低。这些植物血凝素染色的结果显示：在嵴膜的上半部分的染色最浓，而在嵴膜的下半部分以及小凹陷膜的染色程度较 ConA 和 WGA 弱。有趣的是，这些植物血凝素，特别是 RCA1 结合到抱雌沟膜的能力较 ConA 和 WGA 强（表 13-3）。RCA1 与 D-半乳糖、SBA 与 N-乙酰-D-半乳糖胺残基结合（Lis 等，1970；Pereira 和 Kabat，1974），而 PNA 更容易与末端半乳糖残基结合（Lotan 等 1975）。因此与 RCA1 相比，PNA 和 SBA 染色更弱，这提示血吸虫表膜的半乳糖较半乳糖-N-D-乙酰半乳糖胺聚合物以及 N-D-乙酰半乳糖胺残基的含量高。

表 13-3　生物素化植物血凝素-亲和素-辣根过氧化物酶与日本血吸虫体被表膜结合强度与分布

生物素化的植物血凝素	主要糖特异性	植物血凝素最小浓度（μg/ml）	嵴 上半部	嵴 下半部	小凹陷 上半部	小凹陷 下半部	抱雌沟
ConA	D-甘露糖 D-葡萄糖	30	+++	++	+++	−	+
WGA	N-乙酰-D-葡糖胺 唾液酸	10	+++	+	++	−	+
RCA1	D-半乳糖	2	+++	++	++	−	++
PNA	D-半乳糖-N-乙酰半乳糖胺	250	+++	++	+	−	+
SBA	N-乙酰-D-半乳糖胺	250	+++	+	+	−	−
UEA1	L-岩藻糖	250	+++	+	+	−	−

4. 荆豆凝集素（UEA1）

UEA1 结合到血吸虫成虫的背侧面的表膜上，呈不协调的外观。透射电镜可观察到较强的 UEA1 染色绝大多数限于嵴膜上半部，而在小凹陷底部和抱雌沟 UEA1 染色十分弱，甚至一点也不染色。已知 UEA1 能与岩藻糖残基特异结合，因此 UEA1 染色提示成虫表膜存在 L-岩藻糖。然而，与其他糖类相比，该糖类含量较少，且呈零星分布，因此它是否源自虫体本身受到怀疑。曼氏血吸虫的研究揭示血吸虫能吸收宿主分子，例如免疫球蛋白、激活的补体 C3（Tarlaton 和 Kemp，1981）和红细胞抗原（Smithers 等，1969；Goldring 等，1976；Goelho 等，1980），伪装自己以抗宿主免疫应答（Clegg，1974）。因此，虫体表膜检测到的岩藻糖残基及其相关的糖复合物可能是代表源自宿主的成分。

综上所述，在血吸虫体被表膜上有 D-甘露糖和/或 D-葡萄糖，N-乙酰-D 葡糖胺，D-半乳糖，N-乙酰-D-半乳糖胺唾液酸和 L-岩藻糖存在。小凹陷和嵴膜上不同强度的染色提示这些膜糖复合物合成的两个可能性：这些糖残基的糖基化大多数可能发生于虫体表膜，因为对 D-甘露糖/D-葡萄糖和 N-乙酰-D-葡糖胺特异染色广泛分布于小凹陷和嵴的膜上，所以这些糖残基首先被添加到糖复合物中去。末端糖残基（D-半乳糖、N-乙酰-D-半乳糖胺、唾液酸和岩藻糖）可能在后期添加到糖复合物中去，因为这些糖残基染色主要限于嵴的上半部。此外，某些糖残基可能在体被细胞的完全装配的膜中糖基化，然后填充到膜状体中并转位到体被，在小凹陷基底形成新的膜。

（四）体被糖蛋白

日本、湄公河和曼氏血吸虫成虫经反复冻融获得体壁蛋白，然后用 12.5% SDS-PAGE 分离，考马斯亮兰染色结果表明：日本血吸虫体被蛋白有 40 多条带，湄公河血吸虫有 36 条带，曼氏血吸虫有 29 条带。一般来说，这 3 种血吸虫蛋白带的模式和数量都是十分相似的，分子量从 205000～14000U。主要蛋白条带按分子量分成 9 个区域：205000U；97000U；90000U；68000U、64000U、58000U、56000U 和 54000U；52000U；48000U、46000U 和 45000U；42000U、38000U 和 37000U；33000U、32000U、30000U、29000U、28000U 和 27000U；14000U。冻融后透射电镜上仍可见完整的基底膜，因此从混悬液收集的大部分蛋白源自血吸虫体被，几乎没有基底膜下的组织蛋白的污染。SDS-PAGE 分离的体被蛋白通过电转移至硝酸纤维素膜上，然后生物素标记的植物血凝素，例如 ConA、WGA、RCA1、PNA、SBA 和 UEA1 染色进一步鉴定。染色结果表明：所有这些化合物都是糖蛋白，因为大多数蛋白条带均可被两种以上的植物血凝素结合。这些阳性蛋白带更像是糖蛋白而不是糖脂，因为 SDS-PAGE 分离前用乙烷异丙醇溶剂预先提取冻融的体被蛋白后，这些蛋白条带仍然存在。

根据染色的强度，植物血凝素与体被糖蛋白条带结合的模式有 3 种，并且 3 种血吸虫均是十分相似的。在所有条带中 ConA 染色是强而均匀的，除了在日本血吸虫中，分子量为 42000～32000U 以及 28000～26000U 的区域外，而 WGA、UEA 和 SBA 染色较弱但更均匀。RCA1 染色显示大部分条带呈中度染色，但在日本血吸虫中分子量为 56000～86000U 以及 32000～42000U 的两个区域染色较强。PNA 染色显示为中度染色，但在日本血吸虫中，在分子量为 50000～86000U 区域染色较强。这些染色模式意指：多种血吸虫虫体被糖蛋白均富有相同的基本的糖残基，即 D-甘露糖（D-葡萄糖、ConA），N-乙酰-D-葡糖胺/唾液酸（WGA），D-半乳糖（RCA1），D-半乳糖-N-乙酰-D-半乳糖胺（PNA），N-乙酰-D-半乳糖胺（SBA）和 L-岩藻糖（UEA1），但根据其染色强度，可能其含量稍有不同。在日本血吸虫中，由 RCA1 和 PNA 染色较强的糖蛋白条带的分子量为 56000～86000U 和分子量为 32000～42000U，相比之下，在曼氏血吸虫中 RCA1 和 PNA 染色较弱。这些结果表明：日本血吸虫体被可能较 D-半乳糖-N-乙酰-D-半乳糖胺残基含有更大量的 D-半乳糖残基，与曼氏血吸虫相比，日本血吸虫体被含更大量的与半乳糖相关的糖蛋白。

六、血吸虫体被细胞骨架

（一）引言

现在通常认为真核细胞的机械特性在很大程度上依赖质膜和细胞骨架间的一体化和协调的作用。这种动力学的过程包括细胞形状的维持，细胞接触和连接的形成和稳定，细胞移行，质膜及其蛋白成分的运动（Geiger，1983）。最近几年关于多种细胞骨架成分、它们的空间结构及其可能的功能的研究已取得迅速进展。"细胞骨架"这个术语通常是指用去污剂提取后的哺乳动物细胞的结构（Schliwa 和 Van Blerkom，1981；Schiwa 等 1981）。然而，超微结构研究以及生化和免疫化学分析提示：除了特异的细胞质纤丝外，许多其他的细胞成分例如核酸、多种细胞器和某些膜蛋白在去污剂提取后也被保留（Fulton 等 1981）。在真核细胞，两种最重要细胞骨架的纤丝类型是肌动蛋白微丝和微管；这两型纤丝都是由球状蛋白质亚单位组成。第三类型蛋白纤丝的直径在上述两种纤丝之间，称中等纤丝（intermediate），由纤维状蛋白质亚单位组成，且较肌动蛋白丝和微管稳定。最近用高压透射电镜观察显示：细胞质被称为微梁网的三维格子所填充。这个网状结构起着锚定许多细胞器的作用并且连接微丝和微管（Porter，1984）。

在血吸虫中体被实际上为体被细胞的一部分，且它能够依据种属维持独特的结构特征，这可能由于如其他真核细胞中的细胞骨架相同的支架的存在之故。在血吸虫体被中的细胞骨架在形态发生、体被结构、如嵴、微绒毛和各种表膜乳头的维持中可能发挥十分重要的作用。此外，在体被细胞的加工过程中总是存在一束微管，这可能是控制体被膜状体从细胞至体被和外质膜转运结构。下面详细讨论血吸虫体被细胞骨架结构及其功能。

（二）血吸虫体被细胞骨架的结构

1. 完整体被

（1）尾蚴：日本血吸虫尾蚴体被细胞骨架结构是由两种成分组成：细胞质的主要骨架是由微梁和微管构成。

在整个体被微梁是均匀致密的。致密斑点互相连接，每个斑点直径约为 4～5nm，这些结构是由微丝交叉连接，每个微丝厚约 2～3nm。微管的形状和大小（直径 25nm）与哺乳动物细胞中的微丝相同，限于体被细胞扩展至体被合胞体整个过程。肌层下的体被细胞已有合成产生的膜状体和成熟型膜状体，但这些膜状体尚未从细胞转运到体被。

（2）童虫

在刚转变的童虫（0.5～1h 龄）中，细胞骨架的结构与尾蚴相似并且邻近的致密斑点样结构由丝状纤维连接成网状，许多膜状体已从体被细胞转运到体被合胞体，如上所述，这些膜状体可形成大量的胞质内的 7 层膜片层，而这些膜片层可结合到体被表膜形成新的 7 层膜替代原来的 3 层尾蚴膜。新的 7 层膜是由一层高浓缩细胞质加强。这个细胞质在膜的质面下形成连续的薄片。这种薄片在细胞质内膜片层也存在。

在 3h 龄童虫中，根据微梁网状结构的紧密度开始分成精确的两层。在体被的上半部分（部分将成为成熟体被的中间带），细胞骨架由致密的微梁斑点和衬在 7 层膜的薄片组成。源自微梁网状结构的纤丝插入到这个薄片中。在体被的下半部分（将成为成熟体被的基底层），微梁是松弛的，尤其靠近基底膜区域。在这一层，惟有致密体是半桥粒。半桥粒锚定体被到基底层薄片和其下的结缔组织。从这些半桥粒放射的丝状纤维与微梁网状结构绊缠。大多数微管的束状与体被细胞突起结合。然而，与尾蚴相反，可见许多微管经过延伸入体被的基底层。在体被可见许多膜状体，特别是沿着微管和连接体被的细胞突起集中。这提示膜状体可能是通过微管的滑动作用开始被转运到体被。

在 6h 龄童虫中，表膜几乎没有糖萼，囊泡、微绒毛和膜隆起。外膜已成为完整的 7 层并由一致密薄片支持。体被细胞骨架一般与 3～4h 龄童虫相似，但沿体被的基部和细胞突起中，有更多的膜状体。

在 12～24h 龄童虫中体被的细胞骨架与早期童虫相似，但是外膜内陷形成小凹以增加表面积。在 48h 龄童虫中体被进一步扩大形成小嵴。这些小嵴构成雄虫体被的最上层和顶层。此期童虫体被开始出现分层外观：顶层由小嵴组成，中层由小凹及其之间的胞质基质组成以及基底膜上的基底层。在嵴中的微梁是高度包裹的而且结构与中层是相似的。相反，雌虫中的小嵴没有很好的发育。因此没有很固定的顶层。

(3) 成虫

在日本血吸虫中，体被分成三层更加清楚明显。在高倍镜下，微梁填充较尾蚴和早期的童虫松弛并有由一种厚约 4～6nm 的无规则的紧密填充的球形丝状纤维组成的网状结构。沿着这些丝状纤维的长轴有与童虫中所见的斑点一致的小球。主要纤维由厚约 2～3nm 的丝状纤维交联。填充和交联的程度是不同的：在体被的中层是紧密的，顶层是中等紧密的，而在基层则是松弛的。大多数微管源自体被细胞突起并扩展至体被的基层和中层，微管数量从体被细胞突起、基层和中层依次减少。相反，微管在顶层及嵴内则很少发现。有趣的是大多数膜状体的分布与微管的分布是一致的。在某些切片中，可见膜状体沿着微管道排列，它们之间有些是通过丝状纤维连接。微管也可通过丝状纤维向旁侧的微梁系统连接。另一方面，盘状体均匀地分布在体被的整个细胞质中并且被包埋于广泛的微梁网状结构中。感觉乳突构成带有高浓度的微管的另一部分体被。

半桥粒的致密斑点以有规则的间隔沿体被基膜分布，结合到基底膜，使其变厚。源自半桥粒的放射状的丝状纤维微梁网状结构连接，因此将体被锚定到虫体。基底膜通过网状纤维与肌层连接。肌层下的体被细胞有发育良好的粗面内质网和高尔基复合体。这些细胞器与膜状体、盘状体的合成和填充有关，并在适当的时候，经细胞突起转运到体被。

体棘仅在雄成虫的后半部存在，但在雌虫的所有区域均有分布。在早期的童虫中，体棘可能是被认为细胞骨架的一部分，因为其也参与体被的固定并使之坚硬，与其他细胞骨架的成分相反，体棘是晶状体网状结构，其基底是与基底膜的基础薄片相融合的。

2. 体被 Triton-100 提取物

(1) 童虫

在 0.5～1h 龄童虫中，紧密填充的致密斑点样结构扩展至高交联的有节丝状纤维。这个网状结构在基底带显然很少交联和填充，因在该层提取导致更广泛丝状纤维之间的空间之故。在某些区域，体被部分从半桥粒和基底膜分离。丝状纤维最紧密地集中于表膜底下的顶层，而在体棘的周围仍然是完整的。当膜被溶解并被洗脱时，衬着 7 层膜内的致密薄片仍然存在。膜状体的内容也被提取，仅留下椭圆形外观。在提取过程中，基膜失去，但半桥粒仍留下并显示与微梁系统和基底薄片层的不同连接。微管仍然发自通过体被基层的体被细胞突起，并且其方向与未提取的体被的正常位置是一致的，显然提取没有导致细胞骨架成分的排列混乱。

在 3～12h 龄童虫中，提取后的细胞骨架结构与早期童虫相似。然而，微梁网状结构的填充程度显然是较松弛的。高交联的丝状纤维网状结构清晰可见，所有膜成分，包括表膜、膜状体内容以及细胞膜基质的可溶部分均被溶解并洗脱去。

(2) 成虫

经过提取的成虫，留下的细胞骨架成分明显突出，主要由表膜下的致密薄片组成。在顶层和中层的微梁系统仍然维持原来的形式，然而基带趋向离开并导致体被和基底膜分离。在良好提取的区域，微梁网状结构清楚地成为蜘蛛网外观，因为有带的丝状纤维更延长并且显示更薄和更直的外观。虽然，体嵴和小凹陷稍增大些，但仍然维持其原来的形状。然而，表膜上的7层膜和3层基底膜消失了。膜状体成为空的结构，这意味着其内含物可能富含脂类。相反，盘状体仍然是完整的：其内含物仍然强染色，并且粘附到高度延伸的微梁的丝状体网状结构上，这支持了微梁网状结构决定盘状体在正常体被中的分布的提示。

（三）成虫细胞骨架的免疫化学

1. 间接免疫荧光

体被细胞骨架的成分是应用抗嵴椎动物细胞骨架的单克隆抗体（MAB）鉴定，即抗肌动蛋白和微管蛋白单克隆抗体。血吸虫切片用抗肌动蛋白的单抗和二抗染色，在其肌层显示有强的荧光和单个的肌细胞染色很浓。体被染色是模糊的，但与阴性的对照组比较，体被染色呈阳性，在整个体被上，尤其在背侧表面，荧光染色是均匀的，而在抱雌沟仅有一薄线的荧光体被延伸至肌层。用抗β-微管蛋白单抗和二抗染色，体被肌层未染上，但在肌肉间观察到荧光条纹，认为这是含有一束微管的体被细胞突起。与抗肌动蛋白处理的例子相反，体被本身显示有模糊和不平坦的荧光染色。显然，体被主要的细胞骨架蛋白是肌动蛋白，这些肌动蛋白与肌层下的肌动蛋白很相似，而微管蛋白是不均匀分布的，并且量较少，大多限于肌细胞之间的体被细胞突起。

2. 免疫印迹

体被的细胞骨架蛋白运用抗肌球蛋白和β-微管蛋白的单抗作免疫印迹鉴定。虫体被蛋白是在干冰上反复冻融10次而提取，离心收集上清液，经SDS-PAGE分离，然后转移至硝酸纤维膜上，最后用抗肌动蛋白和β-微管蛋白单抗进行免疫印迹。结果显示，抗肌动蛋白单抗能与许多体被蛋白结合，但最强的是分子量为43000U的条带，抗β-微管蛋白单抗可与分子量约为50000U的体被蛋白结合。这意指肌动蛋白和β-微管蛋白是主要的体被蛋白质。

3. 免疫电镜

用抗肌动蛋白单抗处理的标本，其整个体被均显示有电子致密的产物沉着。高倍镜下可见反应产物沉积在微梁网的有节纤维上。膜片层染色稍淡些，用正常鼠血清处理的标本（对照组）的体被的任何部分均未见有反应产物沉积。这提示微梁网和膜内片层主要由肌动蛋白样蛋白组成。

用抗β-微管单抗处理的标本，在体被细胞突起、中层、基底层均可见致密的反应产物。高倍镜下，可见反应产物沉积在体被细胞突起的长棒状结构上以及从细胞突起放射入体被基层。这些结构与前面电镜所观察的微管的形状与位置是一致的。此外，微管邻近的微梁网也有染色，但在微梁网顶层（形成体嵴的实质）未染色。在对照组（正常鼠血清处理的标本）未见反应产物沉积。综上所述，体被微管由微管蛋白组成，而且这些蛋白主要集中在体被细胞突起和成虫体被的中、基底层。

参考文献

王薇，李瑛，周述龙．日本血吸虫尾蚴在体外转变为童虫的观察．寄生虫学与寄生虫病杂志，1986 4（3）：212～214

向选东，周述龙．日本血吸虫尾蚴钻腺内镁盐的组织化学定位．湖北医学院学报，1987 8（2）：128～130

何毅勋，谢觉．日本血吸虫尾蚴体壁及消化道超微结构的观察．武夷科学，1992 160～163

何毅勋，郁其芳，夏明仪．日本血吸虫尾蚴的组织化学及扫描电镜观察．动物学报，1985 31（1）：6～11

何毅勋，毛才生，胡亚青．日本血吸虫尾蚴及童虫的生理学研究．寄生虫学与寄生虫病杂志，1983 1（14）：15

何毅勋，Li SY，Hsu HF 等．曼氏血吸虫尾蚴钻腺分泌物的免疫源性。寄生虫学与寄生虫病杂志，1984 2（3）：176～177

林建银．日本血吸虫成虫体壁与肠道的透射电镜观察．中国血吸虫病防治杂志，1991 3（5）：264～266

林建银．日本血吸虫尾蚴肌肉组织的超微结构及其生理功能．福建医学院学报，1989 23：7～10

林建银．日本血吸虫尾蚴的超微结构及其生理功能的研究．武夷科学，1987 7：181～190

林建银．日本血吸虫皮肤型童虫透射电镜观察．动物学报，1986 32（4）：344～349

林建银，李瑛，周述龙．日本血吸虫皮肤型童虫体外培养及其早期体表变化的观察．中华医学杂志，1985 65（1）：49

周述龙，林建银，蒋明森．血吸虫学，科学出版社，北京：2001 32～50

周述龙，蒋明森，李瑛等．日本血吸虫尾蚴发育超微结构观察Ⅱ．腺体．动物学报，1995 41：28～34

周述龙，李瑛，杨孟祥．日本血吸虫尾蚴发育的超微结构观察Ⅰ．体被局部剖析．动物学报，1994 40：1～6

周述龙，王薇，孔楚豪．日本血吸虫童虫尾蚴头器、腺体及体被超微结构的观察．动物学报，1988 34：22～26

周述龙，林建银，李瑛．日本血吸虫童虫体表超微结构动态观察．水生生物学报，1985 9：68～73

周述龙，林建银，张品芝．日本血吸虫尾蚴扫描电镜初步观察．寄生虫学与寄生虫病杂志，1984 2：58

Banerjee D，S Pettit．Endogenous avidin-binding activity in human lymphoid tissue．J. Clin. Pathol，1984 37：223-225

Bennett JL, JL Seed. Characterization and isolation of concanavalin A binding sites from the epidermis of S. mansoni. J. Parasitol, 1977 63: 250-258

Caulfield JP, CML Cianci, McDiarmid SS et al. Ultrastructure, carbohydrate, and amino acid analysis of two preparations of the cercarial glycocalyx of Schistosoma mansoni. J. Parasitol, 1987 73: 514-522.

Clegg JA. Host antigens and the immune response in schistosomiasis. In parasites in the immunized host: mechanism of survival. CIBA Foundation Symposium 25 (New Series), 1974: 161-183

Cousin CE, MA Stirewalt, CH Dorsey. Schistosoma mansoni: ultrastructure of early transformation of skin-and shearpressure-derived schistosomules. Exp. Parasitol, 1981 51: 341-365

Curren RC, AE Clark, D Lovell. Acid mucopolysaccharides in electron microscopy: the use of the colloidal iron method. J. Anat, 1965 99: 127

Dorsey CH, MA Stirewalt. Schistosoma mansomi: Fine structure of cercarial acetabular glands. Exp. Parasitol, 1971 30: 189-114

Dorsey CH. Schistosoma mansoni: Description of the head gland of cercarial and schistisomules at the ultrastructural level. Exp. Parasitol, 1976 39: 444

Fulton AB, J Prive, SR Farmer et al. Development reorganization of the skeletal framework and its surface lamina in fusing muscle cells. J. Cell Biol, 1981 91: 103-112

Gasic GJ, L Burwick, M Sorrentino. Components of the surface in mouse ascites tumor cells stained by positive and negative colloidal iron oxide: an electron microscope study. J. Cell Biol, 1966 31: 37A

Geiger B. Membrance-cytoskeleton interaction. Biochem. Biophys. Acta, 1983 737: 305-341

Goldring OL, JA Clegg, SR Smithers et al. Acquisition of human blood groups antigens by Schistosoma mansoni. Clin. Exp. Immunol, 1976 26: 181-187

Hayunga ED, MP Sumner. Characterization of surface glycoproteins of Schistosoma mansoni adult worms by metabolic labeling using hexose precursors. J. Parasitol, 1986b 72: 350-354

Hayunga EG, MJr Stek, We Vannier et al. Purification of the major concanavalin A-binding surface glycoprotein from adult Schistosoma mansoni. Proc. Helminth. Soc. Washington. 1983 50: 219-235

Hayunga EG, MP Sumner, MJr Stek. Isolation of concanavalin A-binding glycoprotein from adult Schistosoma japonicum. J. Parasitol, 1982 68: 960-961

Hayunga EG, MP Sumner. Characterization of surface glycoproteins on Schistosoma mansoni adult worms by lectin affinity chromatography. J. Parasitol, 1986a 72: 283-291.

Hocklye DJ. Ultrastructure of the tegument of schistosoma in "Advances in Parasitology" (Ben Dawes) Vol. 1973 11: 233-305

Kemp WM, RT Damian, Green ND. *Schistosoma mansoni*: immunohistochemical localization of the CHR reaction in the glycocalyx of cercaria. Exp. Parasitol, 1973 33: 27-33

Lis H, B Sela, L Sachs et al. Specific inhibition by N-acetyl-D-galactosamine of the interaction between soybean agglutinin and animal cell surfaces. Biochem. Biophys. Acta, 1970 211: 582-585

Lis H, N Sharon. The biochemistry of plant lectins (Phytohemagglutinins). Ann Rev. Biochem, 1973 42: 541-574

Lotan R, E Skutelsky, D Danon et al. The purification, composition, and specificity of the anti-T lectin from peanut (Arachis hypogaea). J. Biol. Chem, 1975 250: 8518-8523

MacGregor AN, SJ Shore. Immunocytochemistry of cytoskeletal proteins in adult *Schistosoma mansoni*. Int. J. Parasitol, 1990 20 (3): 279-284

McDiarmid SS, RB Podesta, Identification of sialic acid containing glycocalyx on the surface of *Schistosoma mansoni*. Mol. Biochem. Parasitol, 1984 10: 33-43

Murrell KD, DW Taylor, WE Vannier et al. *Schistosoma mansoni*: analysis of surface membrane carbohydrates using lectins. Exp. Parasitol, 1978 46: 247-255

Pearce EJ, PF Basch, A Sher. Evidence that the reduced surface antigenicity of developing *Schistosoma mansoni* Schistosomula is due to antigen shedding rather than host molecule acquisition. Parasitol. Immunol, 1986 8: 79-94

Porter KR. The cytomatrix: a short history of its study. J. Cell Biol, 1984 99: 35

Samnelson JC, JP Caufied. The Cercarial glycoealyx of *S. mansoni*. J. Cell Biol, 1985 100: 1423-1434

Samnelson JC, JP Caufied. Cercarial glycoealyx of *S. mansoni* activates human comgolement. Infect & Immun, 1986 51 (1): 181-186

Schliwe M, Van J Blerkom, K Porter. Stabilization of the cytoplasmic ground substance in detergent-opened cells, and a structural and biochemical analysis of its position. Proc. Nat. Acad. Sci, 1981 78: 4329-4333

Schliwa M, Van J Blerkon. Structural interaction of cytoskeletal components. J. Cell Biol, 1981 90: 222-235

Shepard N, N Mitchell. The use of ruthenium red and p-phenyl 1, 2 enediamine to stain cartilage simultaneously for light and electron microscopy. J. Histochem. Cytochem, 1977 25: 1163-1168

Simpson AJG, SR Smithers. Characterization of the exposed carbohydrates on the surface membrane of adult *Schistosoma mansoni* by analysis of lectin binding. Parasitol

Smithers SR, RJ Terry, DJ Hockley. Host antigens in schistosomiasis.

Proc. Roy. Soc. B, 1969 171: 483-494

Stein PC, RD Lumsden. 1973. *Schistosoma mansoni*: topochemical features of cercariae, schistosomula and adults. Exp. Parasitol, 1973 33: 499-514

Stirewalt MA, M Walters. Histochemical analysis of the post acetabular gland secretion of cercariae of *Schistosoma mansoni*. Exp. Parasitol, 1973 33: 56-72

Tarleton RL, WM Kemp. Demonstration of IgG-Fc and C3 receptors on adult *Schistosoma mansoni*. J. Immunol, 1981 126: 379-384

Wilson RA, PE Barnes. The formation and turn-over of the membranocalyx on the tegument of *Schistosoma mansoni*. Parasitol, 1977 74: 61-71

第十四章 土耳其斯坦东毕吸虫的扫描电镜观察[①]

唐崇惕 崔贵文 钱玉春 何毅勋

血吸虫类中如血居科（Sanguinicolidae）的 *Aporocotyle simplex*、裂体科（Schistosomatidae）的日本血吸虫（*Schistosoma japonicum*）、曼氏血吸虫（*S. mansoni*）及埃及血吸虫（*S. heamatobium*）等多种血吸虫均经扫描电镜观察（Johnson and Moriearty, 1969; Silk et al., 1969; Robson and Erasmus, 1970; Miller, et al., 1972; Kuntz et al., 1976、1977; Voge et al., 1978; Thulin, 1980; 何毅勋和马金鑫, 1980 等）。关于土耳其斯坦东毕吸虫的扫描电镜研究尚无报告，而只见有此种虫体壁及肠管的透射电镜观察的资料（Lavrov and Fedoseenke, 1978）。本文部分作者最近在我国内蒙东部兴安岭以南部分地区进行牛羊土耳其斯坦东毕吸虫的研究，进行扫描电镜观察，目的是要了解本吸虫童虫和成虫体壁表面的超微结构，及其在宿主体外清水中体形发生变化时其体壁结构有何变化。通过121张扫描电镜拍摄照片的观察对以上问题有所了解，现将观察结果简述于下。

一、材料和方法

用本吸虫成熟尾蚴人工感染家兔而得到的童虫和成虫及当地绵羊天然感染本吸虫成虫作本项研究的材料。部分成虫用清水浸泡 20min 后保存在 4% 福尔马林中，其他成虫及童虫先后经生理盐水及 pH7.4 磷酸缓冲液清洗，0.25% 戊二醛固定，三天后将标本保存在 70% 酒精中。进行扫描电镜观察前各标本经清洗、脱水，在 CO_2 临界点干燥仪中干燥，在真空涂膜仪内喷涂金膜，最后在扫描电镜上观察，拍摄照片放大 30～7500 倍。

二、观察结果

1. 体壁

正常的童虫和雌雄性成虫体壁都具有不同皱褶程度的皮层皱褶（tegumental folds），其下覆盖着不同大小的感觉球（sensory bulbs）（图版 XIV-1、3、5、6），当虫体经非等渗的清水浸泡而膨胀伸张其体壁皮层破损，着生在肌肉层上的感觉球全部裸露出来（图版 XIV-7、8、9）。

[①] 本文发表在动物学报，1983 29 (2): 159～162

20天雄性童虫体表布满细密波状横纹，许多感觉球在皮层下向上突起，其顶上有一纤毛。体壁上还散布有数目甚多的小棘（spines）。

雄性成虫体壁表面布满明显的皮层皱褶。在口吸盘背侧体壁皮层皱褶形成许多小凹窝，在近口吸盘边缘皮层平坦，在凹窝的褶嵴及平坦部分均有由皮层所覆盖的感觉球，其顶上中央有一纤毛（图版ⅩⅣ-4）。这样的感觉球在虫体各部体壁上都可见到（图版ⅩⅣ-6）。在皮层皱褶较高部位尚可见到具有中央凹窝的似皮乳突（integumental papillae-like）的感觉球，部分凹窝中有一纤毛露出（图版ⅩⅣ-5）。经水浸泡后的标本，裸露出的大小不一致的感觉球全部都是半圆球状（图版ⅩⅣ-7），部分顶上尚留有纤毛（图版ⅩⅣ-8）。没有见到顶上中央凹陷的感觉球。由此可知在皮层皱褶完好的标本上所见似皮乳突感觉球系由于皱褶增高或感觉球较小使与球顶端纤毛着生处联系着的皮层下陷呈一凹窝状，纤毛有的从凹窝中露出，有的被遮盖。在5000倍的照片上皮层雏褶内可见有很小的具纤毛感觉球。

雌性成虫体前、中部体壁具较小的皮层皱褶，其下包被有具纤毛的感觉球。在体前部，露出纤毛的突起较多（图版ⅩⅣ-1）；在体中部，顶上有凹陷的乳突形态较多。体后端体壁平坦，上面点缀着许多皮层增厚块，它上面有一孔洞（图版ⅩⅣ-2），此结构是否为感觉器，抑或与分泌、排泄机能有关尚待进一步研究。在皮层增厚块之间的体壁上散布有许多向前指或竖立的小棘。

2. 口吸盘

20天雄性童虫口吸盘中已布满小棘，盘边缘有边棘6～7排，棘向盘内指或略竖立（图版ⅩⅣ-10）。口吸盘内壁密布锥尖状小棘，棘尖大部指向口孔。所有的棘都从一皮层凹窝（tegumental pit）中长出（图版ⅩⅣ-11）。58天雄虫口吸盘上的棘呈披针状，较20天童虫的长大许多。雌虫口吸盘边缘及内壁皮层微皱，其上有稀少的向内指的很小的小棘点缀着。

3. 腹吸盘

20天雄性童虫腹吸盘边缘有7～8排向盘内指的边棘（图版ⅩⅣ-13）；盘内壁密布尖刀状小棘，大部分指向盘中央，每个棘从一近六角形的皮层网眼（tegumental socket）中斜伸出（图版ⅩⅣ-13）。腹吸盘外壁上散布有较稀及较小的小棘，各着生于一小凹窝中，棘尖向上（图版ⅩⅣ-14），58天雄虫腹吸盘中的棘其形状和大小与口吸盘中的棘相似。经水浸泡的标本，口、腹吸盘上的皮层凹窝或网眼均破损消失。

4. 抱雌沟

土耳其斯坦东毕吸虫20天雄性童虫腹面抱雌沟形成，在它开始部分的中央有一宽三角形唇状生殖乳突（图版ⅩⅣ-14）。抱雌沟两侧的抱雌褶（gynecophoral folds），在成虫更加明显，其上皮层皱褶如同其他部位体壁上的一样，最内缘的皮层皱褶呈扁平不规则的横条状，紧贴体壁上（图版ⅩⅣ-15）。不同大小的感觉球散布在抱雌褶上，部分到抱雌沟中。正常情况下感觉球被升高的皮层皱褶所遮盖而呈具中央凹窝的乳突状（图版ⅩⅣ-15），在经水浸泡的标本感觉球裸露在抱雌褶上，部分到抱雌沟中靠边的部分（图版ⅩⅥ-16）。抱雌沟内壁布满鸟舌状小棘，每一条棘从一个皮层网眼中伸出（图版ⅩⅣ-

17)。在体中部的棘其棘尖指向前方或两侧,体后部的棘大部分向前指。

三、讨　论

血吸虫类中寄生于鱼类的血居科,寄生于龟鳖的旋睾科(spirorochidae)及寄生于鸟类和哺乳类的裂体科中的各虫种由于有不同接近程度的亲缘关系,不仅其成虫形态、寄生习性、生活史发育及宿主类群等方面存在不同程度的相近特点,而且在成虫体壁的超微结构上亦有不同程度的相似之处。雌雄同体的血居吸虫在其作为附着器官的口部附近体壁上有6排向上伸的小棘,每个小棘着生在一个皮层凹窝中,其形态与东毕吸虫雄性童虫体壁上及腹吸盘外壁上的小棘十分相似。此外血居吸虫体壁上亦有具纤毛及无纤毛的感觉球。在血居吸虫体壁上尚有较大的具棘的圆凸(tegumental spine bosses),东毕吸虫及日本血吸虫体壁上无此结构,而在曼氏血吸虫及埃及血吸虫体壁上却有与此相似的圆凸。土耳其斯坦东毕吸虫扫描电镜观察的结果与日本血吸虫的结构较为近似,可能它们体壁表面构造具有近似的生理功能。体壁皮层皱褶增多可能有利于虫体在血液环境中通过体壁吸收养料和增大排泄代谢产物的面积,说明土耳其斯坦东毕吸虫体壁皮层不单只是一层保护鞘膜,而且也是一种有活性的组织。具纤毛和不具纤毛(或原有纤毛脱落了)的不同大小感觉球可能与感觉功能有关,皮层小孔可能与排泄及分泌有关。此外在腹吸盘、抱雌沟及体壁上的小棘可能与虫体在血管中附着及交配行为的效能有关,而口吸盘中的小棘可能尚有粗剉的作用。

东毕吸虫在国内分布甚广,所报道的种类有多种。虫体体形及体表有无结节等特征均作为分种或亚种的特征之一。通过本吸虫扫描电镜及光学显微镜的比较观察,所谓体表结节实际上就是感觉球。此虽是血吸虫类普遍有的一个结构,但不同虫种其形态、大小及分布可能会有差异,其他种类的东毕吸虫其体壁上的超微结构是否相同有待进一步研究。

参 考 文 献

何毅勋,马金鑫. 日本血吸虫的扫描电镜观察. 中国医科学院学报 1980 2 (1): 38~41

Johnson D and P Moriearty. Examination of schistosome *cercariae* and *schistosomules* by scanning electron microscopy. Proc. Elect. Micr. Soc. Am, 1969 27: 50-51

Kuntz R E, G S Tulloch, D L Davidson and T Huang. Scanning electron microscopy of the integumental surface of *Schistosoma haematobium*. J. Parasit, 1976 62 (1): 63-69

Lavrov L I and V M Fedoseenke. The ultrastructure of the cuticle and intestinal tube of *Orientobilharzia turkestanica* (Skrjabin, 1913). Zhiznennye tsikly ekologiya; morfologiya gel'mintov zhivotnykh Kazakhstana. Alma-Ata, USSR; "Nauke" 1978 88-93

Miller F H Jr, G S Tulloch and R E Kuntz. Scanning electron microscopy of integumental surface of *Schistosoma mansoni*. J. Parasit, 1972 58 (4): 693-698

Robson R T and D A Erasmus. The ultrastructure, based on steroscan observations, of the oral sucker of the cercaria of *Schistosoma mansoni* with special reference to penetration. Ztschr. Parasit, 1970 35: 76-86

Silk M H and I M Spence. Ultrastructural studies of the blood. *Schistosoma mansoni*, II. The musculature. III. The nerve tissue and sensory structures. S. Afr. J. Ned Sci, 1969 34: 11-20; 93-104

Thulin J. Scanning electron microscope observations of *Aporocotyle simplex* (Odhner, 1900) (Digenea: Sanguinicolidae) . Z. Parasit, 1980 63 (1): 27-32

Voge M, Z Price and W B Jansma. Observations on the surface of different strains of adult *Schistosoma japonicum*. J. Parasit. 1978 64 (2): 368-372

图版说明 Plate Explanation

图版 XIV-1~XIV-17

1. 雌虫体前端，示体壁皮层皱褶及具纤毛的感觉球。(×1 500)

The anterior part of female adult worm shows the tegumental fold and sensory bulb with cilium.

2. 雌虫体后部背侧示皮层增厚及小棘分布。(×3 000)

The dorsal side of posterior part of female adult worm shows the thickening tegument and small spines distribution.

3. 20天雄性童虫体壁，示横纹状皱褶，具纤毛感觉球及小棘。× (3 000)

The body wall of 20 days juvenile of male shows striated tegumental fold with cilium sensory bulb and spines.

4. 雄虫口吸盘背侧体壁，示凹窝状皮层皱褶及具纤毛感觉球。(×2 000)

The body wall of dorsal side of oral sucker shows the pitted tegumental folds and cilium sensory bulbs.

5. 雄虫体中部部分体壁，示皮层皱褶及具中央凹陷的感觉球。(×1 500)

Midportion of male worm body wall shows the tegumental folds and centrally depressed sensory bulbs.

6. 雄虫体后部背侧，示皮层皱褶及具纤毛感觉球。(×3 000)

The dorsal side of posterior body of male adult shows the tegument folds and cilium sensory bulbs.

7. 经水浸泡的雄虫体后部背侧，示裸露的不同大小感觉球。(×1 000)

The dorsal side of devoid tegument of male worms after immersed with water shows the appearance of the differently naked sensory bulbs.

8. 图版 XIV-7 部分感觉球放大。(×3 000)

Ditto, the enlargement of XIV-7 shows the sensory bulbs.

9. 经水浸泡的雄虫整体，示布满体表的感觉球。(×150)

The whole worm of male shows the full distribution of sensory bulbs along the line of roughened rim after immersed of water.

10. 20天雄性童虫口吸盘边缘，示边棘。(×3 000)

20 days male juvenile's oral sucker shows the spines of the rim distribution.

11. 20天雄性童虫口吸盘内壁，示小棘及皮层凹窝。(×7 500)

The inner wall of 20 days male juvenile's oral sucker shows the spines and tegumental pits.

第十四章 土耳其斯坦东毕吸虫的扫描电镜观察

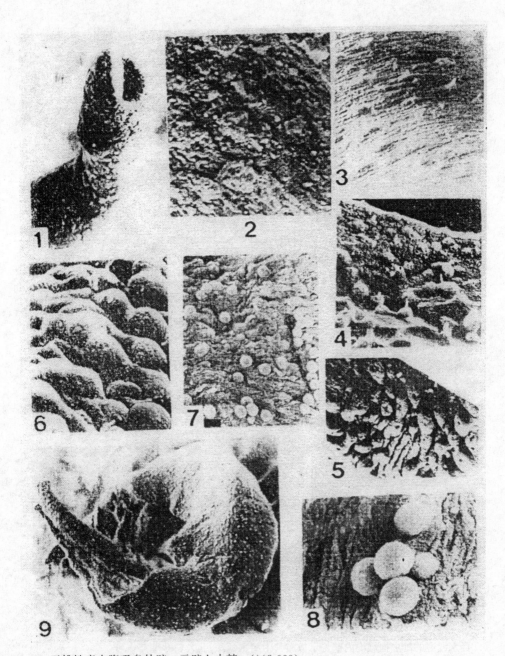

12. 20天雄性童虫腹吸盘外壁,示壁上小棘。(×3 000)
The outer wall of 20 days male juvenile's ventral sucker shows the spines.
13. 20天雄性童虫腹吸盘部分边缘及内壁,示小棘着生情况。(×5 000)
Part of the rim and inner wall of 20 days juvenile's ventral sucker shows the spines distribution.
14. 20天雄性童虫抱雌沟上段,示生殖乳突。(×6 000)
On the upper part of the 20 days juvenile's gynecophoral canal there is a lip-like genital papilla.
15. 雄虫抱雌褶内缘的皮层皱褶及抱雌沟中的小棘。(×1 500)
Along the inner side of gynecophoral canal shows the spines.

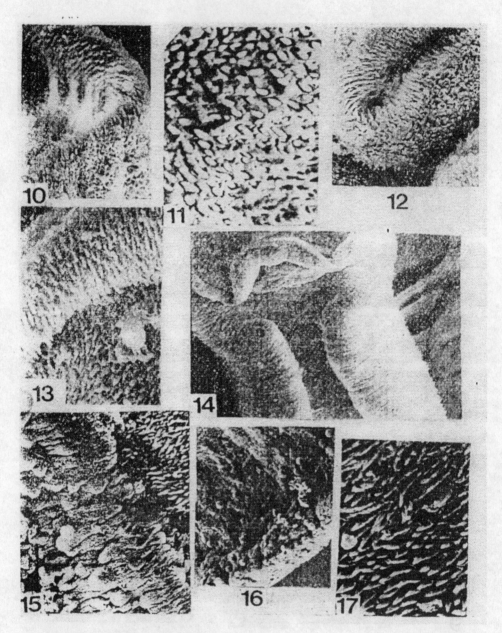

16. 经水浸泡的雄虫抱雌沟内壁，示散布其中的感觉球。(×450)
Inner wall of male gynecophoral canal after immersed of water shows the scattering sensory bulbs.
17. 雄虫抱雌沟内壁，示小棘着生情况。(×3 000)
The inner surface of male gynecophoral canal shows the status of spines.

第十五章 血吸虫生殖细胞分裂中期染色体的超微结构

李敏敏

寄生虫研究者们希望能对寄生虫，尤其是那些与人类健康或与人们生活有着密切关系的虫种获得更多的信息，包括遗传学方面的。过去不少学者利用光学显微镜对近百种吸虫的染色体进行过研究（Walton, 1959; Short, 1960; Hiroyuki, 1978; Sa-sada, 1978; Cho & Sasada, 1979; Grossman et al., 1980; 1981a, b; He et al., 1982; Moriyama, 1982; Dhar & Sharma, 1984; Madhavi & Ramajaneyulu, 1986; Chattopadhyay & Boddhadebmanna, 1987; Rhee et al., 1987; Short, 1987; Hirai et al., 1989）。但由于光镜性能的局限，无法实现观察染色体更多更细微结构的目的。显然，只有借助电子显微技术才是突破上述局限性的惟一途径。遗憾的是，到目前为止，尚未见到关于寄生吸虫染色体超微结构方面的专题研究报道。本文仅为吸虫细胞分裂中期染色体的超微结构的一个极为粗略的初步报告。

从1990年开始，我们利用扫描电镜和透射电镜两种技术对吸虫生殖细胞分裂中期染色体超微结构的研究进行了探索。先以卫氏并殖吸虫 Paragonimus westermani，接着是菲策吸虫 Fischoederius sp，最后是侧肠锡叶吸虫 Ceylonocotyle scoliocoelium 作为实验材料，将它们的睾丸和卵巢分别进行培养制成两种电镜标本。实验获得成功，得到了上述三种吸虫生殖细胞分裂中期部分染色体标本的电镜图像，得以对它们的形态和超微结构进行研究，测量了染色质粗纤维的直径、粗纤维的空间构筑（space topography），核蛋白纤维的结构与直径等，并与其他动物类群染色体的结构进行了比较。

一、材料与方法

1. 扫描电镜标本的制备（SEM）

1990年从丹东凤城获得卫氏并殖吸虫（3n）的囊蚴感染家猫，6个月后宰杀，在猫的肺部取到活虫。剖出的睾丸和卵巢，分别置于培养液〔3.95毫升 RPMI 1640＋1毫升小牛血清＋0.05毫升 0.1%浓度秋水仙碱溶液（培养液中秋水仙碱的终浓度为 $10\mu g/ml$）〕中，在37℃恒温箱中4小时；除去生殖腺外膜，在 0.075mol/L KCl 液中低渗30分钟后，将细胞滴在预冷过涂有 Fourvar 膜的 7×8 毫米^2 的盖玻片上，用 2.5%戊二醛〔0.1mol/L, pH7.2 磷酸缓冲液（PB液）配制〕固定30分钟；PB液洗3次，每次10分钟；1%锇酸（0.1mol/L，PB液配制）固定30分钟，PB液洗3次，每次10分钟；重蒸水洗3次，每次10分钟；珠叉二肼（TCH）（重蒸水配制）10分钟；重蒸水洗3次，每次10分钟；1%锇酸（重蒸水配制）30分钟；重蒸水洗3次，每次10分钟；如此从珠叉二肼到锇酸共重复3次，最后一次重蒸水洗后经梯度酒精脱水；两次纯酒精，每次10分钟；纯酒精∶醋酸异戊酯（3∶1）10分钟；纯酒精∶醋酸异戊酯（1∶1）10分钟；醋酸异戊酯

2次，第1次10分钟，最后一次过夜；CO_2临界点干燥；喷金；扫描电镜JSM-35CF，20kV观察，照相。

1991年在澳大利亚、阿米德尔地区屠宰场牛的瘤胃取得一种菲策吸虫成虫。活体经生理盐水清洗，剖出睾丸，分别置于3.95毫升RMPI 1640+1毫升小牛血清+0.05毫升秋水仙碱。秋水仙碱在培养液中的终浓度分别为0.04、0.06、0.10、0.12直至0.16μg/ml，在室温（24℃左右）进行培养。培养的时间长度不等，分别为4、6、8、12和16小时。培养终止，撕去睾丸外膜，细胞经12μg/ml胶原酶（collagenase，蒸馏水配制）15分钟；0.075mol/L KCl低渗液低渗40分钟；滴一滴细胞悬浮液在预冷的7mm×8mm盖片上，静置一会（使之不干）后将玻片浸入2.5%戊二醛（0.1mol/L，pH7.2 PB液配制）固定30分钟；PB液洗5次，每次10分钟；2%醋酸铀（PB液配制）15分钟；PB液洗5次，每次10分钟；梯度酒精脱水；纯酒精2次，每次10分钟；酒精：醋酸异戊酯（3:1）10分钟；酒精：醋酸异戊酯（1:1）10分钟；纯醋酸异戊酯2次，第一次10分钟，第2次过夜；CO_2临界点干燥，金-钯溅射；JEDL 35M扫描电镜25kV进行观察，照相。

2. 透射电镜标本的制备（TEM）

1995年4月将从南京市江宁县屠宰场宰杀的牛瘤胃获得的侧肠锡叶吸虫睾丸作为染色体超微结构透射电镜研究材料。标本制备方法按李敏敏和王溪云（1997）的方法。

二、结果

卫氏并殖吸虫（3n）卵巢细胞经培养后得到了分裂中期染色体，其中的一个图像为近端部着丝粒染色体，相当于He et al.（1982）Fig1，B中第7组染色体。这个染色体电镜标本表面可见染色质粗纤维缠绕形成的颗粒状结构。测得粗纤维直径为47～62nm。

菲策吸虫睾丸细胞分裂中期染色体均为二价体，最好的标本是经培养16小时、秋水仙碱终浓度为0.16μg/ml的睾丸细胞。染色体具明显的纤维盘曲缠绕结构。染色质粗纤维形成螺旋环，进而形成大小不等、直径相差悬殊、互相重叠的球状结构，直径为0.175～2.670μm。

表15-1　菲策吸虫睾丸细胞分裂中期染色体的测量数据和着丝粒位置

染色体	染色体长度	臂比值	着丝粒位置	染色质粗纤维直径
图版XV-1	13.20nm	1.70	中部	100～250nm (156nm)
图版XV-2	12.00nm	1.30	中部	100～225nm (147.60nm)
图版XV-3	9.30nm	3.55	亚端部	80～150nm (108.70nm)
图版XV-4	5.25nm	1.06	中部	75～140nm (104.50nm)
图版XV-5a	4.91nm	1.06	中部	70～130nm (97.50nm)
图版XV-5b	4.32nm	1.06	中部	65～107nm (88.10nm)

图版XV-1染色体两长臂端部侧缘各有一模板状结构（图版XV-1，图版XV-7），明显不同于其他部位的球状结构，十分平滑。图版XV-2染色体短臂处可见一垂直于体轴的环状结构（图版XV-2；图版XV-8）的轴射环。本文报道的菲策吸虫染色体，除图版XV-3外，其粗纤维均处于相对疏松的状态。只有图版XV-3染色体尽管与其他的染色体同时经过完全一致的样品制备步骤，但不同的是，它保留着致密，聚集的结构，然而表面染色质粗纤维盘曲缠绕的结构同样清晰可见。此外，它的两个单体长臂上各具2个周缘沟

(circumferential grooves)（图版 XV-3）。

当侧肠锡叶吸虫的初级精母细胞进行第一次减数分裂时，可观察到分裂中期染色体的不同切面，并能见到它们的结构和包装。染色体的正横切面上能见到染色单体臂的浅色低电子密度的中央轴区与周围深色高电子密度的染色质区形成显著对比（图版 XV-9）。说明染色质环是围绕着中央轴区进行反复缠绕形成染色单体的。有些切面显示染色质区染色质环的缠绕有时紧密，有时松散。说明染色质环缠绕的密度是不均匀的。在染色体的横切面上清晰可见单体包含着许多不同大小的多级螺旋环的折叠（图版 XV-10），不同粗细，不同长度，另可见辐射环长 $2.0\sim2.5\mu m$。有的切面还可观察到核蛋白纤维（图版 XV-11）。核蛋白纤维的结构由两列平行排列的核小体组成，联结小体的纤维直径小，仅 $30\sim35\text{Å}$。它们组成的纤维环长为 $0.235\sim0.388\mu m$，其间距 $0.04\mu m$。染色质粗纤维直径为 $117\sim141nm$（图版 XV-10）。

三、讨论

由于吸虫染色体扫描电镜标本制备技术难度大，不易制得实验用标本，因此长期以来一直未见有关吸虫染色体超微结构的研究报告问世。作者经过几年的摸索，成功地制成了吸虫染色体扫描电镜标本，观察了它们的超微结构。如电镜图像所示，吸虫染色体的形态和结构，如螺旋盘曲的染色质粗纤维呈环状排列，以及形成球形结构的空间地形学（Space topography）与所有生物，特别是和动物及人类的染色体（Rattner et al.，1975；1978；Daskal et al.，1978；Harrison et al.，1981；Utsumi，1982；Adolph & Kreismann，1983；Hanks et al.，1983；Taniguchi & Takayama，1986；Sumner，1991；Takayama & Hiramatsu，1993；刘凌云，1994）完全一致。只是吸虫染色体的染色质粗纤维直径较细，如卫氏并殖吸虫为 $47\sim62nm$；菲策吸虫为 $88.10\sim156.00nm$；侧肠锡叶吸虫为 $117\sim141nm$。鼠类为 $200\sim300nm$（Taniguchi & Takayama，1986；Takayama & Hiramatsu，1993）。人 COLO320-HSR 为 $200\sim250nm$（Rattner & Lin，1985）。

菲策吸虫染色体为整装标本，只经常规电镜样品制备方法，未经其他的特殊方法处理。虽然观察不到核蛋白纤维，但染色质粗纤维、辐射环和大小不等的球状结构清晰可见。有意思的是，图版 XV-3 染色体与其他的染色体不同，十分致密，与人血细胞经 G 带处理后，同样具有周缘沟的第 13 号染色体在形态上十分相似（Harrison et al.，1981）。

Hiroyuki（1978）在光镜下对肝吸虫 *Clonorchis sinensis* 的精子发生过程进行研究时，在它的精原细胞、初级和次级精母细胞的分裂中期都观察到了染色体的存在。同样 Dhar 和 Sharma（1988）在研究 *Paradistomoides orientalis* 的精子发生过程中，在精原细胞有丝分裂的前期和中期也都找到了完整的核型。之后 Erwin 和 Halton（1983）研究牛首科 Bucephalidae 的 *Bucephaloides gracilescens* 和 Rohde 等（1991）研究盾腹类 Aspidogastrea 的 *Lobastostoma manteride* 的精子发生时均观察到了染色体。前者在精原细胞的有丝分裂时，后者在精母细胞第一次减数分裂时。但他们都未对此加以注意，未对染色体的超微结构进行描述和研究。本文作者在研究侧肠锡叶吸虫精子发生时，对初级精母细胞第一次减数分裂时中期染色体的不同切面进行了研究。发现，吸虫染色体的三维多级螺旋，由最基本的核蛋白纤维，直径 $30\sim35\text{Å}$，经多次折叠形成。染色体的基本结构与 Rattner 和 Hamkalo（1975）利用小鼠 L929，细胞培养后得到的分裂中期染色体结果相类似。区别在于，与鼠的核蛋白纤维结构不尽一样。鼠核蛋白纤维由两种区段组成。一种区段是2个平行的链环结构，链环上紧连着核蛋白颗粒，颗粒直径 70~90Å，联结颗粒的纤维直径 20~40Å。除上述结构外还有另一种区段，即在两个链环之间夹有一个高电子密度的小条。人胎盘的成纤维细胞的核蛋白纤维较粗，直径为 300Å (Bak et al., 1977)，同样，Hela细胞亦为 200~300Å (Marsden & Laeimmli, 1979)。染色质粗纤维从染色单体中轴方向发出的辐射环，人染色体的长度为 3~4μm (Marsden & Laemmli, 1979)，排列疏松。侧肠锡叶吸虫为 2.0~2.5μm。

应用两种电镜技术对同盘科 Paramphistomatidae 的菲策吸虫和侧肠锡叶吸虫染色体的研究结果十分理想，相互吻合和相互印证。透射电镜图像显示，侧肠锡叶吸虫的染色质粗纤维与其他动物，如牛肾和猪肾细胞的一样，同样经缠绕形成多级螺旋。同时吸虫染色体单体的横切面上可见中央轴区较少染色质的分布，说明染色质纤维是以轴区为中心缠绕形成染色单体。这种情况与牛肾和猪肾细胞中所见相同（刘凌云，1994）。通过应用 SEM 和 TEM 技术对同盘吸虫染色体的研究，有力地证明了属于低等扁形动物的吸虫，其染色体的形态、结构、空间地形学等与所有其他生物，尤其是与动物，包括哺乳动物，甚至人类在内，存在着勿庸置疑的同一性。

Walton (1959) 认为寄生虫染色体的核型（组型）、形态、结构、大小对于物种的确定，系统分类学，以及评估属内种间亲缘关系的水平具有相当价值。

因此，尽管吸虫电镜标本，主要是扫描电镜标本，制备难度很大，但是为了获得寄生虫物种更多遗传学方面的信息，为揭示物种间的亲缘关系及探讨该类群系统演化的轨迹提供可靠的依据，因此开展这一领域的研究是非常必要的。

参 考 文 献

刘凌云．染色体超微结构的多样性．中国动物学会成立60周年．纪念陈桢教授诞辰100周年论文集．1994，443~445

李敏敏，贺联印，姜华，佟永永．吸虫分裂中期染色体超微结构．中国动物学会寄生虫专业学会成立十周年纪念论文集．1995，139~143

李敏敏，王溪云．侧肠锡叶吸虫的精子发生和中期染色体的超微结构．动物学报，1997 43 (1): 1~9

Bak A L, J Zeuthen and F H Crick. Higher-order structure of human mitotic chromosomes. Proc. Natl Acad. Sci. USA. 1977 47 (4): 1595-1599

Chattopadhyay and Boddhadebmanna. Chromosome study of *Isoparorchis hupselobagri* Billet, 1898 (Digenea: Himiuridae). J. Helm. 1987 61: 346-347

Cho H and K Sasada. Chromosomes of pancreatic fluke, *Eurytrema pancreaticum* (Trematoda: Digenea: Dicrocoeliidae). Chrom. Intern. Serv. 1978 24: 2418-2419

Daskal Y, M L Mace, Jr W Wray and H Busch. Use of direct current sputtering for improved visualization of chromosomes topograph by scanning electron microscopy. Exp. Cell Res. 1976 100: 204-212

Dhar V N, G P Sharm. Behaviour of chromosomes during gametagenesis and fertilization in *Paradistomoides orientalis* (Digenea: Trematoda). Caryolog. 1984 37 (3): 207-208

Erwin B E, D W Halton. Fine structural observations on spermatogenesis in a progenetic trematode, *Bucephaloides gracilescens*. Intern. J. Parasit 1983 3 (5): 413-426

Grossman A I et al. Sex heterochromatin of *Schistosoma mansoni*. J. Parasit. 1980 66 (2): 368-370

Grossman A I et al. Somatic chromosomes of *Schistosoma rodhaini*, *S. maltheei* and *S. intercalatum*. J. Parasit. 1981a 67 (1): 41-44

Grossman A I et al. Karyotype evolution and sex chromosome deferentiation in *Schistosoma* (Trematoda: Schistosomatidae). Chrom, 1981b 88 (5): 413-430

Hanks S K et al. Cell cycle-specific changes in the ultrastructural organization of prematurely condensed chromosomes. Chrom. 1983 88 (5): 333-342

Harrison C J et al. Scanning electron microscopy of the G-banded human karyotype. Exp. Cell Res. 1981 134: 141-153

He L Y et al. Preliminary studies on chromosomes of 9 species and /subspecies of lung fluke in China. Chin. Med. J. 1982 95 (6): 404-408

Hirai H et al. Bovel C-banding pattern in *Paragonimus ohirai* (Trematoda: Platyhelminths). J. Parasit. 1989 75 (1): 157-160

Hiroyuki CHO. Studies on the chromosomes of parasitic helminths (1) Chromosomes in meiocytes, spermiogenesis and fertilization observed by means of squash method in *Clonorchis sinensis* (Trematoda: Opisthorchiidae). J. Parasit. 1978 27 (4): 399-410

Madhavi R and J V Ramanjaneyulu. Observation on chromosomes and gametogenesis of *Transversotrema patialense* (Trematoda). Parasit. 1986 92 (1): 245-252

Marsden M P and V K Laemmli. Metaphase chromosome: Evidence for a radial loop model. Cell. 1979 17: 840-858

Moriyama N. Karyotypical study of bovine *Eurytrema* sp. and their phenotypes. J. Parasit. 1982 68 (5): 898-904

Rattner J B and B A Hamkalo. Higher-order structure in metaphase chromosome. Chrom. 1978 (69): 363-372

Rattner J B and C C Lin. Radial loops and helical coils coexist in metaphase chromosomes. Cell. 1985 42: 291-296

Rhee J K et al. Karyotype of *Fasiola* obtained from korean cattle. Kor. J. Parasit. 1987 25 (1): 37-44

Sasada K. Chromosome number of intestine parasites *Metagonimus yokogawai* (Trematoda: Digenea: Heterophyllidae). Chrom. Inform. Serv. 1978 (24): 13-14

Short R B and M Y Menzel. Chromosomes of nine species of schistosoma. J. Parasit. 1960 46 (3): 273-287

Short R B et al. Chromosomes of *Herobilharzia americana* (Digenea: Schistosomatidae). with ZW a sex determination from Louisiana. J. Parasit. 1987 73 (5): 941-946

Sumner A J. Scanning electron microscopy of mammalian chromosomes from prophase to telophase. Chrom. 1991 (100): 410-418

Takayama S and H Hiramatsu. Scanning electrom microscopy of the centromere region of L-cell chromosomes after treatment with Hoechst 33258 combined with 5 bromodeoxyuridine. Chrom. 1993 (102): 227-232

Taniguchi T and S Takayama. Higher-order structure of metaphase chromosomes: Evidence for a multype coilling model. Chrom. 1986 93: 511-514

Utsumi K R. Scanning electron microscopy of giemsa-stained chromosomes and surface spread chromosomes. Chrom. 1981 86: 683-702

Walton A C. Some parasites and their chromosomes. J. Parasit. 1959 45 (1): 1-20

图版说明　Plate Explanation

图版 XV-1～XV-11

图版 XV-1～XV-5　菲策吸虫精母细胞分裂中期染色体。

Metaphase chromosomes of spermatocytes of *Fischoederius* sp.

1. No.1 染色体长臂（箭）、短臂（▲）及板状结构（PLS）。

Chromosome No. 1 showing the long arm (arrow), short arm (▲) and plate-like structure (PLS).

2. No.2 染色体长臂（箭）、短臂（▲）、着丝粒区（CTM）及轴射环（RL）。

Chromosome No. 2 showing the long arm (arrow), short arm (▲), centromere region (CTM) and radial loop (RL).

3. No.3 染色体长臂（箭）、短臂（▲）、着丝粒区（CTM）以及两长臂上的周缘沟（CG）。

Chromosome No. 3 showing the long arm (arrow), short arm (▲), centromere region (CTM) and the circumferential grooves (CG) on both long arms. (SEM)

4. No.4 染色体。

Chromosome No. 4

5a. No.5 染色体，长臂（箭）、短臂（▲）、着丝粒区（CTM）。

Chromosome No. 5 showing the long arm (arrow), short arm (▲) and centromere (CTM). (SEM)

5b. No.6 染色体。

第十五章 血吸虫生殖细胞分裂中期染色体的超微结构　203

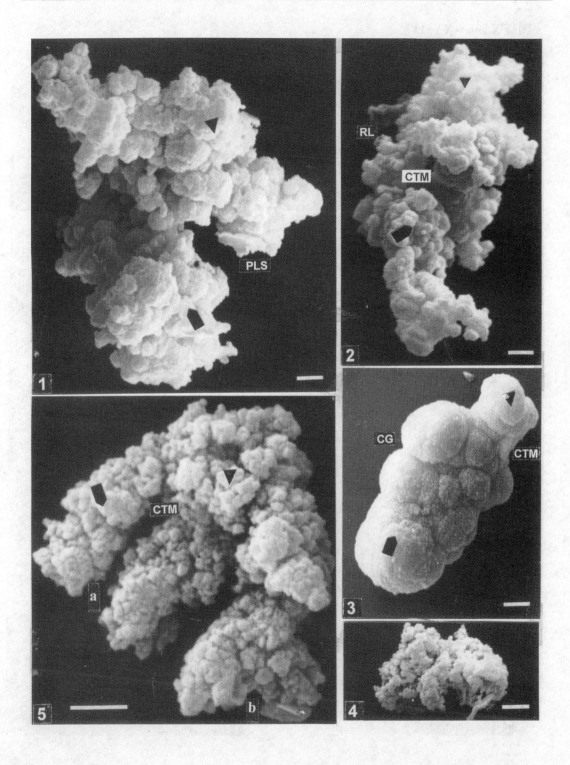

图版 XV-6～XV-11

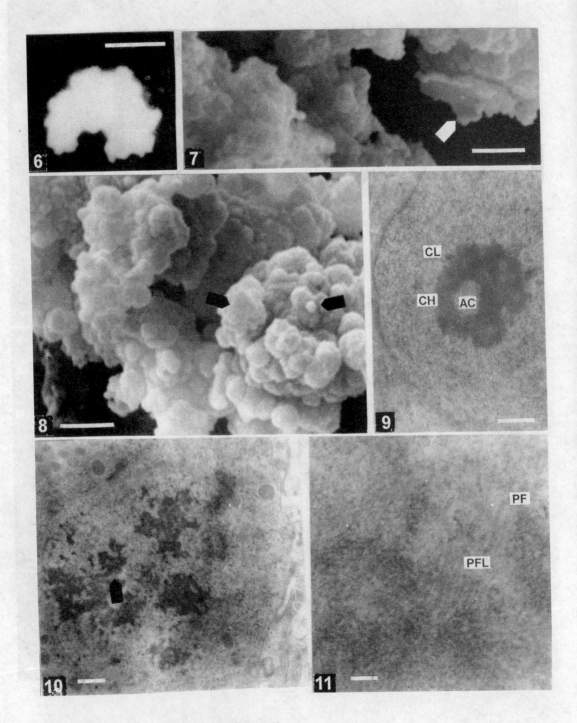

6. 卫氏并殖吸虫（3n）卵巢细胞分裂中期染色体。
Metaphase chromosome of ovary cell of *Paragommus westermani* (3n). (SEM)
7. 菲策吸虫 No.1 染色体长臂上的板状结构（↑）。(SEM)
The plate-like structure (arrow) on the long arm of chromosome No.1 of *Fischoederius* sp.

8. 菲策吸虫染色体表面大小不等的球状结构（↑）。(SEM)
The ball-like structrues (arrows) of different sizes on the surface of chromosomes of *Fischoederius* sp.

9. 侧肠锡叶吸虫染色体（CH）的横切面，可见中央少染色质区（AC）为染色质螺旋环（CL）所围绕。(TEM)
Cross section through the arm of the chromatid (CH) of the spermatocyte in *Ceylonocotyle scoliocoelium* showing the central chromatin free compartment-axial core (AC) surrounded by the helical chromatin loops (CL). (TEM)

10. 染色体的横切面，可见多级螺旋。(TEM)
Cross section through the chromatid showing the multi-order helixes.

11. 核蛋白纤维（PF）及其纤维环（PFL）。(TEM)
Nucleoprotein fibers (PF) and nucleoprotein fiber loops (PFL).

图版 XV-1～XV-5,	标尺＝1μm,	Plate XV-1～XV-5,	bar＝1μm
图版 XV-6～XV-8, XV 10	标尺＝1μm,	Plate XV-6～XV-8, XV 10	bar＝1μm
图版 XV-9,	标尺＝0.5μm,	Plate XV-9,	bar＝0.5μm;
图版 XV-11,	标尺＝0.1μm,	Plate XV-11,	bar＝0.1μm

第十六章 寄生蠕虫的超微结构与分类

李敏敏

电子显微镜的问世为科学家们研究微观世界打开了大门，为人们更加深入了解世界提供了理想的手段。电子显微技术在科学研究的诸多领域得到广泛应用，在寄生虫学方面也不例外。自从 Cardell & Phipott（1960）率先应用电子显微镜研究了吸虫体被的结构之后，许多寄生虫研究者相继在寄生虫的外部形态、内部结构、生理、生化、生殖、发育和免疫学等方面应用电子显微技术完成了许多卓越的工作。超微结构的研究向人们展示了过去在光学显微镜下观察不到的情景，进一步补充或改变了人们对客观世界的认识。

长期以来，寄生虫的分类主要沿袭传统的方法，依靠光学显微镜观察虫体的外部形态和内部器官的结构特征，结合生活史类型等作为建立各个类群分类系统的依据。这显然不够全面。事实上，蠕虫的不同类群和不同物种之间在超微结构方面存在着一系列明显差异。这些差异完全可以为分类提供有力的依据和佐证。因此完全应该利用微观水平的一些形态结构的特征对传统的分类系统进行补充和修订，并期望能澄清过去分类上存在的混乱和疑问。

对分类学具有意义的超微结构特征可能很多，有些特征还有待发现，有些特征在分类学上的意义可能目前还不清楚。这里，本文仅对寄生蠕虫（包括盾腹类 Aspidogastrea，复殖类吸虫 Digenea，单殖类吸虫 Monogenea 和绦虫类 Cestoda）的分类具有一定意义或可能会有意义的部分细胞器的超微结构进行大概的介绍。由于作者的水平有限，难免挂一漏十。

无论营外寄生的单殖吸虫还是营内寄生的盾腹类、复殖类吸虫和绦虫类，它们的体表覆盖着结构极为相似的体被（Bils et al.，1966；Lyons，1970；Morris，1971；Morseth，1967；Threadgold，1963，1976）（图 16-1 Threadgold，1963）。体被外层为细胞质融合而成的合胞体（syncytium），其表层为由它分泌形成的相应皮式和刺、棘或微毛等。合胞体内充满由细胞核周体（pericaryon）的高尔基复合体分泌而来的结构小体（structured bodies）、长形颗粒（elongating granules）、线粒体、纤维样物质、小泡（vesicles）、类脂滴（lipid-like droplets），还有悬挂在合胞体内，连接神经细胞树状突末端的感觉乳突（sensory papillae）或称感觉器（sense organ）、感觉接收器（sensory receptor）。合胞体内侧为基质膜（cytoplasmic membrane）和基底膜（basement lamina）。基底膜以内除环肌层、纵肌束层，还有体被细胞的核周体和实质（parenchyma）。核周体内除合胞体已有的细胞器外，另可观察到细胞核和发达的高尔基复合体等。此外，核周体有狭窄的胞质通道穿过基底膜通向合胞体，许多细胞器就是通过胞质通道进入合胞体。另见吸口凿开绦虫 *Glaridacris catostomi* 头节体被超微结构（图版 XVI-1）（李敏敏和荒井，1991）。

（一）皮式（tegumental pattern）

体被合胞体表面均具有一定形式的褶皱；花纹、沟、嵴等。显然各种虫种的皮式是不尽相同的，如棘口科 Echinostomatidae 的日本棘隙吸虫 *Echinochasmus japonicus* 大部分虫体体被皮式为碎石状（图版 XVI-14），但口、腹吸盘之间中央凹陷部分的皮式为纵向弹簧样条

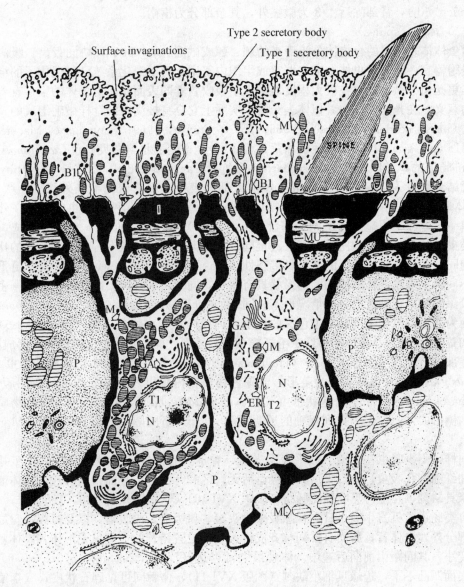

图 16-1 肝片吸虫 *Fasciola hepatica* 体被结构示意图（L. T. Threadgold，1963）. P，实质细胞；MU，肌肉；T1，1 型体被细胞；T2，2 型体被细胞；GA，高尔基复合体；I，结缔组织；BI，基膜外褶；N，细胞核；ER，颗粒内质网；M，线粒体
Diagrammatic drawing of the structure of the tegument of *Fasciola hepatica*. P, parenchymal cell; MU, muscle; T1, type 1 tegumentary cell; T2, type 2 tegumentary cell; GA, golgi complex; I, interstitial material (connective tissue); BI, basal invagination; N, nucleus; ER, granular endoplasmic reticulum; M, mitochondria. (L. T. Threadgold, 1963).

束结构（图版 XVI-2）（李敏敏和贺联印，1989）；寄生在禽类盲肠的背孔科 Notocotylidae 的纤细背孔吸虫 *Notocotylus attenuatus* 口吸盘下方无棘区的皮式呈现为镶嵌的石板样花纹（图版 XVI-3a），背部除边缘一圈有尖刺外，为无棘区，呈卵石状（图版 XVI-3b）（李敏敏和贺联印，1988），叶形科 Phyllodistomatidae 的 *Phyllodistomum conostomum* 为麻花形花纹（Bakke et Lien，1977）（图版 XVI-4）。*Homalogaster palonia* 腹面为微突（微绒毛）（microvilli），背部除后 1/3 为微突外，其余部分为横褶。

（二）体棘（spines）

由虫体体表外层的合抱体分泌而来的刺、棘或微毛（microtrix）协同吸盘、吸沟、吸漕等吸附器官一起固着虫体在宿主器官或组织内寄生。对于消化系统已经退化了的绦虫类来说，更是由于微毛的存在极大程度地扩大了吸收营养的表面积，对虫体的生存有着十分重要的意义。在光镜下绦虫看似体表光滑，实际上它全身披满由细针样微毛组成的"毛刷外缘"（brush border）（Morseth 1966；Jha & Smyth，1969；Hayunga & Mackiewicz，1975；Li and Arai，1988；李敏敏和荒井，1991）。寄生于北美白吸口鱼 *Catostomus commersoni* 肠道的单节绦虫亚纲 Cestodaria，石竹目 Caryophyllidea，石竹科 Caryophyllidae 的亨氏结节绦虫 *Hunterella nodulosa* 体前大部体表覆盖着浓密的毛刷外缘（图版 XVI-5a），体后部为微突（图版 XVI-5b）（Li & Arai，1988）。不同种类绦虫的微毛在外观上形态单一，差异不明显。它由刺、基盘（base plate）和毛杆（shaft）三部分组成。但不同种类虫种，刺与毛杆的比例不同。甚至同一虫体不同部位的微毛，其刺与毛杆的比例也不尽相同，如亨氏结节绦虫的微毛具多态性（Hayunga & Mackiewicz，1975）。更重要的是，不同种类绦虫毛杆的横切面的形状具有差别，同时，毛杆内膜以内基质的电子密度和染色较深的物质积聚区的分布情况也不相同。如吸口凿开绦虫 *Glaridacris catostomi* 毛杆横切面为圆形，电子密度高而染色深的物质在内膜内积聚成均匀一圈（图版 XVI-6）（李敏敏和荒井，1991）；亨氏结节绦虫毛杆横截面为菱形，深色物质也在内膜内侧形成圆圈，但有些部分有堆积（图版 XVI-7）（Hayunga & Mackiewicz，1975）；细粒棘球绦虫 *Echinococcus granulosus* 毛杆虽也为菱形，但深色物质在内膜以内不呈局部堆积（图版 XVI-8）（Jha & Smyth，1969），泡状带虫（*Taenia hydatigena*）毛杆为圆形，深色物质也在内膜内侧形成一圈，但为排列规则的透明间隙（gap）所间隔（图版 XVI-9）（Morseth，1966）。

同样，不少吸虫在光镜下似乎表面光滑，看不到有任何刺或棘的存在。其实并非如此，如纤细背孔吸虫，除口吸盘、口吸盘后无棘区和背面外，腹面布满叶片形的体棘，体棘边缘具缺刻，片上可见叶脉状脉络（图版 XVI-10）（李敏敏和贺联印，1988）。

禽类肠道常见寄生吸虫日本棘隙吸虫除头冠、口吸盘、腹吸盘，以及口腹吸盘之间的虫体部分外，虫体背，腹面有排列整齐成行、行间位置错开的大型贝壳形体棘。体棘由前向后变小，其间距由前向后递增。体棘最大者可达（7.0～7.3）μm×（5.5～5.6）μm，棘的表面凹凸不平，边缘具细小缺刻（图版 XVI-11），体棘间可见碎石状皮式（李敏敏和贺联印，1989）。

东方杯叶吸虫（*Cyathocotyle orientalis*）属杯叶科，也寄生于禽类肠道。它的形态结构则是另一种情况（李敏敏，未发表资料）。性成熟的虫体腹面除固着器（adhesive organ）外，全身布满体棘。体棘为复合型，由 5～8 个长短，粗细不一的叉状分支并在一起的体棘。每组体棘包裹在菱形的鞘内，可以自由伸缩（图版 XVI-12，图版 XVI-18）。

Halstilesia ochotonae 吸虫除口，腹吸盘外全身分布着分叉式的体棘，一般由 5～7 个分叉组成，多数为 5 个，叉的端部钝圆（图版 XVI-13）（Zdarska & Soboleva，1990），与东方杯叶吸虫的尖叉形体棘明显不同。

总之，复殖类吸虫多数种类成虫的体表均具有体棘之类的体被衍生物，每种各具特色，在此不一一列举。

（三）感觉乳突（sensory papilla）

寄生蠕虫体被内分布着众多的感觉器，特别是与宿主寄生部位紧密接触的界面（interface），如口腹吸盘的表面。虫体背面相对较少。寄生虫凭藉感觉乳突接收来自外界环境的各种刺激和信息，传递到神经中枢，从而作出相应的反应。

根据感觉毛的有无可将感觉乳突分为具感觉毛和无感觉毛的。按功能有反应压力的、化学的、温度的乳突等。按感觉乳突着生数目多少有单生、双生、三生和丛生的（图版 XVI-14）(*Echinochasmus japonicus*；李敏敏和贺联印，1989)。视感觉毛外围包裹形状有简单的扣状乳突，如 *Clonoschis sinensis*（图版 XVI-15）(Fujino，1979)、*Notocotylus attenuatus*（图版 XVI-16）(李敏敏和贺联印，1988)；重瓣花瓣乳突和多层叠盘乳突（图版 XVI-17；图版 XVI-18）(李敏敏和贺联印，1988；李敏敏未发表资料)。一般多数乳突均为单束感觉毛，但在卷棘口吸虫 *Echinostoma revolutum* 尾蚴虫体背面前部左侧边缘处观察到 16 个多束纤毛的乳突，每个乳突的感觉毛束最多可达 18 束（图版 XVI-19）(Fried & Fujino，1987)。有的乳突突出于体表，不具感觉毛 *Notocotylus attenuatus*（图版 XVI-20）(李敏敏和贺联印，1988)，*Halstilesia ochotonae*（图版 XVI-13）(Zdarska & Soboleva, 1990)。但两者有所不同，*Halstilesia ochotonae* 乳突完全突出体表，为一圆球，而 *Notocotylus attenuatus* 突出体表呈半球形。

感觉乳突的内部结构十分复杂，但不同类群寄生蠕虫基本相似，仅在细节上有着千变万化的差别。它们是脑干神经细胞树状突起在合抱体内终端的膨大，形成从圆形到椭圆形的球部（bulb），球底穿过合抱体基膜，有神经微管（nerve microtubule）与神经突起相连。它的基本结构是，由桥粒体（desmosoma）固定在合抱体内，球体内有感觉毛着生处的基板、基体、高密度领（dense collar）或环（ring）、线粒体、滤泡等。带感觉毛的乳突有感觉毛通出体表。有一种带感觉毛乳突在两种盾腹类吸虫 *Cotylogaster occidentalis* 和 *Lobatostoma manteri* 中均有存在，在外观上无法区分。可是在内部结构上则不难将它们分开。前者较小，仅 $1\mu m$，具有 2 个高密度领（图版 XVI-21）(Ip & Desser，1984)，后者较大些，只有 1 个领（图版 XVI-22）(Rohde & Watson，1989)。此外，许多吸虫的体被，主要是口腹吸盘上分布着大型、圆顶形的无毛乳突（*Clonorchis sinensis*，Fujino & 1979；*Echinochasmus japonicus*，李敏敏和贺联印，1989；*Phyllodistomum conostomum*，Bakke & Lein，1978）（图版 XVI-23）(李敏敏和贺联印，1989)。有的大型圆顶无毛乳突上还有二次性的小乳突。如 *Gastrodiscus aegyptiacus* 的圆顶乳突上有 13~15 个小乳突（Hiekal，1992），纤细背孔吸虫颈后无棘区的大乳突有 7~8 个小乳突（图版 XVI-24），日本棘隙吸虫腹吸盘内侧壁 3~4 个（图版 XVI-23），还有带感觉毛和无感觉毛的乳突混生在一起的情况（图版 XVI-25）(Mattison et al.，1994)。

（四）结构小体（structured body）

寄生蠕虫体被合抱体和核周体内分布着大量的结构小体。它们来自核周体内的高尔基复合体，在合抱体内细胞器的数量中占有绝对的优势。不同虫种的小体，在大小、形状和结构上，均不同于其他物种。

有许多学者对绦虫的结构小体进行过研究，这是蠕虫中被研究得较多的。如 *Diphyllobothrium latum* (Braten, 1968a, 1968b)，*Ligula intestinalis* (Charles & Orr, 1968)，*Hunterella nodulosa* (Hayunga & Mackiewicz, 1975)，*Spirometra masonoides* (Lumsden et al.，1974)。他们认为绦虫体被中有着两种结构小体。稍后 Richards 和 Arme (1982) 对 *Caryophyllaeus laticeps* 头节内的结构小体进行了详细的研究，最后认为只有一种小体。李敏敏和荒井 (1991) 对同属单节绦虫亚纲，石竹科的吸口凿开绦虫的结构小体进行了研究，得到了与 Richards & Arme (1982) 一致的结论，那就是只有一种小体。

C. laticeps 和 *G. catostomi* 小体的超显微结构有着一些共同的特点，它们均有质膜包裹，质膜以内有与小体纵轴方向一致的透明条纹，其横切面为六角形的小格。但两种绦虫之间存在差异，*C. laticeps* 小体外形为直角长方形小片，纵向条纹 3～8 列，每列 11～20 条，六角形小格中有"芯"（图版 XVI-26）（Richards，Arme，1982），而 *G. catostomi* 小体呈长椭圆形，内膜以内两侧有一圈串珠状亮区，纵向条纹 2～5 列，每列 9～16 条，六角形小格中央无"芯"（图版 XVI-27）（李敏敏和荒井，1991）。两者的差异详见模式图（图 16-2）。

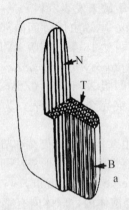 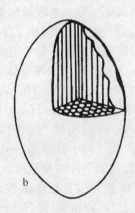

图 16-2　a. *Caryophyllaeus laticeps* 体被结构小体模式图（Richards & Arme，1982）；b. 吸口凿开绦虫头节体被结构小体模式图（李敏敏和荒井，1991）

　　a. Diagrammatic reconstruction of a structured body of *Caryophlaeus laticeps* (Richards & Arme, 1982);
　　b. Diagram of the structured body of scolex tegument of *Glaridacris catostomi* Cooper, 1920 (Li & Arai, 1991).

据 Burton（1964）报道，在蛙肺部寄生的 *Haematoloechus medioplexus* 的合抱体内只发现一种小体，无限定膜包裹，而同样寄生于蛙的 *Gorgoderina* sp.（Burton，1966）内发现有两种小体：①圆形，色深，有限定膜包裹，中心似有髓心，$1\,000Å \times 2\,000Å$ 大小；②细长条形，色淡，无限定膜，$400Å \times 2\,000Å$ 大小（图版 XVI-28）（Burton，1966）。

今后如果有更多有关结构小体的资料，加以分析比较，也许将对蠕虫的分类学将有所裨益。

（五）长形颗粒（elongated granule）

绦虫体被细胞高尔基复合体分泌的长形颗粒经胞质通道大量进入合抱体。Richards 和 Arme（1981）研究了 *C. laticeps* 的长形颗粒，发现颗粒的亚结构相当复杂。颗粒呈两端钝圆的圆柱形，具双层质膜，在正纵切面上均可见内膜以内有规则分布的小亮点，在正面斜切面可见六角蜂巢形的亚结构。六角形结构的中心有一小"芯"，就像在它结构小体中见到的一样（图版 XVI-29a；图版 XVI-29b）（Richards & Arme，1981）。李敏敏和荒井（1991）描述了 *G. catostomi* 的长形颗粒，发现与 *C. laticeps* 的有所不同，在外形上前者两端钝圆，较中部为粗，内膜以内为电子密度高、染色深而不匀的物质。有的横切面上可见排列整齐，电子密度较低的亮点（图版 XVI-30）（李敏敏和荒井，1991）。

（六）焰细胞（flame cell）

以往不少学者（Faust，1932；La Rue，1957）认为排泄系统，主要是焰细胞和排泄囊的类型对吸虫的系统分类十分重要。近来不少学者对焰细胞开展了超微结构的研究，发现焰细胞的亚显微结构非常稳定,具有种的特性。这样,无疑排泄系统,特别是焰细胞在动物分类学上的意义将得到进一步的加强。K. Rohde 及其合作者对吸虫类中的盾腹类和单殖类的原肾(protonephridium),其中主要是焰细胞的超微结构,曾进行过多年的研究工作(1970,1972,1975,1982,1989,1989a,1989b,1993)。

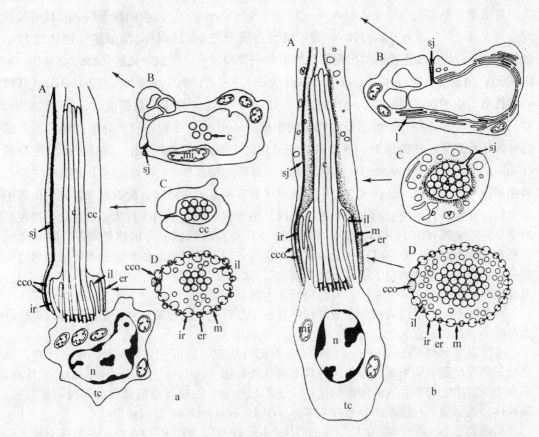

图16-3　a. *Dactylogyrus* sp. 原肾系统端部模式图;b. *Ancyrocephalinae* sp. 原肾系统端部模式图;c. 焰纤维;cc,胞质;cco,胞质杆;er,外肋;ir,内肋;il,内小毛;m,膜;mi,线粒体;n,细胞核;sj,间隔联合;tc,端细胞(Rohde et al.,1989).

a. Diagrams of terminal part of protonephridial system of *Dactylogyrus* sp. and b. *Ancyrocephalinae* sp.. A. sagital section through flame bulb. B. cross-section through protonephridial capillary. C. cross-section through cytoplasmic cylinder. D. cross-section through weir. c, cilium; cc, cytoplasmic cylinder; cco, cytoplasmic cord; er, external rib; ir, internal rib; il, internal leptotrich; m, membrane; mi, mitochondrion; n, nucleus; sj, septate junction; tc, ternimal cell (Rohde et al., 1989).

扁形动物的原肾由焰细胞和管细胞两部分组成。焰细胞结构比较复杂(图16-3)。细胞一端外围细胞质向前形成胞质的中空圆柱(cytoplasmic cylinder)。腔内细胞质向上突起形成内外肋相间的两圈,组成拦坝(weir)。另外还有内毛(inner leptotriches),把焰纤维(flame cilia)围在中间。沿焰细胞一侧纵向贯通胞质圆柱有膈膜联合(septate junction)和胞质索(cytoplasmic cord)。不同种类的内毛、内外肋的高度,数目及焰纤维的数目均会有所不同。如单殖类的 *Dactylogyrus* sp. 的胞质索为3个,*Ancyrocephalus* sp.

为2个；焰纤维的数量后者明显多于前者（见图16-3）。*Dactylogyrus* sp. 焰细胞的超微结构见图版XVI-31（Rohde et al.，1989）。

（七）精子形成（spermiogenesis）和精子（sperm）

精子形成和精子的超微结构不但对分类而且对阐明系统发生（phylogeny）具有重要意义。Justine（1991a，b；1995）对寄生扁形动物的系统发生写了专门论文。他将盾腹类、复殖类、单殖类和绦虫类归入同一大类（cercomeridea）。该类的精子形成和精子的共同点（见图16-4，Justine，1991）是：精子形成开始时细胞核向精细胞外侧边缘移动（图16-4A），此处细胞膜内侧出现深色物质的积聚和微管，形成分化区（zone of differentiation），出现中央中心体（intercentriolar body）（过去译为中央间体）（图16-4B）。其两侧各长出1根相背排列的9+1型轴丝（图16-4C）出现。随着发育的前移，分化区突出，变长，两中心粒处各有一粗细条纹相间的小根（rootlets）出现。原来分散在细胞质中的线粒体开始聚集在核的周围，逐步融合。分化区中央部分向外突出，出现中央胞质突起（median cytoplasmic process），此时原来相背排列的轴丝作90°转动，与中央胞质突起三者相平行（图16-4D；图16-4E）。中央胞质区背腹面具周缘微管。此时原来游离于体外的两根轴丝开始从近端向远端方向融入精子内，细胞核和融合了的线粒体先后进入变得很长的中央胞质突起（图16-4F）。发育成熟的精子从分化区两侧的弓形膜处断开，结果细胞核所在位置为后端，中心粒所在处为前端，这与它们受精时细胞核最后进入卵细胞的情况相一致，而与一般动物精子细胞核所在端为头部的情况正好相反（图16-4G；图16-4H）。发育成熟的精子进入睾丸腔后，向输精管方向转移。

在各种不同寄生虫的精子形成过程中有着千变万化，因此研究精子形成过程对系统分类具有不容忽视的意义。

寄生扁形动物Cercomeridea的精子由两部分组成，前部和主体部。前部：较短，来自精子形成过程中精细胞的分化区，具毛刷状外饰物（external ornamentation）；主体部：来自中央胞质突起和并入的两根轴丝。精子的细胞器，除轴丝在前部有分布外，细胞核、线粒体、周缘微管和轴丝均分布在主体部（图16-5，Justine，1991a）。

盾腹类是Neodermata中最原始的（Rohde，1994）。精子的特点是，多数种类具有起支持作用的致密杆（dense rod）和波动膜（undulating membrane），如 *Lobatostoma menteri*（Rohde，1991）（图版XVI-32）（Rohde et al.，1991）。它的精子形成过程与cercomeridea基本一致。复殖类的精子有所不同，与其他类群的区别是，微管仅分布在背腹两面。复殖类种类间的差异，在于细胞核和线粒体的大小、形状、结构以及细胞核、线粒体和轴丝三者间的相对位置以及精子前部内细胞器的变化。复殖类精子主体部横切面，如 *Proctoeces maculatus*（图版XVI-33），微管仅分布在背腹两处（Justine，1995）。*Didymozoon* 是复殖类中的例外，它的精细胞不形成中央中心体，周缘微管消失，两根轴丝不再是9+1型，而为9+0所替换。此外，裂体科Shistosomatidae中的曼氏血吸虫 *Schistosoma mansoni* 在精子形成过程中线粒体不发生融合，细胞核位于精子前部，细胞核之前存在多个线粒体，只有一根轴丝，结构为9+0（图版XVI-34）（Kitajima et al.，1976）。

单殖类分为多后盘Polyopisthocotylea和单后盘Monopisthocotylea两大类。多盘类与复殖类的区别在于精子主体部除背腹微管外出现侧微管，并形成一圈，典型的代表有 *Microcotyle*（图版XVI-35）（Justine & Mattei，1985b）。*Pseudomazocraes* 的两根轴丝一根长，一根短，因此有的主体部横切面仅只有一根轴丝（图版XVI-36）（Justine & Mattei，

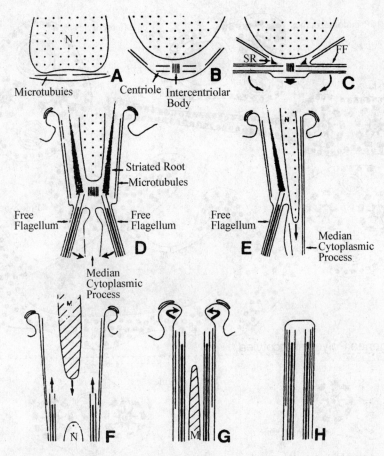

图 16-4 复殖类精子形成模式图。本图也代表其他 Cercomeridea，仅在某些单盘类 Monopisthocotylea 和某些真绦虫类 Eucestoda 有变化（Justine，1990）
Diagrams of spermiogenesis of Digeanea (Justine，1990).

1985c）。Gotocotyle 在细胞核未出现前的线粒体段右侧有波动膜（图版 XVI-37）（Justine & Mattei. 1985a）。Axine 无侧微管，可以认为是侧微管的二次性消失现象（图版 XVI-38）（Justine & Mattei，1985b）。至于双身虫 Diplozoon 是非常的特殊，根本没有轴丝，只见精子细胞核区段细胞质中充满上百根微管（图版 XVI-39）（Justine et al.，1985a）。单盘类精子的结构又是另一种情况，精子失去所有微管，只有轴丝，有的仅一根，如 Furnestinia（图版 XVI-40）（Justine et al.，1985b），有的有两根 Dionchus（图版 XVI-41）（Justine et al.，1985b）。

真绦虫类（Eucestoda）的精子像多盘类的有些种类，有整圈的周缘微管，但是线粒体消失。圆叶目 Cyclophyllidea 的种类如 Moniezia sp. 则更进一步，周缘微管不像其他寄生扁形动物呈平行排列，而呈旋转排列（图版 XVI-42）（Justine，1995）。

以上内容只是与寄生扁形动物分类和系统发生有关的超微结构研究成果的一角，相信细胞器能提供更多的有意义的信息，有待科学家们去研究、发掘和应用。

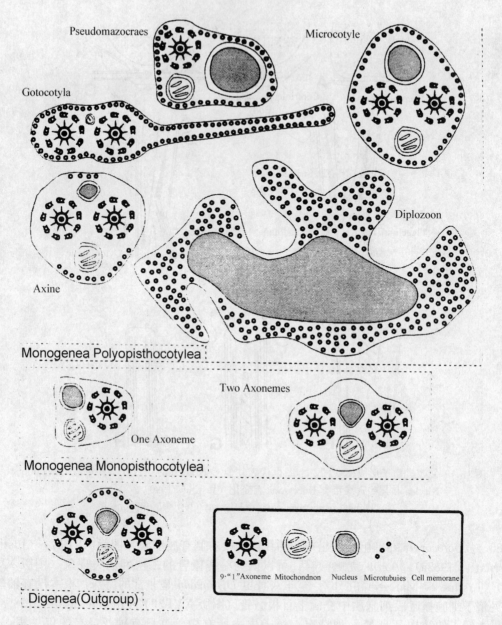

图 16-5 复殖类、单盘单殖类和多盘单殖类精子主体部位横切模式图（Justine，1991）
Diagrams of the transverse section through principle region of sperm in Cercomeridea, including Digenea, Monogenea Monopisthocotylea and Monogenea Polyopisthocotylea (Justine, 1991).

参 考 文 献

李敏敏，贺联印．纤细背孔吸虫体被超微结构的研究．动物学报，1988 34（3）：201~205

李敏敏，贺联印. 日本棘隙吸虫体被超微结构的研究. 动物学报，1989 35（3）：243～246

李敏敏，H P 荒井. 吸口凿开绦虫头节体被，细胞器和神经感受器超微结构的研究. 动物学报，1991 37（2）：113～122

Bakke T A and L Lien. The tegumentary surface of *Phyllodistomum conostomum* (Olsson, 1876)（Digenea）, revealed by SEM. Intern. J. Parasit. 1978 8：155-161

Bils R F and W E Martin. Fine structure of the trematode integument. Amer. Trans. Micros. Soc. 1966 85(1)：78-88

Braten T. An electron microscope study of the tegument and associated structures procercoid of *Diphyllobothrium latum*（L.）. Z. Parasit., 1968a 30：95-103

Braten T. The fine structure of the tegument of *Diphyllobothrium latum*（L.）. A comparison of the plerocercoid and adult stage. Z. Parasit. 1968b 30：104-112

Burton P R. The ultrastructure of the integument of the frog lung fluke *Haematoloechus medioplexus*（Trematoda：Plagiorchiidae）. J. Morph. 1964 115（3）：305-318

Burton P R. The ultrastructure of the tegument of the frog bladder fluke, *Gorgoderina* sp., J. Parasit. 1966 52（5）：926-934

Burton P R. Fine structure of the reproductive system of a frog lung fluke Ⅲ. The spermatozoon and its differentiation. J. Parasit. 1972 58（1）：68-83

Cardell R R Jr, D E Philpott. The ultrastructure of the tail of the cercaria of *Himasthla quissetensis*（Miller and Northup, 1926）. Trans. Amer. Micros. Soc., 1960 79：442-450

Charles G H & T S T Orr. Comparative fine structure of outer tegument of *Ligula intestinalis* and *Schistocephalus solidus*. Exp. Parasit. 1968 22：137-149

Faust E C. The excretory system as a method of classification of digenetic trematodes. Quart. Rev. Biol., 1932 7（4）：458-468

Fried B & T Fujino. Argentophilic and scanning electron microscopic observations of the tegumentary papillae of *Echinostoma revalutum*（Trematoda）cercariae J. Parasit. 1987 73（6）：1169-1174

Fujino Y, Y Ishii and D W Choi. Surface ultrastructure of the tegument of *Clonorchis sinensis* newly excysted juveniles and adult worms. J. Parasit. 1979 65（4）：579-590

Hayunga E C, J S Mackiewicz. An electron microscope study of the tegument of *Hunterella nodulosa* Mackiewicz and McCrae, 1962（Cestoidea：Caryophyllidea）. Intern. J. Parasit. 1975 5：309-319

Hiekal F A. Scanning electron microscopy observations on the surface topograph of *Gastrodiscus aegyptiacus* Cobbold（1876）（Trematoda：Digenea）. Assiut. Veter. Med. J. 1992 26（52）：91-101

Ip H S and S S Desser. Transmission electron microscopy of the tegumentary sense organs of *Cotylogaster occidentalis*（Trematoda：Aspidogastrea）：J. Parasit. 1984 70（4）：563-573

Islan S. Scanning electron microscopic studies on tegument of *Homalogaster paloniae*. J. Vetern. Parasit. 1994 8（1）：1-8

Jha R K, J D Smyth. *Echinococcus granulosus*：ultrastructure of microtriches. Exp. Parasit. 1969 25：232-244

Justine J L. Phylogeny of parasitic platyhelminthes: a critical study of synapomorphies proposed on the basis of the ultrastructure of spermiogenesis and spermatozoa. Can. J. Zool. 1991a 69: 1421-1440

Justine J L. Cladistic study in the Monogenea (Platyhelminthes) based upon a parsimony analysis of spermiogenetic and spermatozoal ultrastructural characters. Intern. J. Parasit. 1991b 21 (7): 821-838

Justine J L. Spermatozoal ultrastructure and phylogeny in the parasitic platyhelminthes. In: Jamieson. B. G M, J Austo and J L. Justine (eds) . Advances in spermatozoal phylogeny and taxonomy, 1995

Justine J L, X Mattei. A spermatozoon with undulating membrane in a parasitic flatworm Gotocotyla (Monogenea. Polyopisthocotylea. Gotocotylidae). J. Ultrastruct. Res. 1985a 90: 163-171

Justine L L, X Mattei. Particularites ultrastructurales des spermatozoides de quegues Monogenes Polyopisthocotylea. Ann. Sci. Nat. Zool. Biol. Anim. 1985b 7: 143-152

Justine J L, X Mattei. A spermatozoon with undulating membrane in a parasitic flatworm, Gotocotyla (Monogenea. Polyopisthocotylea. Gotocotylidea). J. Ultr. Res. 1985c 90: 163-171

Justine J L, L N Brun, X Mattei. The aflagellate spermatozoon of Diplozoon (Platyhelminthes: Monogenea: Polyopisthocoty) A demonstrative case of relationship between sperm ultrastructure and biology of reproduction. J. Ultrastruct. Res. 1985a 92: 47-54

Justine J L, A Lambert, X Mattei. Spermatotozoon ultrastructure and phylogenetic relationship in the Monogeneans (Platyhelminthes). Intern. J. Parasit. 1985b 15 (6): 601-608

Kitajima E W, W L Paraense, L R Correa. The fine structure of Schistosoma mansoni sperm (Trematoda: Digenea). J. Parasit. 1976 62 (6): 215-221

La Rue G R. Parasitological reviews. The classification of Digenetic trematodes. A review and a new system. Exp. Parasit. 1957 6: 306-349

Li M M, H P Arai. Electron microscopical observations on the effects of sera from two species of Catostomus on the tegument of Hunterella nodulosa (Cestoidea: Caryophyllidea). Can. J. Zool. , 1988 66: 119

Lumsden R D, J A Oaks, J F Mueller. Brush border development in the tegument of the tapeworm Spirometra mansonoides. J. Parasit. 1974 60: 209-226

Lyons K M. The fine strucutre and functions of the adult epidermis of two kinds parasitic monogeneans Entobdella soleae and Acanthocotyle elegans. Parasitol. 1970 60 (1): 39-52

Mackiewicz J S. Caryophyllidea (Cestoidea) A review. Exp. Parasit. 1972 31: 417-512.

Mattison R G, R E B Hanna and W A Nizami. Ultrastructure and histochemistry of the tegumentof juvenile paramphistomes during migration in indian ruminants. J. Helm. 1994 68: 211-221

Morseth D J. The fine structure of the tegument of adult Echinococcus granulosus, Taenia hydatigena and Taenia pisiformis. J. Parasit. 1966 53: 492-500

Morseth D J. Fine structure of the hidatidcyst and protoscolex of Echinoccus granulosus. J. Parasit. 1967 53: 312-315

Morseth D J. Spermtail fine structure of Echinococcus granulosus and Dirocoelium *dendriticum*. Exp. Parasit. 1969 24: 47-53

Richards K S, C Arme. The ultrastructure of the scolex-neck syncytium, neck cell and frontal gland cells of *Caryophyllaeus laticeps* (Caryophyllidea: Cestoda). Parasit. 1981 83: 477-487

Richards K S, C Arme. The ultrastructure of the bodies in the tegument of *Caryophyllaeus laticeps* (Caryophyllidea: Cestoda). J. Parasit. 1982 68 (3): 423-432

Rohde K. Ultrastructure of the flame cells of *Multicotyle purvisi*. Dawes. Naturwiss 1970 57: 398

Rohde K. The *Aspidogastrea*, especially *Multicotyle purvisi* Dawes, 1941. Adv. Parasit. 1972 10: 77-151

Rohde K. Fine structure of the Monogenea, especially Polystomoides Ward. Advances in Parasitology. 1975 Vol. 13: 1-33

Rohde K. The flame cells of a monogenean and an aspidogastrean not composed of two interdigitating cells. Zool. Anz. Jena. 1982 209, 5/6, S.: 311-314

Rohde K. Ultrastructure of the protonephridial system of *Lobatostoma manteri* (Trematoda, Aspidogastrea). J. Submicr. Cytol. Pathol. 1989 21 (4): 599-610

Rohde K. Ultrastructure of protonephridia in the Monogenea. Inplications for the phylogeny of the group. Bull. Francais de la peche et de la Pisciculture. 1993 No. 328: 115-119

Rohde K. The origins of parasitism in the platyhelminthes. Intern. J. Parasit. 1994 24: 1099-1115

Rohde K, J L Justine. N Watson. Ultrastructure of the flame bulbs of the Monopisthocotylean monogenean *Loimosina wilsoni* (Loimoidae) and *Calceostoma hercutanea* (Calceostomidae). Ann. de Parasitologie Humaine et Comparee. 1989a 64 (6): 433-442

Rohde K, N Watson. Sense receptors in *Lobatostoma manteri* (Trematoda: Aspidogastria). Intern. J. Parasit. 1989 19 (8): 847-858

Rohde K, N Watson, F Roubal. Ultrastructure of the protonephridial system of *Dactylogyrus* sp. and an unidentified ancyrocephaline (Monogenea: Dactylogylidae). Intern. J. Parasit. 1989b 19 (8): 859-864

Rohde K, N Watson, T Crib. Ultrastructure of sperm and Spermatogenesis of *Lobatostoma manteri* (Trematoda: Aspidogastrea). Intern. J. Parasit. 1991 21 (4): 409-419

Threadgold L T. The tegument and associated structures of *Fasiola hepatica*. Q. J. Micr. Sci. 1963 104: 505-512

Threadgold L T. *Fasiola hepatica*. Ultrastructure and histochemstry of the glycocalyx of the tegument. Experimental Parasitology. 1976 39: 119-134

Zdarska Z, T N Soboleva. Scanning electron microscopy investigation of the trematode *Halstilesia ochotonae* Gvosdev, 1962. Folia Parasit. 1990 37: 347-348

图版说明 Plate Explanation

图版 XVI-1～XVI-7

1. 吸口凿开绦虫头节横切面，示微毛的刺、杆、融合体内的长形颗粒、结构小体、线粒体、基底

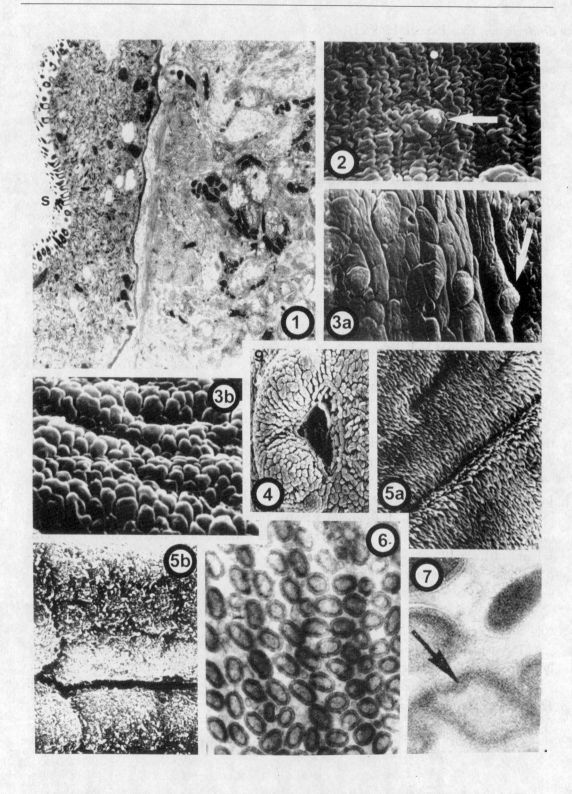

膜、横肌、纵肌束、核周体内的线粒体、长形颗粒等（李敏敏和荒井，1991）。(TEM)

The transverse section through the scolex of *Glandacris catostomi*, showing the spines and shafts of microtriches; elongated granules, structured bodies, mitochondria in syncytium; basal membrane; transverse muscles; bandles of longitudinal muscles; mitochondria and elongated granules in perycaryon (Li & Arai, 1991).

2. 日本棘隙吸虫棘冠与腹吸盘之间的皮式，呈纵条束状（李敏敏和贺联印，1989）。(SEM)

The longitudinal zikzak-shaped tegumental pattern between head collar and acetabulum in *Echinochasmus japonicus* (Li & He, 1989).

3a. 纤细背孔吸虫口吸盘后体表无棘区（李敏敏和贺联印，1988）。(SEM)

The ventral body surface of spinless region behind the oral sucker of *Notocotylus attenuatus* (Li & He, 1988).

3b. 纤细背孔吸虫背面无棘区珠状结构（李敏敏和贺联印，1988）。(SEM)

The pearl-like tegumental structure of the dorsal surface of spineless region in *Notocotylus attenuatus* (Li & He, 1988).

4. *Phyllodistomum conostomum* 体后部腹面无棘体被皮式（Bakke & Lien, 1978）。(SEM)

The tegumental pattern of the ventral surface in hind body of *Phyllodistomum conostomum* (Bakke & Lien, 1978).

5a. 亨氏结节绦虫头节的毛缘外刷（Li & Arai, 1988）。(SEM)

The brush border of scolex of *Hunterella nodulosa* (Li & Arai, 1988).

5b. 亨氏结节绦虫体后部微突（Li & Arai, 1988）。(SEM)

Microvilli of the posterior end of *Hunterella nodulosa* (Li & Arai, 1988).

6. 吸口凿开绦虫微毛杆横切（李敏敏和荒井，1991）。(TEM)

Transverse section through the shaft of microtriches in *Glaridacris catostomi* (Li & Arai, 1991).

7. 亨氏结节绦虫微毛杆横切，示深色物质的堆积（↓）(Hayunga & Mackiewicz, 1975）。(TEM)

Transverse section through the shaft of microtriches in *Hunterella nodusola* showing the concentration of the dense material (arrowed) (Hayunga & Mackiewicz, 1975).

8. 细粒棘球绦虫微毛杆横切（↑）(Jha & Smyth, 1969）。(TEM)

Transverse section through the shaft of microtrix in *Echinococcus granulosus* (arrowed) (Jha & Smyth, 1969).

9. 绦虫微毛杆横切，示间隙（↑）(Morseth, 1966）。(TEM)

The transverse section through the shaft of microtrix in *Taenia hydatigena* showing the gaps (arrowed) (Morseth, 1966).

10. 纤细背孔吸虫体棘（李敏敏和贺联印，1988）。(SEM)

Tegumental spines of *Notocotylus attenuatus* (Li & He, 1989).

11. 日本棘隙吸虫体棘（李敏敏和贺联印，1989）。(SEM)

Tegumental spines of *Echinochasmus japonicus* (Li & He, 1989).

12. 东方杯叶吸虫体棘（李敏敏，未发表资料）。(SEM)

Tegumental spines of *Cyathocotyle orientalis* (Li Min-Min, unpublished data)

13. *Halsitilesia ochotonae* 体棘和感觉乳突（↑）(Zdarska & Soboleva, 1990）。(SEM)

The tegumental spine and sensory papilla (arrow) in *Halsitilesia ochotonae* (arrowed) (Zdarski & Soboleva, 1990).

图版 XVI-8N~XVI-18

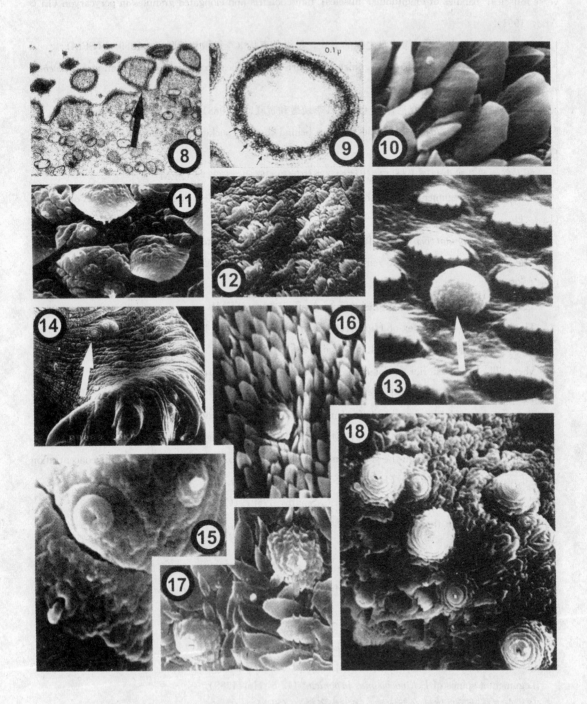

14. 日本棘隙吸虫头冠上的三生乳突（↑）（李敏敏和贺联印，1989）。（SEM）

Three sensory papillae (arrowed) side by side located on the head collar of *Echinochasmus japonicus* (Li & He, 1989).

15. 华枝睾吸虫的扣状乳突 (Fujino et al., 1979)。(SEM)

The button-like sensory papilla of *Clonorchis sinensis* (Fujino et al., 1979).

16. 纤细背孔吸虫的扣状乳突（李敏敏和贺联印，1988）。(SEM)

The button-like sensory papilla of *Notocotylus attenuatus* (Li & He, 1988).

17. 纤细背孔吸虫的多瓣感觉乳突（李敏敏和贺联印，1989）。(SEM)

The multiple-plate-like sensory papillae of *Notocotylus attenuatus* (Li & He, 1988).

18. 东方杯叶吸虫的多瓣感觉乳突（李敏敏，未发表资料）。(SEM)

The multiple-plate-like sensory papillae of *Cyathocotyle orientalis* (Li unpublished data).

19. 卷棘口吸虫尾蚴的多束感觉毛 (1, 2) (Fried & Fujino, 1987)。(SEM)

The multiple sensory cilia (1, 2) of the cercaria of *Echinostoma revolutum* (Fried & Fujino, 1987).

20. 纤细背孔吸虫无感觉毛乳突（李敏敏和贺联印，1988）。(SEM)

Non-ciliated sensory papilla of *Notocotylus attenuatus* (Li & He, 1988).

21. *Cotylogaster occidentalis* 感觉乳突球部纵切，示基体 (Bb)、基板 (BP)、2个致密环 (Dr)、桥粒体 (Ds)、神经小根 (Rt) 和滤泡 (Ve) (Ip & Desser, 1984)。(TEM)

The longitudinal section through the bulb of sensory papilla of *Cotylogaster occidentalis* showing basal body (Bb); the basal plate (BP); 2 dense rings (Dr); desmosome (Ds); nerve rootlets (Rt) and vesicles (Ve) (Ip & Desser, 1984).

22. *Lobastostoma manteri* 感觉乳突球部纵切，示1个致密领 (Dc)、线粒体 (Mi)、微管 (Mt) 和滤泡 (V) (Rohde & Watson, 1989)。(TEM)

The longitudinal section through the bulb of sensory papilla of *Lobatostoma manteri* showing 1 dense collar (Dc), mitochondria (Mi), microtubules (Mt) and vesicles (V) (Rohde & Watson, 1989).

23. 日本棘隙吸虫腹吸盘上圆顶，无感觉毛乳突和二次性小乳突（→）（李敏敏和贺联印，1988）。(SEM)

The dome-like shaped non-ciliated sensory papillae with small secondary papillae (arrowed) on the ventral sucker of *Echinochasmus japonicus* (Li & He, 1989).

24. 纤细背孔吸虫颈后无棘区感觉乳突带二次性小乳突（↓）（李敏敏和贺联印，1988）。(SEM)

The sensory papilla with small secondary papillae (arrowed) on surface of nonspine region behind the neck of *Notocotylus attenuatus* (Li & He, 1988).

25. 同盘类吸虫的带感觉毛和无感觉毛乳突（→）(Mattison et al., 1994)。(SEM)

Ciliated and non-ciliated sensory papillae (arrowed) in paramphystomean (Mattison et al., 1994).

26. *Caryophyllaeus laticeps* 的结构小体 (T, →) (Richards & Arme, 1982)。(TEM)

Structured bodies (arrowed, T) of *Caryophyllaeus laticeps* (Richards & Arme, 1982).

27. 吸口凿开绦虫的结构小体（→）（李敏敏和荒井，1991）。(TEM)

Structured bodies (arrowed) of *Glaridacris catostomi* (Li & Arai, 1991).

28. *Gorgoderina* sp. 大小2种结构小体 (S. B.) (Burton, 1966)。(TEM)

Two kinds of structured bodies (S. B.) of *Gorgoderina* sp. (Burton, 1966).

图版 XVII-19～XVII-25

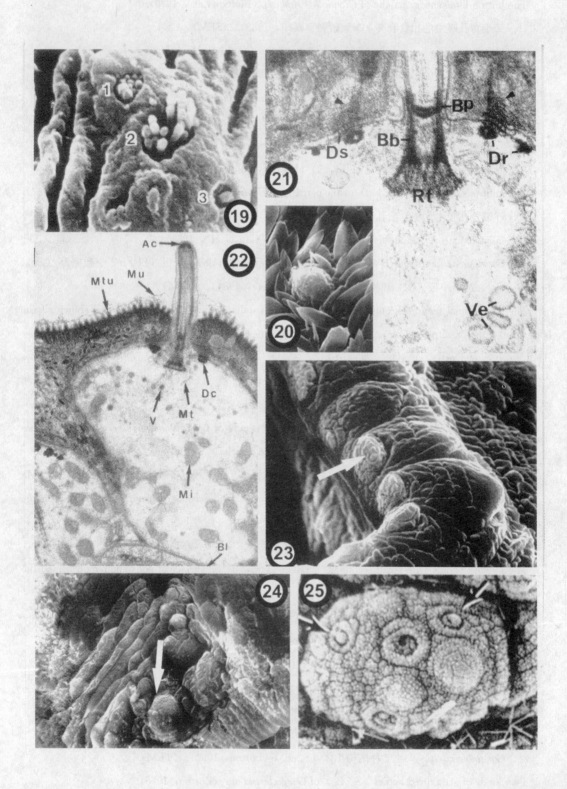

第十六章 寄生蠕虫的超微结构与分类

图版 XVI-26～XVI-31

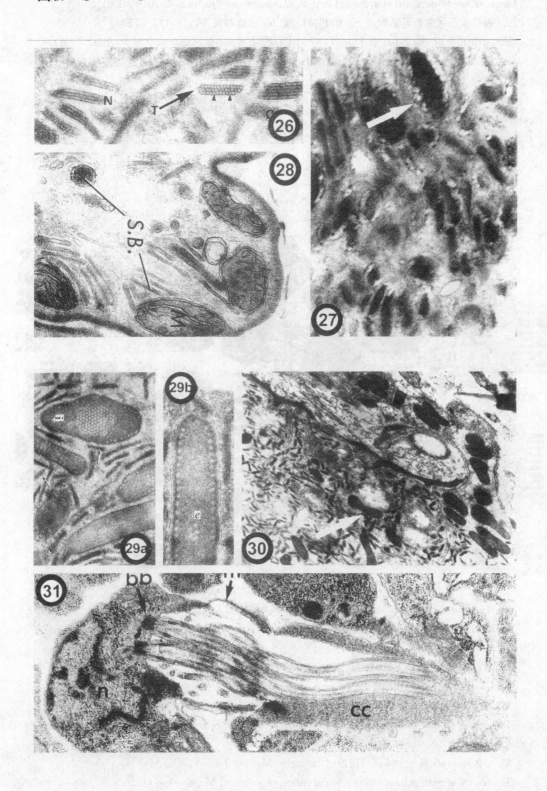

29a. b. *Caryophyllaeus laticeps* 长形颗粒的超微结构（Richards & Arme, 1981）。(TEM)
Ultrastructure of elongated granules of *Caryophyllaeus laticeps* (Richards & Arme, 1981).

30. 吸口凿开绦虫长形颗粒（→）的超微结构（李敏敏和荒井，1991）。(TEM)
Ultrastructure of elongated granules (arrowed) of *Glaridacris catostomi* (Li & Arai, 1991).

31. *Dactylogyrus* sp. 焰细胞的超微结构：示基体（bb）、胞质圆筒（cc）和细胞核（n）(Rohde et al., 1989)。(TEM)
Ultrastructure of flame cell of *Dactylogyrus* sp. showing the basal bodies (bb), cytoplasmic cylinder (cc) and nucleus (n) (Rohde et al., 1989).

图版 XⅥ-32～XⅥ-42

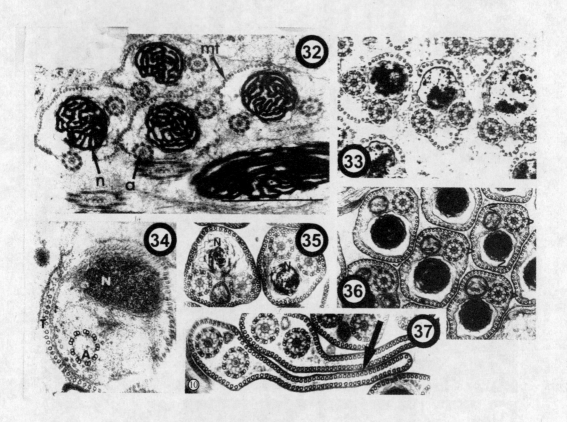

32. *Lobatostoma manteri* 精子主体部横切面（Rohde et al., 1991）。(TEM)
Transverse section through the principle region of sperm of *Lobatostoma manteri* (Rohde et al., 1991).

33. *Proctoeces* 精子主体部横切面（Justine, 1995）。(TEM)
Transverse sections through the principle region of sperm of *Proctoeces* (Justine, 1995)

34. 曼氏血吸虫精子主体部横切面，轴丝为 9+0 (A)（Kitajima et al., 1976）。(TEM)
Transverse section through the principle region of sperm of *Schistosoma mansoni*, only 1 axoneme with 9+0 pattern (A) (Kitajima et al., 1976).

35. *Microcotyle* 精子主体部横切面（Justine & Mattei, 1985b）。(TEM)
Transverse section through the principle region of sperm of *Microcotyle* (Justine & Mattei, 1985b).

第十六章 寄生蠕虫的超微结构与分类

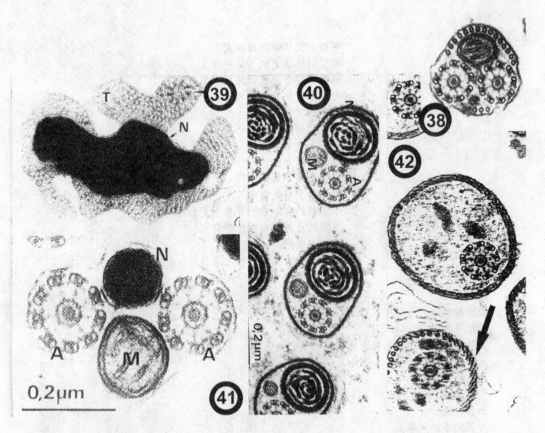

36. *Pseudomazocraes* 精子主体部横切面（Justine & Mattei，1985c）。（TEM）
Transverse section through the principle region of sperm of *Pseudomazocraes* (Justine & Mattei, 1985c).

37. *Gotocotyle* 精子主体部横切面，示波动膜（↓）（Justine & Mattei，1985a）。（TEM）
Transverse section through the principle region of sperm of *Gotocotyle* showing the motile undulating membrane (arrowed) (Justine & Mattei, 1985a).

38. *Axine* 精子主体部横切面（Justine & Mattei，1985b）。（TEM）
Transverse section through the principle region of sperm of *Axine* (Justine & Mattei, 1985b).

39. *Diplozoon* 精子主体部横切面（Justine et al.，1985a）。（TEM）
Transverse section through the principle region of sperm of *Diplozoon* (Justine et al., 1985a).

40. *Furnestinia* 精子主体部横切面（Justine et al.，1985b）。（TEM）
Transverse section through the principle region of sperm of *Furnestinia* (Justine et al., 1985b).

41. *Dionchus* 精子主体部横切面（Justine et al.，1985b）。（TEM）
Transverse section through the principle region of sperm of *Dionchus* (Justine et al., 1985b).

42. *Moniezia* sp. 精子主体部横切面，示周缘微管螺旋排列（↓）（Justine，1995）。（TEM）
Transverse section through the principle region of sperm of *Moniezia* sp. (arrowed) (Justine, 1995).

武汉大学学术丛书 书目

中国当代哲学问题探索
中国辩证法史稿（第一卷）
德国古典哲学逻辑进程（修订版）
毛泽东哲学分支学科研究
哲学研究方法论
改革开放的社会学研究
邓小平哲学研究
社会认识方法论
康德黑格尔哲学研究
人文社会科学哲学
中国共产党解放和发展生产力思想研究
思想政治教育有效性研究
政治文明论
中国现代价值观的初生历程
精神动力论
广义政治论
中西文化分野的历史反思

国际经济法概论
国际私法
国际组织法
国际条约法
国际强行法与国际公共政策
比较外资法
比较民法学
犯罪通论
刑罚通论
中国刑事政策学
中国冲突法研究
中国与国际私法统一化进程（修订版）
比较宪法学
人民代表大会制度的理论与实践
国际民商新秩序的理论建构
中国涉外经济法律问题新探
良法论
国际私法（冲突法篇）（修订版）
比较刑法原理
担保物权法比较研究

当代西方经济学说（上、下）
唐代人口问题研究
非农化及城镇化理论与实践
马克思经济学手稿研究
西方利润理论研究
西方经济发展思想史
宏观市场营销研究
经济运行机制与宏观调控体系
三峡工程移民与库区发展研究
21世纪长江三峡库区的协调与可持续发展
经济全球化条件下的世界金融危机研究
中国跨世纪的改革与发展
中国特色的社会保障道路探索
发展经济学的新发展
跨国公司海外直接投资研究
利益冲突与制度变迁
市场营销审计研究
以人为本的企业文化

武汉大学学术丛书 书目

中日战争史
中苏外交关系研究（1931~1945）
汗简注释
国民军史
中国俸禄制度史
斯坦因所获吐鲁番文书研究
敦煌吐鲁番文书初探（二编）
十五十六世纪东西方历史初学集（续编）
清代军费研究
魏晋南北朝隋唐史三论
湖北考古发现与研究
德国资本主义发展史
法国文明史
李鸿章思想体系研究
唐长孺社会文化史论丛
殷墟文化研究
战时美国大战略与中国抗日战场（1941~1945年）
古代荆楚地理新探·续集
汉水中下游河道变迁与堤防

随机分析学基础
流形的拓扑学
环论
近代鞅论
鞅与banach空间几何学
现代偏微分方程引论
算子函数论
随机分形引论
随机过程论
平面弹性复变方法（第二版）
光纤孤子理论基础
Banach空间结构理论
电磁波传播原理
计算固体物理学
电磁理论中的并矢格林函数
穆斯堡尔效应与晶格动力学
植物进化生物学
广义遗传学的探索
水稻雄性不育生物学
植物逆境细胞及生理学
输卵管生殖生理与临床
Agent和多Agent系统的设计与应用
因特网信息资源深层开发与利用研究
并行计算机程序设计导论
并行分布计算中的调度算法理论与设计
水文非线性系统理论与方法
拱坝CADC的理论与实践
河流水沙灾害及其防治
地球重力场逼近理论与中国2000似大地水准面的确定
碾压混凝土材料、结构与性能
喷射技术理论及应用
Dirichlet级数与随机Dirichlet级数的值分布
地下水的体视化研究
病毒分子生态学
解析函数边值问题（第二版）
工业测量
→日本血吸虫超微结构

文言小说高峰的回归
文坛是非辩
评康殷文字学
中国戏曲文化概论（修订版）
法国小说论
宋代女性文学
《古尊宿语要》代词助词研究
社会主义文艺学
文言小学审美发展史
海外汉学研究
《文心雕龙》义疏
选择·接受·转化
中国早期文化意识的嬗变（第一卷）
中国早期文化意识的嬗变（第二卷）
中国文学流派意识的发生和发展
汉语语义结构研究

中国印刷术的起源
现代情报学理论
信息经济学
中国古籍编撰史
大众媒介的政治社会化功能
现代信息管理机制研究